普通高等教育人工智能与机器人工程专

移动机器人开发技术（激光SLAM版）

明安龙　宋桂岭　编著

机械工业出版社

自主移动机器人涉及电子学、控制科学、计算机科学、人工智能等众多学科。本书引导读者动手搭建软硬件开发平台，并通过实现机器人自主行走等任务来驱动技术学习和理论验证，实践表明这是一种不错的入门方法。

本书以自主搭建硬件平台和 ROS 为载体，系统介绍了机器人感知、控制、建图、路径规划与导航的实现方法，手把手带领读者用编程实现一个送餐机器人的基本功能，让读者了解和再现机器人开发的全过程。此外，本书还设计了大量的实验供读者动手实战，且所有实验的源代码均可通过开源网站供读者自行下载。在开源网站中，附赠移动机器人硬件结构设计文档和底层驱动源代码，供读者作为自行设计机器人的参考资料。本书的硬件平台同样适合 ROS2。完成本书的学习后，读者可尝试阅读 ROS2 官方文档或 ROS2 教材复现书中实验。限于篇幅，本书没有涉及 ROS2 源代码，但在本书配套的开源网站中同时提供 ROS 和 ROS2 两个版本的实验源代码，可供读者下载对照学习。

本书重点面向高等院校师生，特别关注移动机器人技术的实际开发过程，可作为相关专业的入门教材，也可作为拟从事移动机器人研究和应用的技术人员的参考书。

本书配有电子课件、源代码、学习网站等教学资源，欢迎选用本书作教材的老师登录 www. cmpedu. com 注册下载，或发 jinacmp@ 163. com 索取。

图书在版编目（CIP）数据

移动机器人开发技术：激光 SLAM 版/宋桂岭，明安龙编著．—北京：机械工业出版社，2022.4（2024.6 重印）

普通高等教育人工智能与机器人工程专业系列教材

ISBN 978-7-111-70156-9

Ⅰ.①移…　Ⅱ.①宋…　②明…　Ⅲ.①移动式机器人-程序设计-高等学校-教材　Ⅳ.①TP242

中国版本图书馆 CIP 数据核字（2022）第 027124 号

机械工业出版社（北京市百万庄大街 22 号　邮政编码 100037）

策划编辑：吉　玲　　　　责任编辑：吉　玲

责任校对：陈　越　王明欣　封面设计：张　静

责任印制：郜　敏

北京富资园科技发展有限公司印刷

2024 年 6 月第 1 版第 5 次印刷

184mm×260mm · 14.75 印张 · 371 千字

标准书号：ISBN 978-7-111-70156-9

定价：49.80 元

电话服务　　　　　　　　网络服务

客服电话：010-88361066　　机　工　官　网：www. cmpbook. com

010-88379833　　机　工　官　博：weibo. com/cmp1952

010-68326294　　金　书　网：www. golden-book. com

机工教育服务网：www. cmpedu. com

前　言

笔者所在实验室自 2013 年以来，一直参与移动机器人项目的研发工作。实验室师生们根据产业界合作伙伴的需求，研究开发了机器人导航、避障、自主行走等一系列算法，并成功应用在了扫地机器人、家用陪伴机器人等多个商业项目上，相关成果获得了中国人工智能学会“吴文俊人工智能技术发明奖”。

在相关技术的研究和应用中，我们发现自主移动机器人涉及机械、电子、自动化、计算机、数学等多学科多领域交叉，这导致学生在进入实验室后，存在着相当长时间的学习入门沉默期，面对大量知识不知从何开始。相关的机器人教程往往选取某个学科的技术点来讲述，或从基础理论原理切入，较难让人快速上手体验机器人开发过程，最终导致很多学生完成了“移动机器人开发从入门到放弃”的过程，并转换了研究方向。我们还发现，即使留下来继续从事相关技术开发和算法研究的学生，在毕业的同时也带走了学习过程和经验，新加入的学生在不断重复这一轮回。因此通过教材的形式总结知识并形成体系，有利于我们不断观察和总结新加入学生的学习过程，重视他们的反馈结果，持续迭代教材的内容，最终达到知识传承的目的，也让更多的读者获益。我们还建设了专属课程网站，课程内容和源代码的更新都可以从开源网站或实验室官网上获取并下载。

此外，我们因产学研交流活动去了很多兄弟院校进行调研，发现移动机器人技术开发的课程只在少量高校开设，这对移动机器人产业的繁荣以及日益增长的人才需求是不利的。因此，我们编写这样一本凝聚实验室人才培养经验的教材，希望有助于同行们培养初步掌握移动机器人开发技术的学生。

本书按照自主移动机器人开发规范和实现过程，从机器人仿真环境开始讲起，让读者首先在虚拟环境下理解机器人开发和传统软件开发的不同之处，掌握分布式、多机协同开发的方法，接着带领读者来了解移动机器人的结构设计，掌握必要的硬件构成。然后，我们按照探索和理解世界的一般过程（感知环境、构建地图和路径导航）来组织编写剩余的篇幅：首先介绍了机器人自主移动所必需的传感器设备，对于接收到的数据进行可视化实验和误差分析，让读者掌握电子元器件的特性，并掌握对实验数据进行分析的方法；其次让机器人在未知环境中移动，完成直行和转向控制，同时实现数据的通信与存储，并利用得到的数据建立环境地图；最后让机器人在环境中能到达指定位置，并在移动过程中动态规避障碍。通过这样一个学习过程，移动机器人所包含的软件、硬件、运动控制、SLAM 建图与导航知识就都穿插其中了。

本书在写作过程中，面临理论知识和动手实践内容的篇幅取舍，经过实验室同学们的几轮学习迭代，我们发现先动手让设备跑起来，验证经典算法和工具包，之后再系统地学习理论知识更有利于读者快速掌握移动机器人的开发技术。因此，在教材中强调了动手实验过程和算法调试过程，对于其背后的理论基础，则以参考文献的形式供读者自行阅读提高。

本书在机器人操作系统的取舍中，考虑到业界中 ROS 的应用普及度和生态成熟度，最终选择以 ROS 为基础讲解，但本书中硬件平台和相关实验同样适合 ROS2。在完成本书的学习后，读者可阅读 ROS2 官方文档或本书姊妹篇《移动机器人开发技术（视觉 SLAM 版）》来学习 ROS2 并复现本书中的实验。

本书在写作过程中，从内容选题到确定思路，从资料搜集、提纲拟定到内容的编写与修改，继而诸多算法和实验的梳理，都得益于北京邮电大学视觉机器人与智能技术实验室师生的共同努力。王涛同学为本书做了大量实验和素材整理，薛峰、韩浩东、刘续威、苏行松、常逸聪等同学参与了图书校对工作。在此，对所有关心和支持本书的学者、同仁和学生表示感谢。

本书在编写过程中，参考了大量国内外的著作、论文、研究报告，在此向所有被参考内容的作者表示由衷的感谢，他们的劳动成果为本书提供了丰富的参考资料。

由于编者水平有限，书中尚存一些不足和错误，欢迎读者批评指正。

宋桂岭　明安龙

北京邮电大学

视觉机器人与智能技术实验室

目 录

前言
第 1 章 认识移动机器人 ······ 1
1.1 移动机器人概述 ······ 1
1.1.1 移动机器人概念 ······ 1
1.1.2 移动机器人分类 ······ 2
1.2 移动机器人发展历史 ······ 3
1.3 移动机器人应用领域 ······ 5
1.4 需要的前置知识及学习参考资源 ······ 8
本章小结 ······ 9
第 2 章 机器人操作系统（ROS） ······ 10
2.1 ROS 概述 ······ 10
2.2 ROS 安装和测试 ······ 11
2.2.1 Ubuntu18.04 虚拟机安装步骤 ······ 11
2.2.2 ROS 安装和测试步骤 ······ 17
2.3 第一个 ROS 程序——hello_world ······ 20
2.3.1 安装开发工具 ······ 21
2.3.2 创建第一个 ROS 程序：hello_world ······ 21
2.3.3 对 Catkin 的总结 ······ 24
2.4 ROS 工具包 ······ 25
2.4.1 Qt 工具箱 ······ 26
2.4.2 RViz ······ 28
2.4.3 Gazebo ······ 28
2.4.4 文件系统工具 ······ 30
2.5 ROS 通信机制 ······ 31
2.5.1 节点（Node） ······ 31
2.5.2 节点管理器 Master ······ 32
2.5.3 Node 与 Master 相关命令 ······ 32
2.5.4 ROS 通信方式 ······ 32
2.5.5 Topic 话题模式 ······ 32
2.5.6 Topic 话题通信实例 ······ 34
2.5.7 Topic 自定义消息 ······ 37
2.5.8 Service 服务模式 ······ 40
2.5.9 Service 服务通信实例 ······ 41
2.5.10 Service 服务消息的定义与使用 ······ 45
2.5.11 Parameter Service ······ 48
2.5.12 Parameter Service 的使用 ······ 49
2.5.13 Actionlib ······ 51
2.5.14 Action 的定义与使用 ······ 51
2.6 ROS 分布式多机通信 ······ 56
2.6.1 设置 IP 地址 ······ 56
2.6.2 设置 ROS_MASTER_URI ······ 56
2.6.3 多机通信测试 ······ 57
2.7 坐标变换（TF）与统一机器人描述格式（URDF） ······ 57
2.7.1 TF 简介 ······ 57
2.7.2 TF 实例 ······ 58
2.7.3 TF 数据类型 ······ 63
2.7.4 URDF 基础 ······ 64
2.8 移动机器人 ROS 仿真实战 ······ 67
2.8.1 RViz 仿真实验——littlecar ······ 67
2.8.2 在 RViz 上用键盘控制小车移动 ······ 70
2.8.3 在 Gazebo 上进行仿真 ······ 71
2.8.4 在仿真环境中加入 Velodyne 激光传感器 ······ 75
本章小结 ······ 77
第 3 章 搭建移动机器人平台 ······ 79
3.1 移动机器人开发平台简介 ······ 79
3.2 移动机器人开发平台设计 ······ 83
3.2.1 底盘与控制板设计 ······ 84

3.2.2 导航板与激光雷达 …… 89
3.3 移动机器人实验 …… 91
3.3.1 导航板环境搭建（以树莓派3B为例） …… 91
3.3.2 mRobotit 小车运行实验 …… 93
本章小结 …… 95
第4章 环境感知 …… 96
4.1 感知的概念 …… 96
4.2 雷达传感器 …… 97
4.2.1 各种雷达及原理简介 …… 97
4.2.2 激光雷达使用案例 …… 100
4.2.3 激光雷达的主要用途 …… 104
4.3 惯性传感器——IMU …… 104
4.3.1 IMU 简介 …… 104
4.3.2 IMU 的工作原理 …… 105
4.3.3 IMU 使用案例 …… 105
4.4 其他传感器 …… 108
4.4.1 视觉传感器 …… 108
4.4.2 防跌落传感器 …… 114
4.4.3 防碰撞传感器 …… 115
本章小结 …… 115
第5章 机器人运动与控制 …… 116
5.1 机器人控制系统 …… 116
5.2 电动机 …… 117
5.3 运动模型 …… 122
5.3.1 差速运动模型 …… 122
5.3.2 全向移动运动模型 …… 124
5.4 导航板与控制板通信 …… 128
5.4.1 导航板与控制板的数据流 …… 128
5.4.2 导航板与控制板的通信方式 …… 129
5.4.3 里程计的计算 …… 131
5.4.4 IMU 信息计算 …… 132
5.5 ROS 实现对 mRobotit 机器人的控制 …… 135
5.5.1 直行控制 …… 138
5.5.2 转向控制 …… 140
5.5.3 运动轨迹可视化 …… 143
5.6 机器人移动误差及纠正算法 …… 146
本章小结 …… 151
第6章 SLAM——即时定位与建图 …… 152
6.1 SLAM 简介 …… 152
6.2 经典 SLAM 框架 …… 154
6.2.1 前端里程计 …… 154
6.2.2 后端优化 …… 155
6.2.3 回环检测 …… 155
6.2.4 建图 …… 155
6.3 常见 SLAM 介绍 …… 156
6.3.1 GMapping …… 157
6.3.2 Cartographer …… 158
6.3.3 Hector_slam …… 159
6.3.4 Karto_slam …… 160
*6.4 TinySLAM 解读 …… 161
6.4.1 基本数据结构 …… 161
6.4.2 TinySLAM 基本流程 …… 162
6.5 SLAM 实验 …… 169
6.5.1 实验一：SLAM 离线实验 …… 169
6.5.2 实验二：SLAM 建图实验 …… 171
6.5.3 实验三：Cartographer 实验 …… 178
本章小结 …… 181
第7章 定位与自主导航 …… 182
7.1 定位与导航概述 …… 182
7.2 重定位 …… 184
7.2.1 常见重定位技术 …… 184
7.2.2 自适应蒙特卡洛定位 …… 184
7.3 导航 …… 188
7.3.1 常见导航技术 …… 188
7.3.2 Costmap 代价地图 …… 189
7.3.3 move_base 简介 …… 189
7.3.4 全局路径规划 …… 191
7.3.5 局部路径规划 …… 193
7.3.6 恢复行为 …… 195
7.4 定点导航实验 …… 196
本章小结 …… 207
第8章 送餐机器人实战 …… 208
8.1 背景分析 …… 208
8.2 送餐机器人功能结构 …… 208
8.3 仿真测试 …… 209
8.3.1 自主搭建模型 …… 209
8.3.2 自主搭建 World 环境 …… 211
8.3.3 在 World 环境中加载机器人 …… 213
8.3.4 仿真环境下 SLAM 建图 …… 214

8.3.5　仿真环境下获取地图坐标点信息 …… 215
8.3.6　在仿真环境中给机器人发布导航目标点 …… 217
8.4　模拟场地测试 …… 220
8.4.1　模拟场地搭建 …… 220
8.4.2　在场地中进行 SLAM 建图 …… 220
8.4.3　获取地图坐标点信息 …… 221
8.4.4　发布导航点坐标 …… 222
本章小结 …… 223
参考文献 …… 224

第1章 认识移动机器人

本书所讲述的移动机器人是指自主移动机器人（Autonomous Mobile Robots），它是一种具备感知、理解和行动能力的机器人，一般要解决“我在哪（Where am I）”“我到哪里去（Where am I going）”以及“我怎么去（How do I get there）”这几个问题，对应于机器人的环境感知（Perception）、地图创建及自身定位（Mapping and Localization）、路径规划和移动控制（Planning and Controlling）等技术知识，这也是本书的主要内容。在正式进入知识学习之前，本章先对自主移动机器人的概念及应用领域做一些简单讲解。

本章要点如下：

1）移动机器人概念及分类

2）移动机器人发展历史

3）移动机器人应用领域

1.1 移动机器人概述

1.1.1 移动机器人概念

机器人是一种能够半自主或全自主工作的智能机器，具有感知、决策、执行等基本特征，可以辅助甚至替代人类完成危险、繁重、复杂的工作，能够提高工作效率与质量、服务人类生活、扩大或延伸人的能力范围。

移动机器人是通过传感器和其他技术来识别周围环境，并在环境内按照规则移动，同时自动执行某些工作的机器。如果移动机器人在感知和行动能力的基础上进一步具备自主分析和规划等“思考”能力，则称之为自主移动机器人。本书主要讲解基于激光雷达的自主移动机器人。

2016年8月，小米科技有限公司发布了米家扫地机器人，这是一种典型的移动机器人，如图1-1所示。米家扫地机器人采用了简洁的外观，机身外壳配备有雷达、出音孔、出风孔和充电连接点等设备，以适应各种居家环境。

米家扫地机器人由移动、感知、控制和除尘四个系统组成。它在底部放置了可拆卸的浮动毛刷用于清扫地板，同时采用两个轮子用于驱动机器人的移动；激光测距传感器和超声雷达传感器用于感知环境及自主导航；它在控制印制电路板（简称控制板）上搭载了机器人的核心部件，包括硬件处理器、板载操作系统和智能控制算法软件，从而给机器人装上大脑，实现了移动机器人对未知环境的理解和清扫作业。

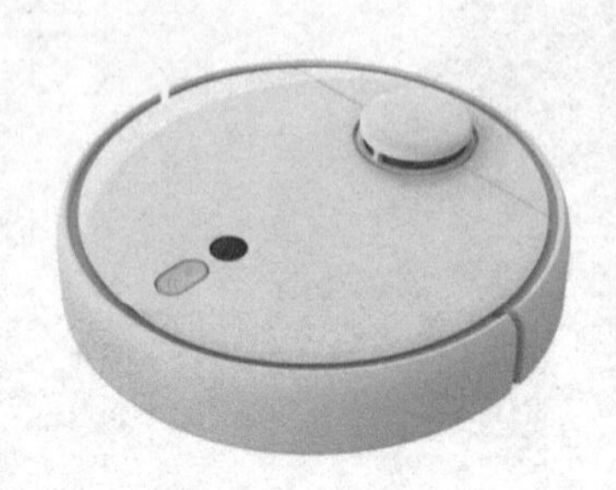
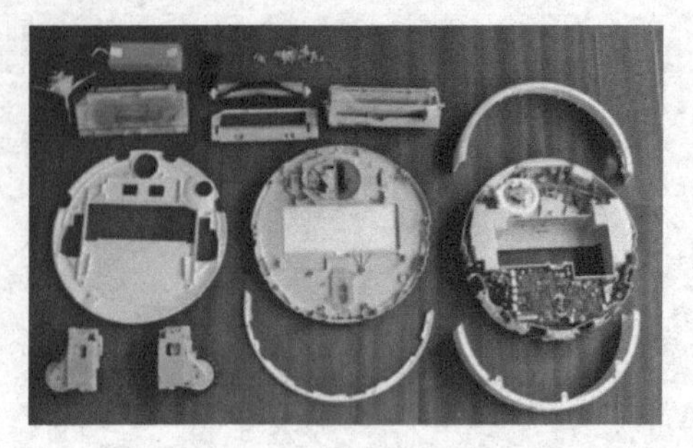

图 1-1　由小米科技有限公司开发的移动扫地机器人及其部件

1.1.2　移动机器人分类

移动机器人可以根据移动方式、工作环境、控制结构、功能用途和主传感器类型等进行分类。

根据移动方式可分为轮式移动机器人、步行移动机器人（单腿、双腿和多腿)、履带式移动机器人、爬行机器人、蠕动式机器人和游泳式机器人，如图 1-2 所示。

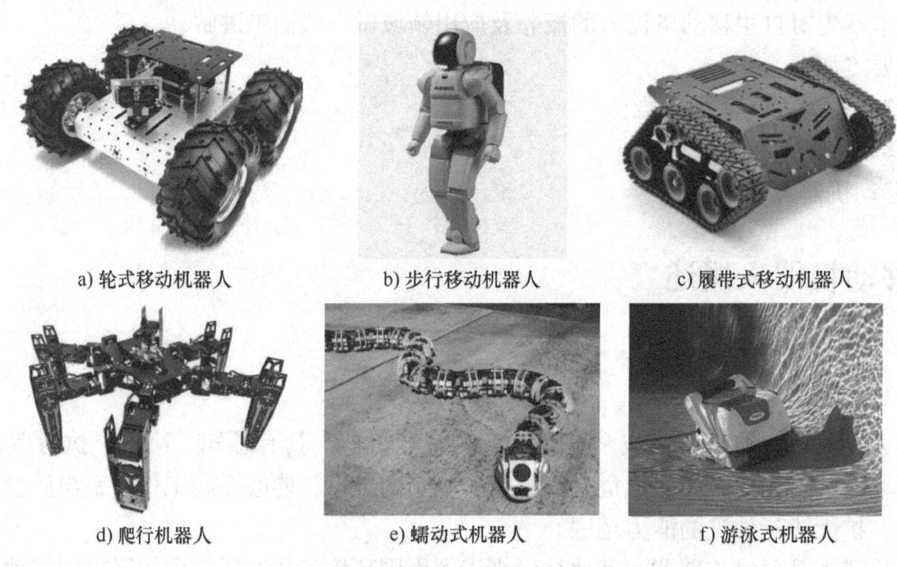

a) 轮式移动机器人　b) 步行移动机器人　c) 履带式移动机器人

d) 爬行机器人　e) 蠕动式机器人　f) 游泳式机器人

图 1-2　不同移动方式的移动机器人

根据工作环境可分为室内机器人和室外机器人，如图 1-3 所示。

a) 室内扫地机器人　b) 室外清洁机器人

图 1-3　不同工作环境的移动机器人

根据控制结构可分为功能式（水平式）结构机器人、行为式（垂直式）结构机器人和混合式机器人。

根据功能和用途可分为清洁机器人、物流机器人和送餐机器人等，如图 1-4 所示。

a) 清洁机器人

b) 物流机器人

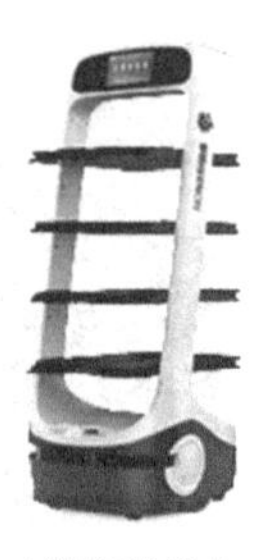

c) 送餐机器人

图 1-4　不同功能的机器人

根据主传感器类型可分为以激光雷达为主的移动机器人和以视觉传感器为主的视觉机器人，如图 1-5 所示。

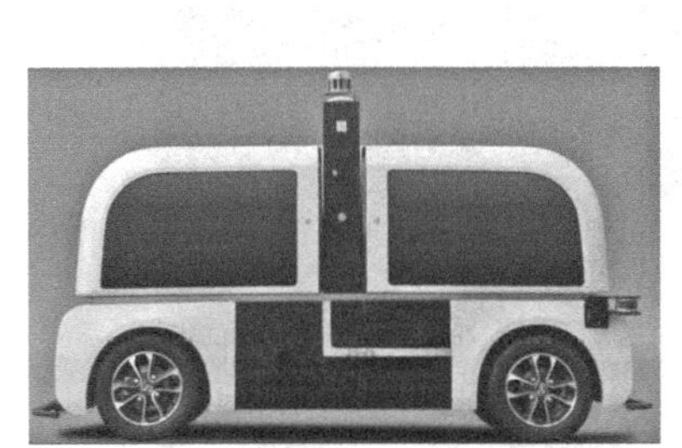

a) 以激光雷达为主的移动机器人

b) 以视觉传感器为主的视觉机器人

图 1-5　主传感器不同的机器人

1.2　移动机器人发展历史

人类早在千年前就有了关于移动机器人的梦想，在《三国演义》中提到了诸葛亮发明的一种木牛流马装置：“牛马皆不水食，可以昼夜转运不绝也”。放在今天来看，木牛流马是一种不需要能源输入就能昼夜不断运送物资的移动机器人。在一千七百多年前的东汉末期，开发这种机器是几乎不可能的，据后人推测，木牛流马可能只是方便山路行军的特殊独轮车，图 1-6 为影视剧中仿制的木牛流马模型。

随着现代科学的发展，木牛流马已经由小说中的虚构机器逐步演进成为了现实。1956—1972 年，由查理·罗森（Charlie Rosen）领导的美国斯坦福研究所（现在称为 SRI 国际）研制出世界上第一个移动机器人 Shakey，如图 1-7 所示。Shakey 首次全面应用了人工智能技术，能够自主进行环境感知、环境建模、行为规划并执行任务。它装备了电子摄像机、三角测距仪、碰撞传感器以及驱动电动机，并通过无线通信系统由两台计算机协同控制。但由于当年的计算机运行速度非常慢，导致 Shakey 在任务执行的时候需要数小时的时间。虽然 Shakey 比较简单，但是对后续的移动机器人研究产生了深远的影响。

图 1-6 《三国演义》剧照

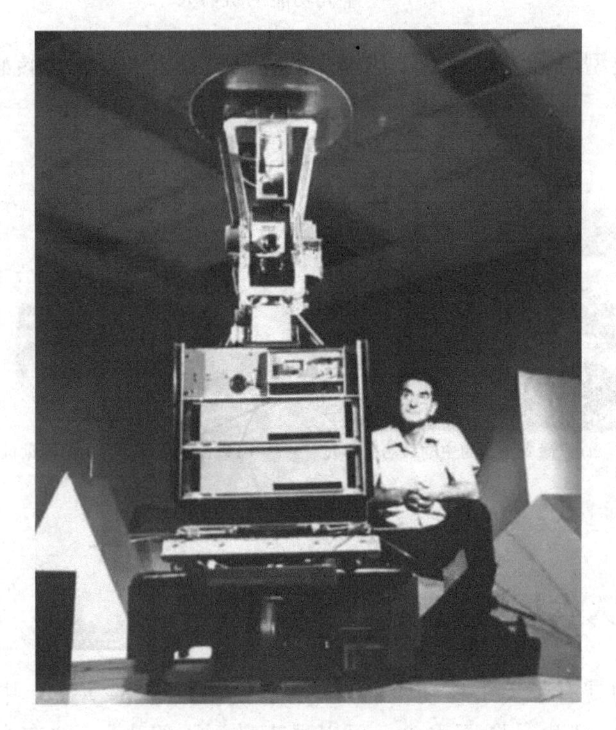

图 1-7 Shakey 移动机器人和查理 · 罗森（Charlie Rosen）

1973 年，日本早稻田大学的加藤一郎教授研发出世界上第一台用双脚走路的移动机器人 WABOT-1，由此加藤一郎教授被誉为“仿人机器人之父”。日本很多大企业也投入到仿生机器人和娱乐机器人的研发中，其中比较有名的产品有本田公司的仿生机器人 ASIMO 和索尼公司的机器宠物狗 AIBO，如图 1-8 所示。

图 1-8 索尼公司机器宠物狗 AIBO

1998 年起，丹麦乐高公司陆续推出“头脑风暴（Mind-Storms）”机器人套件，使用套件中的机器人核心控制模板、电动机和传感器，孩子们可以设计各种像人、狗甚至恐龙的机器人，然后动手像搭积木一样把它拼装出来，并且通过简单编程让机器人做各种动作，图 1-9 是乐高机器人中的一种。这一充满创意的产品使机器人开始走入孩子们的世界。

图 1-9　乐高机器人

2017 年，软银旗下的 Boston Dynamics 公司推出一款名为 Handle 的双足机器人。这款机器人像是一个踩着轮滑鞋的明星运动员，可以跳跃飞过 1.2m 的障碍物，还可以下台阶和快速旋转身体，速度惊人，如图 1-10 所示。Boston Dynamics 公司还生产机器大狗（BigDog）、机器豹子（Cheetah）、机器夜猫（WildCat）以及双足机器人（Atlas）等产品，可以访问 Boston Dynamics 公司官网 https://www.bostondynamics.com，观看更多有趣的移动机器人运动视频。

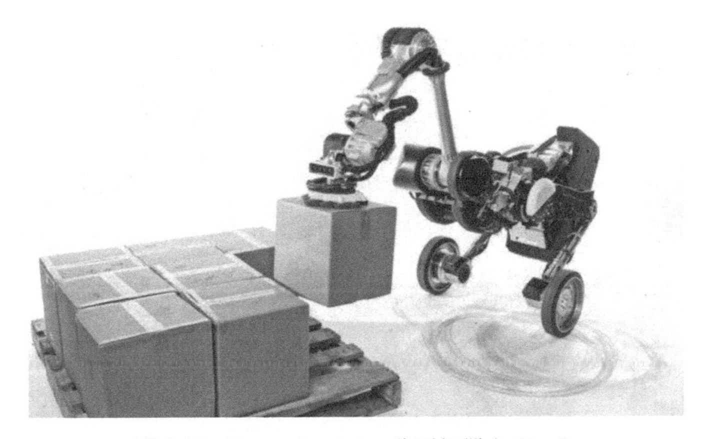

图 1-10　Boston Dynamics 公司机器人 Handle

1.3　移动机器人应用领域

当今社会，移动机器人的应用十分广泛，包括军事、物流、制造、服务、探空等各大领域。

1. 军事领域

随着科学技术水平的提高，现代战争的威力越来越大，越来越残酷。为了保护士兵的生命安全，无人作战系统应用得越来越广泛，各种类型的军用机器人大量涌现。美国发表的

《21 世纪战争技术》一文认为“20 世纪地面作战的核心武器是坦克，21 世纪则很可能是军用机器人”，所以军用机器人或许会在以后的战争中扮演重要的角色，iRobot 公司的侦察机器人——战士如图 1-11 所示。

图 1-11　iRobot 公司的侦察机器人——战士

2. 物流领域

仓储地面自主移动机器人（AGV）主要应用于仓储中心货物的智能拣选、位移，立体车库的小车出入库以及港口码头机场的货柜转运。其中，仓储物流机器人中读者比较熟悉的是亚马逊的 Kiva 机器人，如图 1-12 所示。目前有超过 15000 台 Kiva 机器人在亚马逊的物流中心工作。它们增加了仓库空间的容纳量，在中心使用 Kiva 系统能处理 50% 以上的库存。

图 1-12　亚马逊 Kiva 机器人

3. 制造领域

移动机器人在制造领域主要应用于生产线上下料的搬运、车间与仓库间的转运出入库，以及作为生产线上的移动平台进行装配工作。它的主要代表是 AGV，因其能高效、准确、灵活并且没有任何情绪地完成领导下达的每项任务，逐渐成为在制造领域中最受欢迎的“员工”。

佳顺智能的 AGV 正是这些“员工”中的一分子，在全球十大座椅品牌的中国工厂内，佳顺 AGV 潜伏到料车下，利用牵引棒自动升降，挂接已经装满整椅零件的料车，单次可以运载 500kg（承载能力根据需求定制）的物料，无需额外的人工搬运。另外，激光导航叉车 AGV 主要由车体、升降装置等组成，其定位精确，地面无需其他定位设施，行驶路径可灵活多变，能够适合多种现场环境，可以通过软件随时修改行车路线，没有磁条和地标，从而维护更方便，如图 1-13所示。

由多台佳顺 AGV 组成柔性的物流搬运系统，搬运路线可以随着生产工艺流程的调整而及时调整，使一条生产线上能够制造出十几种产品，大大提高了生产的柔性和企业的竞争力。AGV 在汽车制造厂，如本田、丰田、神龙、大众等汽车厂的制造和装配线上得到了普遍应用。

同时，AGV 的应用深入到电子电器、医药、化工、机械加工、卷烟、纺织、造纸等多个行业，生产加工领域成为 AGV 应用最广泛的领域。

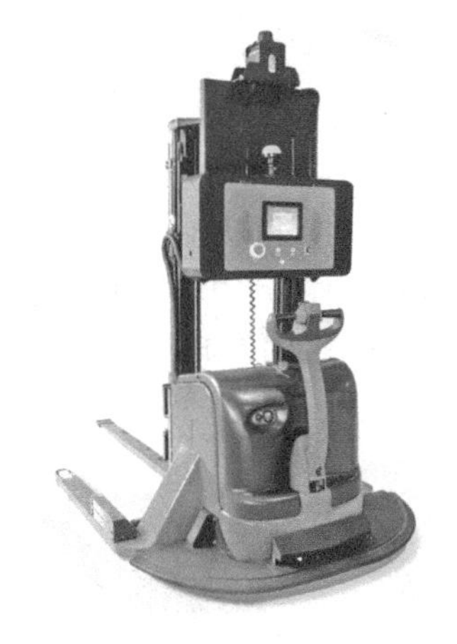

图 1-13　佳顺智能激光叉车 AGV

4. 服务领域

目前活跃在服务领域的移动机器人主要有清洁机器人、餐饮机器人、家用机器人、迎宾机器人、导购机器人和医疗机器人等。

服务机器人一般具有人脸识别、语音识别等人机交互功能，通过装载摄像头、托餐盘、智能触屏界面等，可实现迎宾取号、咨询接待、信息查询、业务引导、物品运送等业务，目前广泛应用于餐厅、银行、医疗、政务部门、酒店、商场等相关行业，代替或部分代替员工进行相应服务。图 1-14 是一种超市服务机器人，图 1-15 则是上海高仙公司的室外清洁移动机器人。

图 1-14　超市服务机器人

图 1-15　高仙清洁移动机器人

5. 探空领域

在深空探测领域，移动机器人更具有天然优势。其中最具代表性的是“好奇号”火星探测器，如图1-16所示。“好奇号”自2011年11月发射后，经过漫长的太空旅行，于2012年8月成功登陆火星表面。它是美国第七个火星着陆探测器，第四台火星车，也是世界上第一辆采用核动力驱动的火星车，其使命是探寻火星上的生命元素。该项目总投资26亿美元，是截至2012年最昂贵的火星探测项目。2021年5月，我国也发射了火星探测器“天问一号”。

图1-16 “好奇号”火星探测器

6. 其他领域

移动机器人还可以用于安防、卫生等领域，读者可进一步查询有关资料，了解机器人在各个领域中的应用。

1.4 需要的前置知识及学习参考资源

学习移动机器人开发技术需要具备的数学基础知识有：

线性代数：教材推荐《线性代数》（作者：陈殿友、术洪亮，清华大学出版社），学习视频推荐麻省理工 Gilbert Strang 教授的公开课（http://open.163.com/newview/movie/courseintro?newurl=%2Fspecial%2Fopencourse%2Fdaishu.html）。

矩阵论：推荐教材《矩阵分析与应用》（作者：张贤达，清华大学出版社）。

概率论：推荐教材《概率论与数理统计》（作者：陈爱江、张文良，中国质检出版社），学习视频推荐浙江大学 MOOC 公开课（https://www.icourse163.org/course/zju-232005）。

需要具备的编程基础知识有：

C/C++：推荐教材《C语言程序设计（第3版）》（作者：顾沈明、宋广军、亓常松）、《C++Prime》（作者：（美）Stanley B. Lippman（斯坦利·李普曼）、Josee Lajoie（约瑟·拉乔伊）、Barbara E. Moo（芭芭拉·默），译者：王刚、杨巨峰，电子工业出版社）。

Python：推荐学习网址 https://www.runoob.com/python/python-tutorial.html，包含 Python 的所有基础用法，可以当作字典用。

数据结构与算法：推荐教材《数据结构》（作者：严蔚敏）。

Linux 操作系统：推荐学习网址 https://www.runoob.com/linux/linux-command-manual.html。

本章小结

本章介绍了移动机器人的概念、分类，移动机器人的发展历史，以及移动机器人在各个领域的应用情况。通过本章的学习，我们知道了移动机器人是一种什么样的机器人。接下来的几章会详细介绍一个小型的移动机器人从底层硬件到高层算法是如何一步一步搭建起来的，主要包括机器人操作系统（ROS）、机器人平台架构、机器人感知、机器人控制、激光SLAM、机器人导航等方面的内容。

第 2 章

机器人操作系统（ROS）

在第 1 章中认识了什么是移动机器人、移动机器人的发展历史以及移动机器人在当前社会中的应用领域，本章将会向大家介绍机器人操作系统（ROS）。

本章要点如下：

1）ROS 是什么

2）ROS 的基础框架

3）ROS 工具包

4）ROS 的通信机制

5）ROS 的分布式多机通信

6）机器人仿真过程

2.1 ROS 概述

朱熹在《中庸或问》中谈到“闭门造车，出门合辙”，其含义是“关起门来在家中自行造车，拿出去使用却能够完美适应车辙”。究其根本，能做到“出门合辙”，是因为造车者事先拥有一套通用的规格和尺寸标准。移动机器人的设计与开发是一项复杂工程，在硬件方面，需要安装各种不同的装置和设备，如激光雷达、摄像机、惯性测量单元、全球定位系统、中央处理单元等；在软件方面，需要开发多种多样的算法程序，如卡尔曼滤波器、机器人运动控制、导航与定位等。如此复杂的软硬件配置导致了多个团队独立开发时几乎等价于“闭门造车”，若没有一套良好的软件规范和硬件开发接口，数据输入输出将各不相同，也就无法做到“出门合辙”。因此，在机器人开发领域，也需要类似于 Linux 和 Windows 的一套标准化机器人操作系统。

机器人操作系统（Robot Operation System，ROS）的原型来自斯坦福大学的 Stanford Artificial Intelligence Robot（STAIR）和 Personal Robotics（PR）项目，它在众多机器人操作系统的长期角逐中脱颖而出，成为主流。ROS 作为机器人框架系统，不仅提供了硬件抽象、底层设备控制、常用函数、进程间消息传递以及文件包管理等操作系统服务，还提供了用于获取、编译、编写和跨计算机运行代码所需的工具和库函数。目前越来越多的机器人、无人机甚至无人车都开始采用 ROS 作为开发平台，尽管 ROS 在实时性方面还存在一些限制，但 ROS2.0 正在着手解决这一问题，应用前景光明。

ROS 采用了类似 Linux 的发行版本模式，于 2010 年 3 月 2 日发布了第一版“ROS Box Turtle”。截至 2020 年 6 月，ROS 主要发行版本的版本名称、发布时间与生命周期如表 2-1 所示。

表 2-1　ROS 主要发行版本

版本名称	发布日期	版本生命周期	操作系统平台
ROS Noetic Ninjemys	2020-05-23	2025-05	Ubuntu 20.04
ROS Melodic Morenia	2018-05-23	2023-05	Ubuntu 17.10/18.04、Debian 9、Windows 10
ROS Lunar Loggerhead	2017-05-23	2019-05	Ubuntu 16.04/16.10/17.04、Debian 9
ROS Kinetic Kame	2016-05-23	2021-04	Ubuntu 15.10/16.04、Debian 8
ROS Jade Turtle	2015-05-23	2017-05	Ubuntu 14.04/14.10/15.04
ROS Indigo Igloo	2014-07-22	2019-04	Ubuntu 13.04/14.04
ROS Hydro Medusa	2013-09-04	2015-05	Ubuntu 12.04/12.10/13.04
ROS Groovy Galapagos	2012-12-31	2014-07	Ubuntu 11.10/12.04/12.10
ROS Fuerte Turtle	2012-04-23	—	Ubuntu 10.04/11.10/12.04
ROS Electric Emys	2011-08-30	—	Ubuntu 10.04/10.10/11.04/11.10
ROS Diamondback	2011-03-02	—	Ubuntu 10.04/10.10/11.04
ROS C Turtle	2010-08-02	—	Ubuntu 9.04/9.10/10.04/10.10
ROS Box Turtle	2010-03-02	—	Ubuntu 8.04/9.04/9.10/10.04

2.2　ROS 安装和测试

本教程使用的平台是 Ubuntu 18.04，ROS 版本是 Melodic。作为初学者，可以先使用虚拟机安装 Ubuntu 18.04，在熟练掌握 ROS 基本操作后，推荐直接使用 Ubuntu 18.04 主机，方便流畅使用 ROS 中的 Gazebo、RViz 等可视化工具。

2.2.1　Ubuntu18.04 虚拟机安装步骤

1. 安装虚拟机

Windows 操作系统推荐使用 VMware，下载地址为 https://www.vmware.com；MAC 操作系统推荐使用 Parallel Desktop，下载地址为 https://www.parallels.cn/pd/general/。下载完成后可自行安装。

2. 下载 Ubuntu

下载 Ubuntu18.04 系统的映像文件 ubuntu-18.04-desktop-amd64，下载地址为 https://releases.ubuntu.com/18.04/。

3. 配置 VMware（此处使用的是 12Pro）

1）打开 VMware，单击“创建新的虚拟机”图标，如图 2-1 所示。

图 2-1　配置 VMware 步骤 1

2）配置类型选择“自定义（高级）”，并单击“下一步”按钮。

3）硬件兼容性选择默认，并单击“下一步”按钮，如图 2-2 所示。

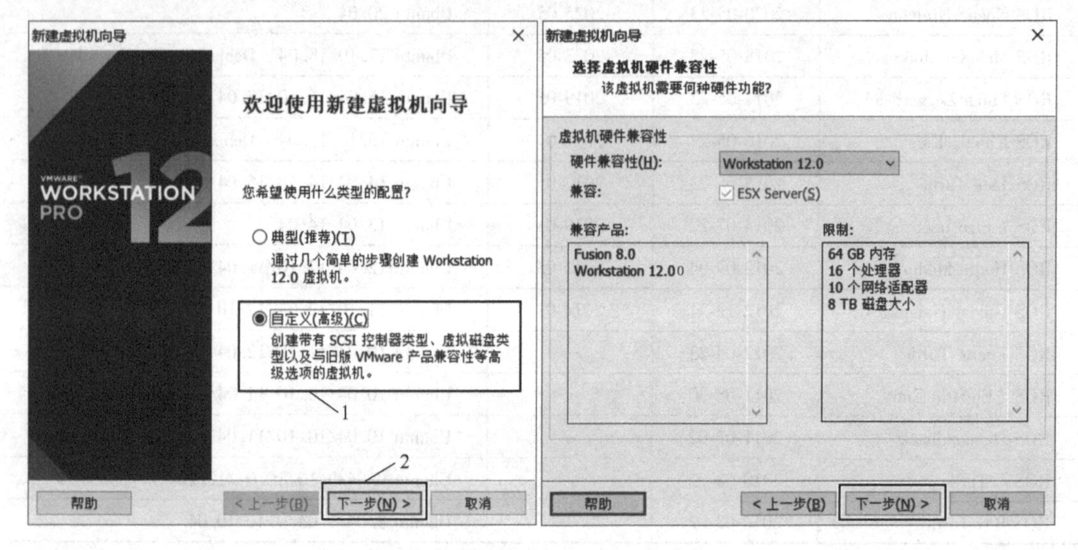

图 2-2　配置 VMware 步骤 2）、3）

4）安装来源选择“稍后安装操作系统（S）”（见图 2-3），并单击“下一步”按钮。

5）客户机操作系统选择“Linux”，版本选择“Ubuntu64 位”，并单击“下一步”按钮，如图 2-3 所示。

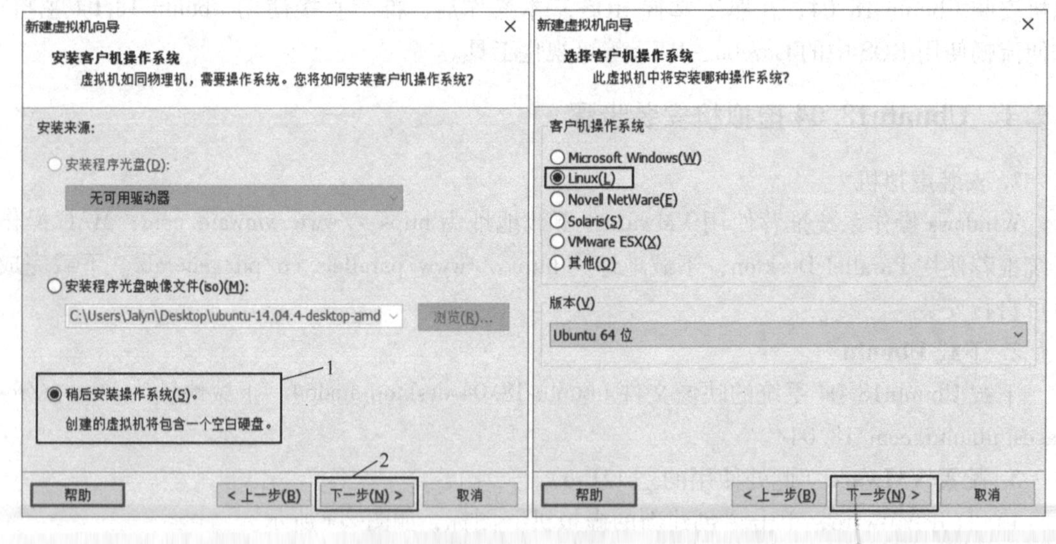

图 2-3　配置 VMware 步骤 4）、5）

6）设置虚拟机名称和安装位置（这里自行选择），并单击“下一步”按钮。

7）设置处理器数量和核心数（根据个人计算机实际情况配置，通常配置的核心数少于本地 CPU 的核心数），并单击“下一步”按钮，如图 2-4 所示。

8）设置使用内存（根据实际情况设置，通常配置的内存少于计算机的内存），并单击“下一步”按钮。

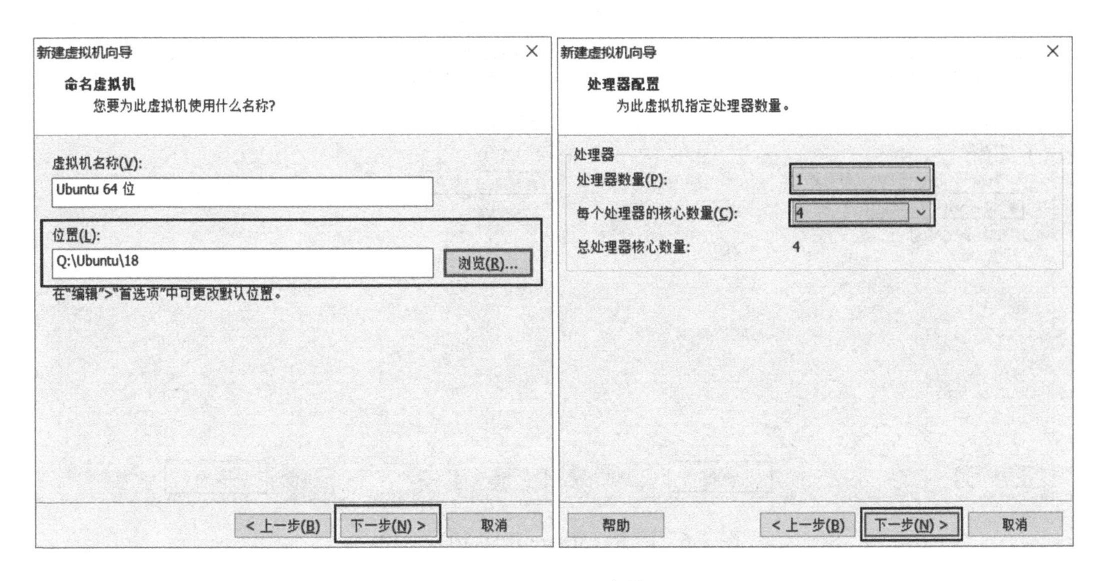

图 2-4　配置 VMware 步骤 6）、7）

9）网络连接推荐使用桥接模式，并单击“下一步”按钮，如图 2-5 所示。

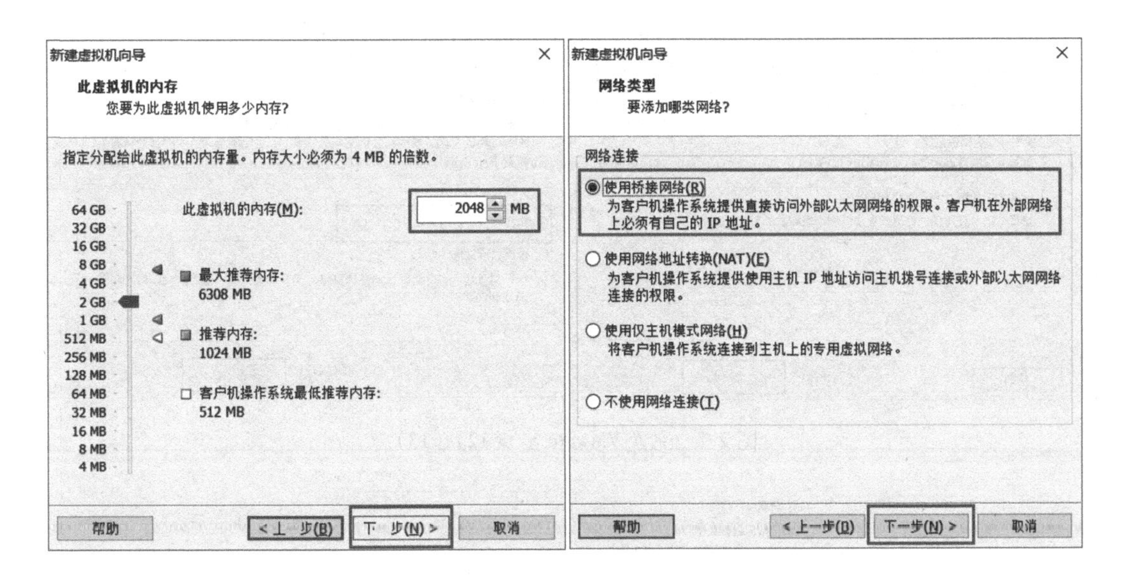

图 2-5　配置 VMware 步骤 8）、9）

10）I/O 控制器类型选择推荐，然后单击“下一步”按钮。

11）虚拟磁盘类型选择推荐，接着单击“下一步”按钮，如图 2-6 所示。

12）磁盘选择“创建新虚拟磁盘（V）”，然后单击“下一步”按钮。

13）设置磁盘容量，并选择虚拟磁盘存储方式，然后单击“下一步”按钮，如图 2-7 所示。

14）设置磁盘文件名称，然后单击“下一步”按钮，如图 2-8 所示。

15）单击“完成”按钮，完成虚拟机的初步创建。

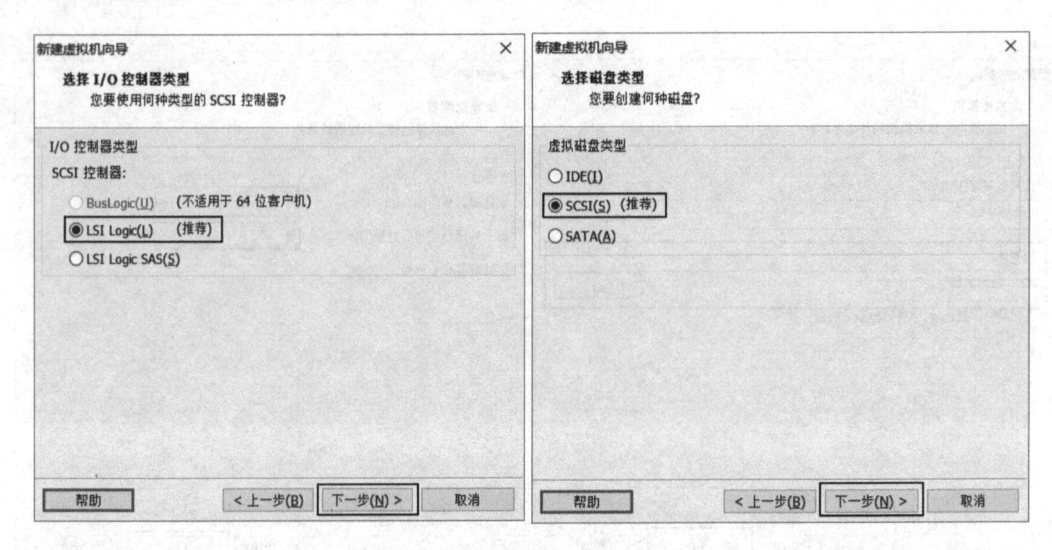

图 2-6 配置 VMware 步骤 10)、11)

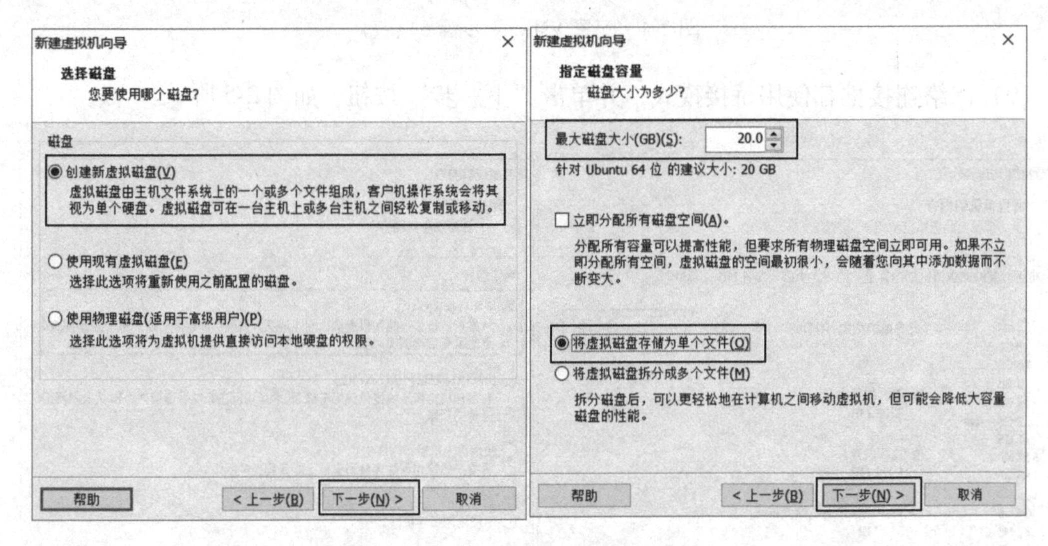

图 2-7 配置 VMware 步骤 12)、13)

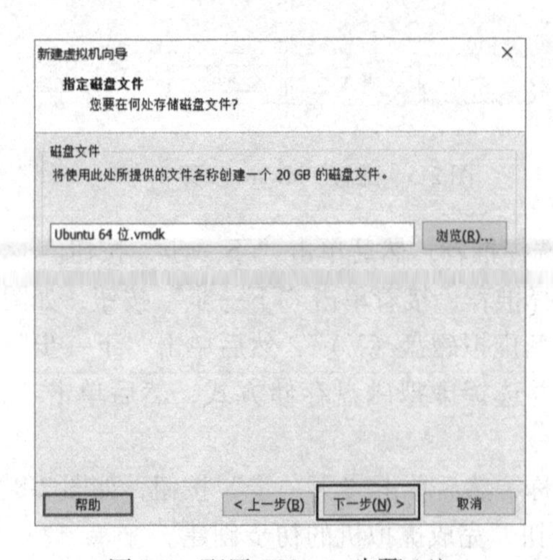

图 2-8 配置 VMware 步骤 14)

4. 为虚拟机安装 Ubuntu 系统

1）在 VMware 窗口中单击“编辑虚拟机设置”按钮，如图 2-9 所示。

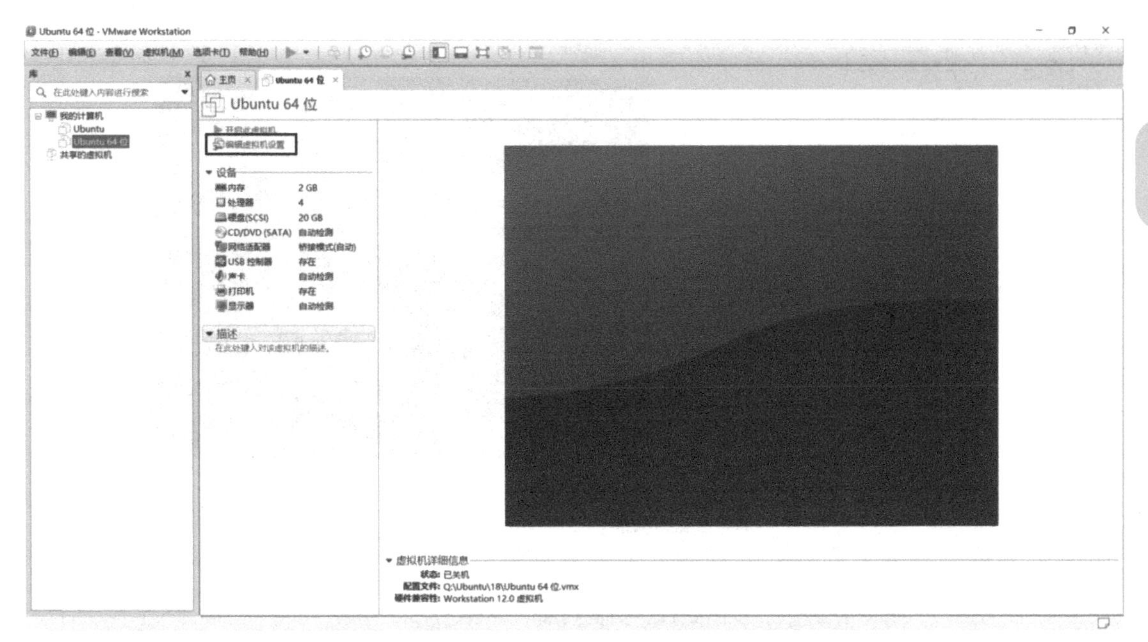

图 2-9　安装 Ubuntu 步骤 1）

2）首先单击“CD/DVD（SATA）”，在右侧窗口中选择“使用 ISO 映像文件”并选择下载好的映像文件，然后单击“确定”按钮，如图 2-10 所示。

图 2-10　安装 Ubuntu 步骤 2）

3）回到 VMware 主窗口，单击“开启此虚拟机”按钮，进入系统安装界面，如图 2-11 所示。

4）等待系统启动，进入欢迎界面，选中“中文（简体）”，然后单击“安装 Ubuntu”按钮，如图 2-12 所示。

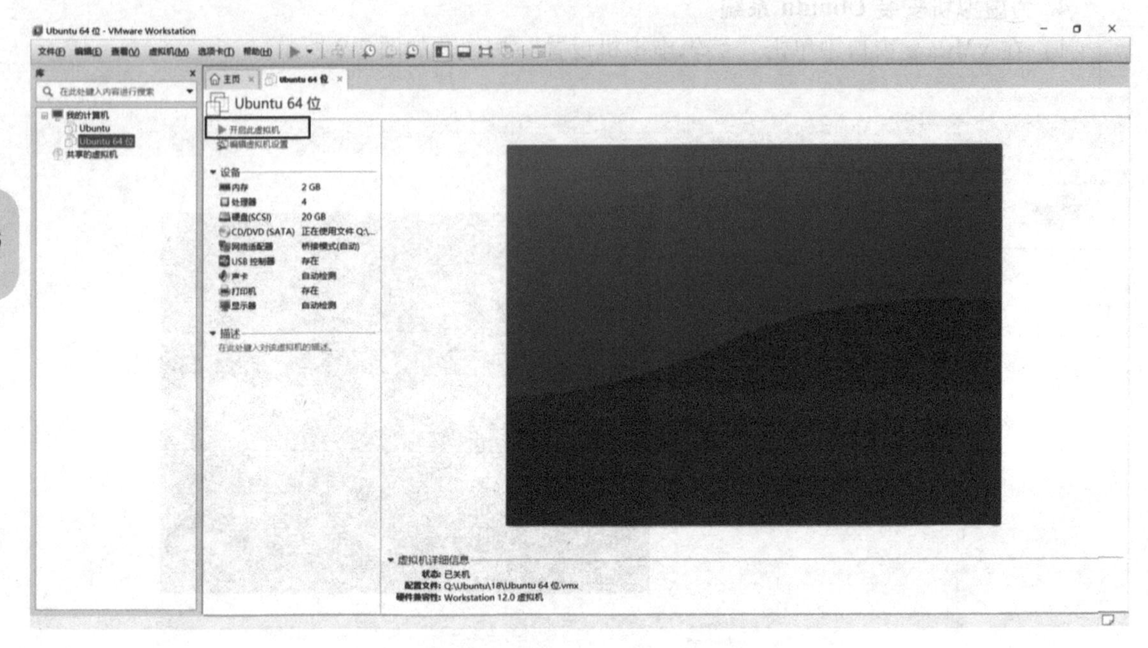

图 2-11　安装 Ubuntu 步骤 3）

5）单击“继续”按钮。

6）选中“清除整个磁盘并安装 Ubuntu”，然后单击“现在安装”按钮，如图 2-12 所示。

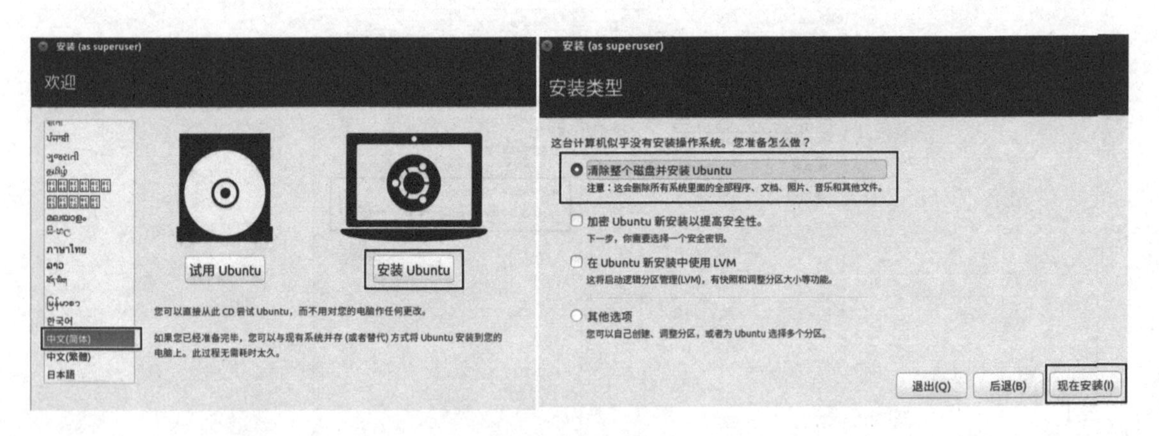

图 2-12　安装 Ubuntu 步骤 4）、6）

7）在弹出的对话框中单击“继续”按钮。

8）设置地理位置，并单击“继续”按钮，如图 2-13 所示。

9）设置用户名和密码，并单击“继续”按钮。

10）进入系统安装界面，此过程耗时较长，请耐心等待，如图 2-14 所示。

11）弹出“安装完成”对话框，单击“现在重启”按钮，如图 2-15 所示，到此 Ubuntu18. 04 虚拟机安装完成。

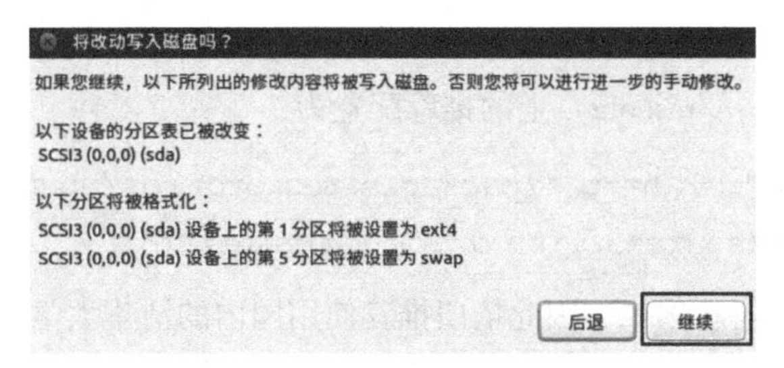

图 2-13　安装 Ubuntu 步骤 7)、8)

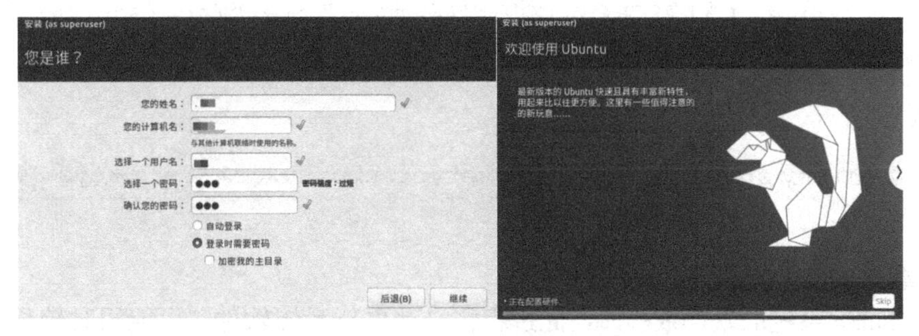

图 2-14　安装 Ubuntu 步骤 9)、10)

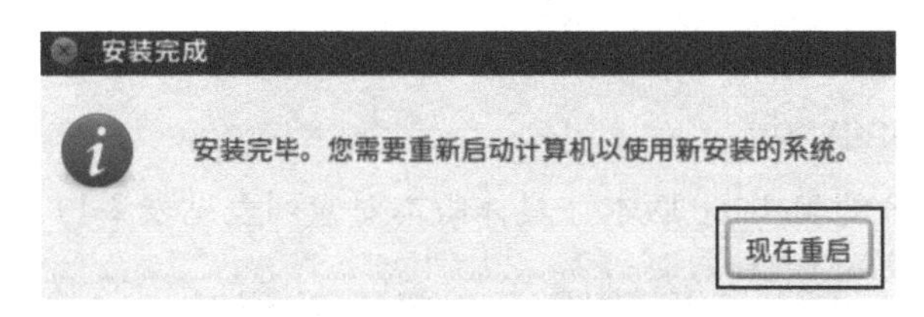

图 2-15　安装 Ubuntu 步骤 11)

2.2.2　ROS 安装和测试步骤

1. 配置 Ubuntu 软件依赖库的源地址

首先打开 Ubuntu 的设置软件与更新界面，接着选择 Ubuntu 软件标签，最后勾选图 2-16 所示的前四项，并将下载源更换为国内源，推荐清华大学源：http://mirrors.tuna.tsinghua.edu.cn/ubuntu。

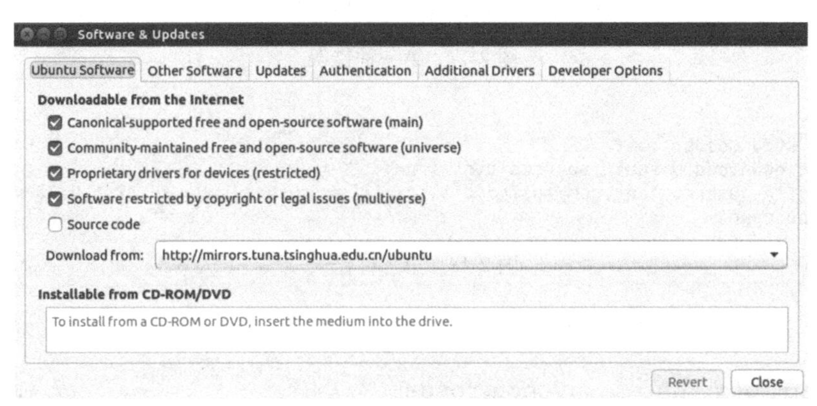

图 2-16　Ubuntu 系统配置

2. 添加 ROS 源

在 ROS 官网（https://ros. org）上的推荐配置为：

```
sudo sh-c'echo"deb http://packages.ros.org/ros/ubuntu $(lsb_release-sc)main">/etc/apt/sources.list.d/ros-latest.list'
```

但是，上述源服务器在国外，因此依旧推荐使用国内的清华大学源：

```
sudo sh-c'./etc/lsb-release && echo"deb http://mirrors.tuna.tsinghua.edu.cn/ros/ubuntu/ $DISTRIB_CODENAME main">/etc/apt/sources.list.d/ros-latest.list'
```

添加密钥：

```
sudo apt-key adv--keyserver keyserver.ubuntu.com--recv-keys F42ED6FBAB17C654
```

3. 下载并安装 ROS

更新 Ubuntu 系统的软件依赖库。此过程将自动更新系统软件，可能用时较长（时长根据系统所需更新软件数量而定）。

```
sudo apt-get update
sudo apt-get upgrade
```

更新后，安装 ROS 的 Melodic 版本（具体版本对应列表见表 2-1）。

```
sudo apt-get install ros-melodic-desktop-full
```

4. 初始化 rosdep

```
sudo rosdep init && rosdep update
```

这一步是使用 ROS 之前的必要一步。rosdep 可以方便在你需要编译某些源代码的时候为其安装一些系统依赖，同时也是某些 ROS 核心功能组建所必需用到的工具。

【**注意**】 安装到这一步可能会遇到图 2-17 和图 2-18 所示的两种错误。

```
bupt@bupt:~$ sudo rosdep init
sudo: rosdep: command not found
```

图 2-17 第一种错误

```
bupt@bupt:~$ sudo rosdep init
ERROR: cannot download default sources list from:
https://raw.githubusercontent.com/ros/rosdistro/master/rosdep/sources.list.d/20-default.list
Website may be down.
```

图 2-18 第二种错误

解决第一种错误，在控制台执行以下指令即可：

```
sudo apt-get install python-rosdep
```

解决第二种错误，则需要按以下步骤进行处理：

1）清空目录/etc/ros：

```
cd/etc/ros
sudo rm-rf *
```

2）下载 https://gitee.com/mrobotit/mrobot_book/tree/master/ch2/ros 中的文件，并将文件放在/etc/ros 文件目录下。

3）修改_init_.py 文件：

```
sudo gedit/usr/lib/python2.7/dist-packages/rosdostro/_init_.py
```

将文件中的：

```
DEFAULT_INDEX_URL='https://raw.githubusercontent.com/ros/rosdis-
tro/master/index-v4.yaml'
```

修改为：

```
DEFAULT_INDEX_URL='file:///etc/ros/rosdistro/master/index-v4.yaml'
```

4）运行下面命令：

```
sudo rosdep update
```

【注意】 更新过程中可能会出现 ERROR，多半由网络状态较差导致，请保持网络环境畅通。

5. ROS 环境配置

首先将 ROS 环境写入~/.bashrc 中，然后通过 source 指令更新当前终端的环境变量，使其能够使用 ROS 自带的基础功能包（本书将在测试部分演示使用基础功能包），命令如下：

```
echo"source/opt/ros/melodic/setup.bash">>~/.bashrc
source~/.bashrc
```

【注意】 ROS 的环境变量用于定位当前系统的 ROS 基础功能包。若不设置 ROS 环境变量，每个终端都需要通过指令 source/opt/ros/melodic/setup.bash 申明“局部变量”后才可以调用 ROS 基础功能包。

6. 安装 rosinstall

```
sudo apt-get install python-rosinstall
```

rosinstall 是 ROS 中一个独立分开的常用命令行工具，它可以通过一条命令帮助 ROS 下载并管理某个功能包所需的所有源代码。

7. ROS 安装结果测试

接下来，利用 ROS 中最经典的小海龟 Demo 测试 ROS 是否被正确安装。步骤如下：

1）在 Ubuntu 中新建一个终端，并输入 roscore，若终端显示如图 2-19 所示，说明 ROS 可以正常启动。

2）新建终端窗口，并输入：

```
rosrun turtlesim turtlesim_node
```

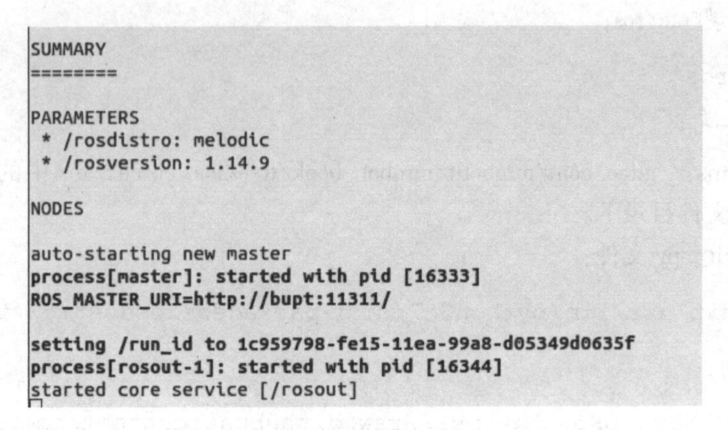

图 2-19　ROS_Master 启动示意图

此时，屏幕上将弹出一个窗口，该窗口中显示了一个 2D 平面的小海龟，下面对屏幕上的海龟进行控制。

3）新建终端窗口，并输入：

```
rosrun turtlesim turtle_teleop_key
```

在确保第三个终端窗口为当前活跃窗口的前提下，通过键盘上的方向键来操作小海龟。如果小海龟根据用户的操作正常移动，并在屏幕上留下移动轨迹，如图 2-20 所示，恭喜你，ROS 已经成功地安装、配置并且运行成功！

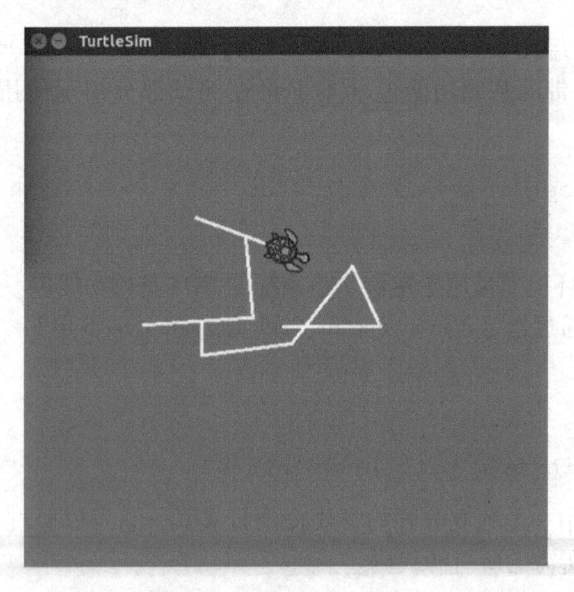

图 2-20　小海龟运行示意图

2.3　第一个 ROS 程序——hello_world

在了解了 ROS 的安装和测试方法后，大家也许急着想要知道 ROS 具体能够做哪些工作。您先别急，本节将通过经典例子“HelloWorld”来告诉大家 ROS 是如何编译运行的。本节代码位于 https://gitee.com/mrobotit/mrobot_book/tree/master/ch2/mrobot_ws/src/hello_world，可以自行下载源代码和本章教程对照学习。

2.3.1　安装开发工具

VSCode 是由微软开发的一款轻量开发工具，拥有丰富的第三方插件，可以有效辅助工程师进行开发工作。所以，VSCode 是当前比较主流的开发工具。我们也将利用该开发工具来完成第一个 ROS 程序的开发。VSCode 官网下载地址：https://code.visualstudio.com。

VSCode 安装好之后，打开界面如图 2-21 所示。

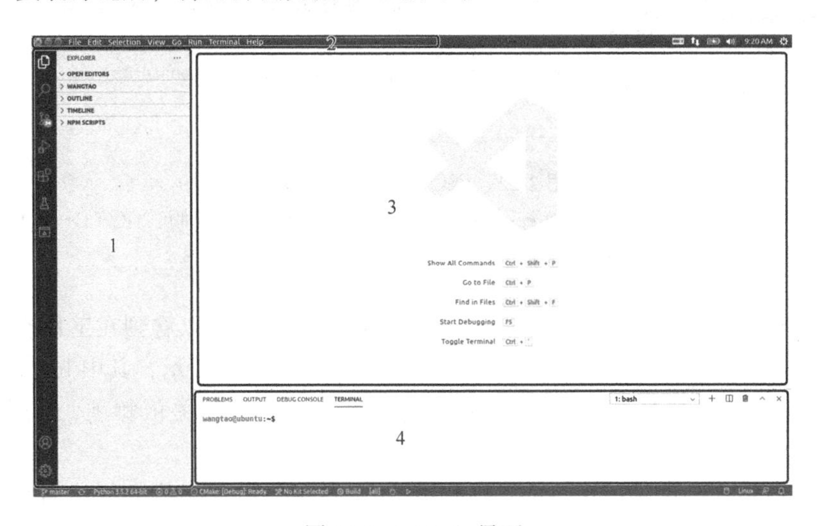

图 2-21　VSCode 界面

其中每个区域对应的功能如下：

1：工具栏，包括 Explorer、Search、Source control、Run、Extensions、Test、CMake。

2：菜单栏，用于实现对 VSCode 自身的设置。

3：代码编辑区，用于编辑代码。

4：控制台，用于显示 error 和 warning，并可编写终端命令行。注意，首次打开 VSCode 时，该部分不显示。若需要查看该窗口，可单击菜单栏中的 Terminal>New Terminal 命令，也可单击 VSCode 下方蓝色区块的 error 和 warning 来显示。

在进行代码编辑之前，需要安装 ROS 开发所需要的第三方插件（本教程中主要用的插件是 ROS、C++、CMake），这些插件会极大方便 ROS 程序的开发。下面以 ROS 插件安装为例介绍一下插件安装步骤，如图 2-22 所示，其他插件安装步骤与此一致。注意，图 2-22 显示的是已经安装好的截图，所以显示 Uninstall。

2.3.2　创建第一个 ROS 程序：hello_world

1）通过单击菜单栏中的 Terminal>New Terminal 命令打开终端，终端默认初始化地址为"/home/user"，在终端输入下面命令创建工作空间：

```
mkdir -p mrobot_ws/src
```

2）在终端输入下面命令，进入工作空间，并将工作空间初始化：

```
cd mrobot_ws/
catkin_make
```

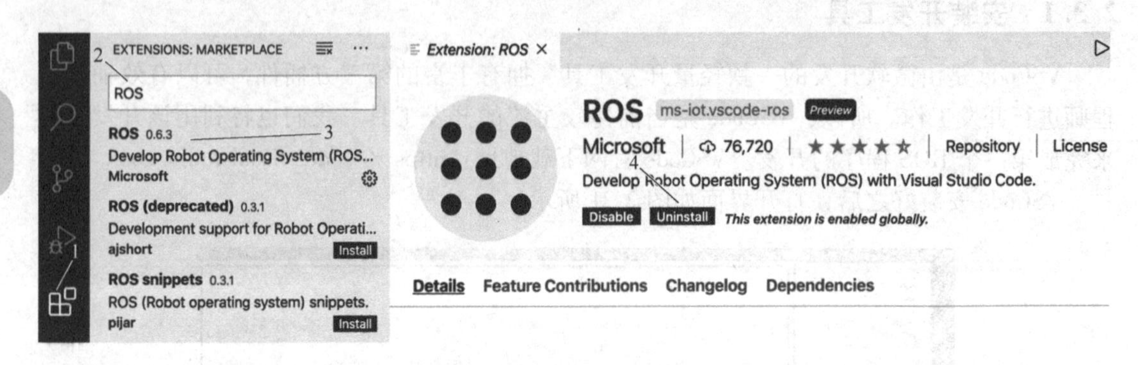

图 2-22　VSCode 中 ROS 安装：

注：图中的 1—单击工具栏中的 Extensions 图标；2—在搜索框中输入 ROS，其他插件可以搜索 C++和 CMake 关键字；3—选取出现的第一个插件；4—单击 Install 按钮安装

3）完成初始化之后，单击左侧工具栏中的 Explorer 图标可以看到在工作空间中有三个文件夹（包含自动生成的两个文件夹 build、devel），如图 2-23 所示，其中 build 文件夹存放 catkin 自动配置的编译信息，devel 文件夹存放可执行文件与相关依赖项，src 文件夹存放代码。

【注意】 如果已经创建过项目或 EXPLORER 工作区没有显示刚才创建的文件夹，单击菜单栏中的 File>Open Folder 命令，找到刚才创建的文件夹，然后单击 Open Folder 对话框的“确定”按钮即可。

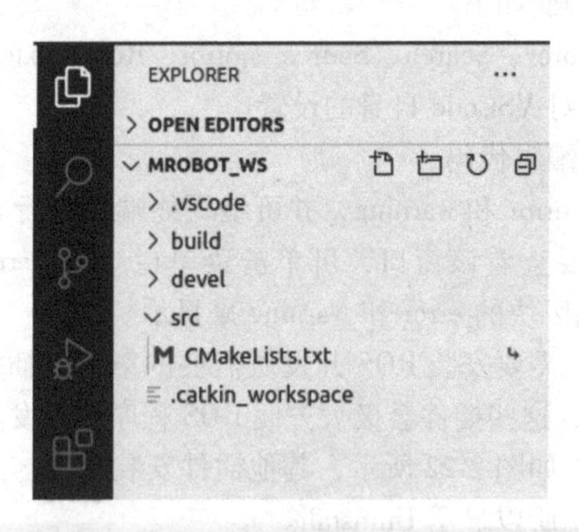

图 2-23　工作空间目录（1）

4）在终端输入以下指令，在 src 文件夹中创建源代码文件夹 hello_world：

```
cd src
catkin_create_pkg hello_world roscpp
```

工作空间的 src 文件夹下的每个文件夹也称为功能包。在移动机器人开发中，移动机器人的高级功能是由多个小型功能包组合实现的。此时的工作空间目录如图 2-24 所示，

include 文件夹存放 . h 和 . hpp 等头文件，src 文件夹存放 . cpp 等源文件。

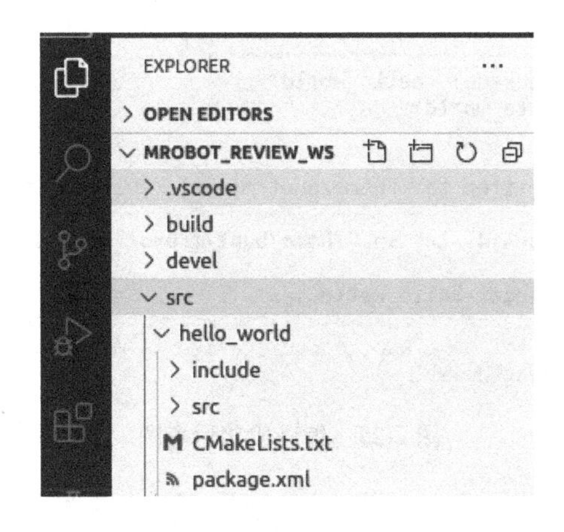

图 2-24 工作空间目录（2）

5）在图 2-24 中，选中 hello_world 下的 src 文件夹，单击鼠标右键，在弹出的快捷菜单中选择“新建文件”命令，或者单击右上角的“新建文件”图标，创建新文件并命名为 main. cpp，且将下面代码输入到该文件中：

```
#include<ros/ros.h>
int main(int argc,char ** argv){
    ros::init(argc,argv,"hello_world");
    ROS_INFO("HelloWorld");
    return 0;
}
```

6）配置 CMakeLists. txt 文件，将下面的代码输入到 hello_world 文件夹中的 CMakeLists. txt 文件中：

```
add_executable(hello_world src/main.cpp)
target_link_libraries(hello_world ${catkin_LIBRARIES})
```

第一行是添加可执行文件 hello_world，该可执行文件的源代码为 src 文件夹下的 main. cpp。第二行将可执行文件 hello_world 与 ${catkin_LIBRARIES} 链接起来，使用标准的 ROS 依赖库。

7）退回到工作空间根目录，对整个工程进行编译：

```
cd ~/mrobot_ws
catkin_make
```

若出现如图 2-25 所示的内容表示编译成功。

8）编译成功之后，通过 Linux 系统创建一个新的终端，通过下面命令启动 ros_master：

```
roscore
```

9）保持此终端运行，重新打开一个终端，通过下面命令运行 hello_world：

```
PROBLEMS    OUTPUT    DEBUG CONSOLE    TERMINAL
-- ~~  - hello_world
-- ~~~~~~~~~~~~~~~~~~~~~~~~~~~~~~~~~~~~~~~~~~~~~~~~~
-- +++ processing catkin package: 'hello_world'
-- ==> add_subdirectory(hello_world)
-- Configuring done
-- Generating done
-- Build files have been written to: /home/bupt/mrobot_review_ws/build
####
#### Running command: "make -j4 -l4" in "/home/bupt/mrobot_review_ws/build"
####
Scanning dependencies of target hello_world
[ 50%] Building CXX object hello_world/CMakeFiles/hello_world.dir/src/main.cpp.o
[100%] Linking CXX executable /home/bupt/mrobot_review_ws/devel/lib/hello_world/hello_world
[100%] Built target hello_world
```

图 2-25　编译成功示意图

```
cd ~/mrobot_ws/devel/
source setup.bash
rosrun hello_world hello_world
```

显示结果如图 2-26 所示。

```
bupt@bupt:~$ cd mrobot_ws/devel/
bupt@bupt:~/mrobot_ws/devel$ source setup.bash
bupt@bupt:~/mrobot_ws/devel$ rosrun hello_world hello_world
[ INFO] [1608601360.652506750]: Hello World
bupt@bupt:~/mrobot_ws/devel$ 
```

图 2-26　Hello World 运行示意图

2.3.3　对 Catkin 的总结

在编写完第一个程序后，相信大家对 ROS 工作空间的基本组成与编译流程已经有了基础的理解，下文将通过对 Catkin 的总结加深大家对整个编译流程的印象。

1. Catkin 编译系统

源代码包只有编译后才能运行。Linux 下的编译器有 gcc、g++，随着源文件的增加，直接用 gcc/g++命令的方式效率低下，因此人们开始用 Makefile 来进行编译。然而，随着工程体量的增大，Makefile 也不能满足需求，于是便出现了 CMake 工具。CMake 是对 make 工具的生成器，是更高层的工具，它简化了编译构建过程，能够管理大型项目，具有良好的扩展性。ROS 对 CMake 进行了扩展，形成了上一小节所使用的 Catkin 编译系统。

2. Catkin 工作空间

Catkin 工作空间是创建、修改、编译 Catkin 软件包的目录。直观地说，Catkin 工作空间就是一个仓库，里面装载着各种 ROS 项目工程，便于系统组织管理和调用。一个典型的 Catkin 目录结构如图 2-27 所示。

Catkin 工作空间中有 src、build、devel 三个文件夹，在有些编译选项下也可能包括其他项，但这三者是 Catkin 编译系统必需的文件夹，它们的具体作用如下：

◆ src/：ROS 的 Catkin 软件包（源代码包）。

◆ build/：Catkin（CMake）的缓存信息和中间文件。

◆ devel/：生成的目标文件，包括头文件、动态链接库、静态链接库和可执行文件，以

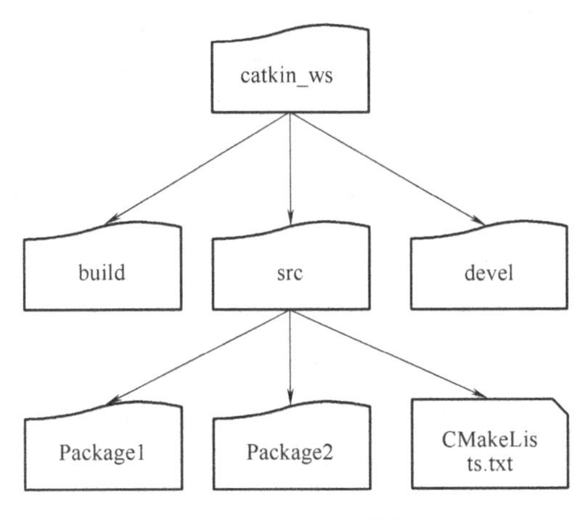

图 2-27　Catkin 工作目录

及环境变量配置文件。

后两个路径由 Catkin 系统自动生成、管理，开发人员不用去处理。我们主要用的是 src 文件夹，ROS 程序或下载的 ROS 源代码都应存放在这里。在编译时，Catkin 编译系统会自动查找和编译 src/下的每一个源代码包。

结合 hello_world 实例，一个典型 ROS 功能包的创建、运行过程如图 2-28 所示。

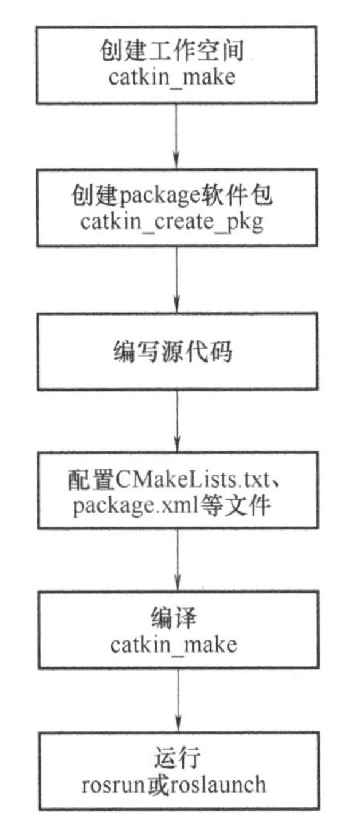

图 2-28　ROS 功能包编译流程

2.4　ROS 工具包

在开发过程中，程序员必然需要数据的可视化和环境的仿真，因此也就必须用到一些可视化工具和文件管理命令。本节将列举几个常用的可视化工具及一些常见 ROS 指令，并主要确保这些工具可以正常打开，工具的实际应用将在后续章节中结合案例进一步讲解。

2.4.1 Qt 工具箱

为了方便可视化调试和显示，ROS 提供了一个基于 Qt 架构的后台图形工具套件——rqt_common_plugins，其包含许多实用工具。

首先，需要使用以下命令来安装 Qt 工具箱：

```
sudo apt-get install ros-melodic-rqt
sudo apt-get install ros-melodic-rqt-common-plugins
```

接下来，介绍 ROS 提供的各种可视化程序。

1. 日志输出工具（rqt_console）

rqt_console 工具用来图像化地显示和过滤 ROS 系统运行状态中的所有日志消息，包括 info、warn、error 等级别的日志。使用以下命令即可启动该工具：

```
rqt_console
```

当系统中有不同级别的日志消息时，rqt_console 的界面中就会依次显示这些日志的相关内容，包括日志内容、时间戳、级别等。当日志较多时，也可以使用该工具进行过滤显示，如图 2-29 所示。

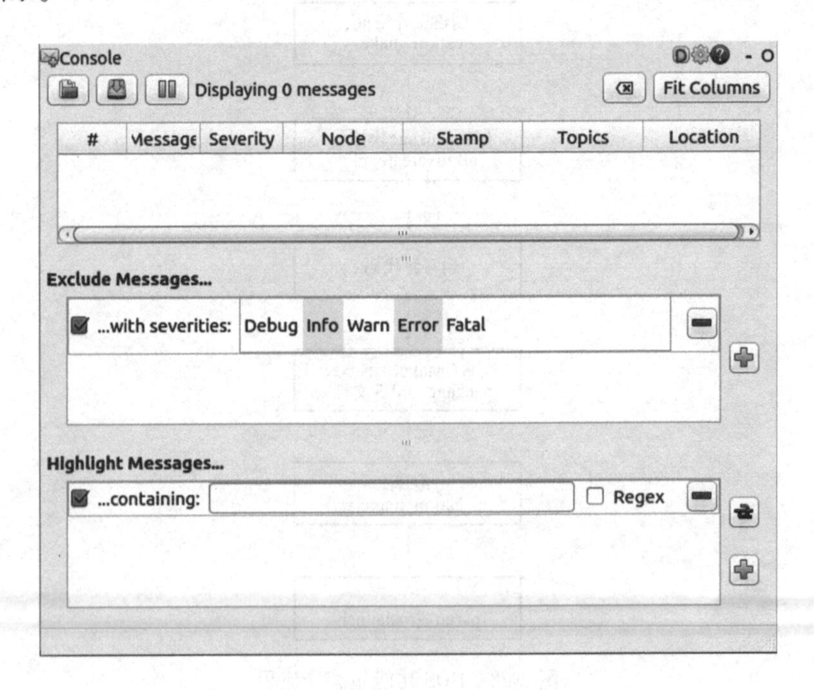

图 2-29　日志输出工具

2. 计算图可视化工具（rqt_graph）

rqt_graph 工具可以图形化显示当前 ROS 系统中的计算图。在系统运行时，使用以下命令即可启动该工具，图 2-30 是运行 roscore 时启动该工具的结果。

```
rqt_graph
```

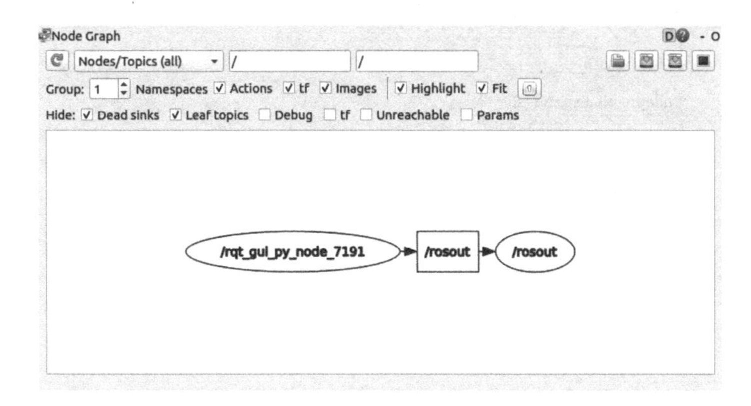

图 2-30　计算图可视化工具

3. 数据绘图工具（rqt_plot）

rqt_plot 是一个二维数值曲线绘制工具，可以将需要显示的数据在直角坐标系中使用曲线描绘。使用以下命令即可启动该工具：

```
rqt_plot
```

在界面上方的 Topic 话题输入框中输入要显示的话题消息，如果不确定话题名称，可以在终端中使用“rostopic list”命令查看，如图 2-31 所示。Topic 话题将在下一节详细介绍。

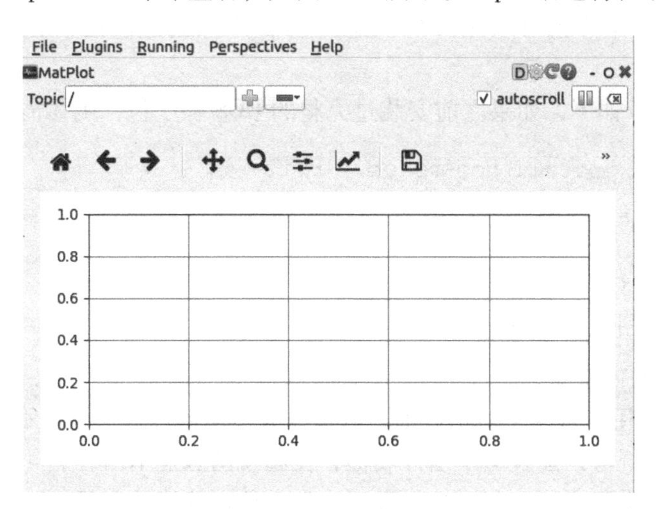

图 2-31　数据绘图工具

4. 参数动态配置工具（rqt_reconfigure）

rqt_reconfigure 工具可以在不重启系统的情况下，动态配置 ROS 系统中的参数。但是，为了使用该功能，用户需要在代码中设置参数的相关属性，从而进行动态配置。使用以下命令即可启动该工具：

```
rosrun rqt_reconfigure rqt_reconfigure
```

启动后的界面将显示当前系统中所有可动态配置的参数，在界面中使用输入框、滑动条或下拉框进行设置即可实现参数的动态配置，如图 2-32 所示。

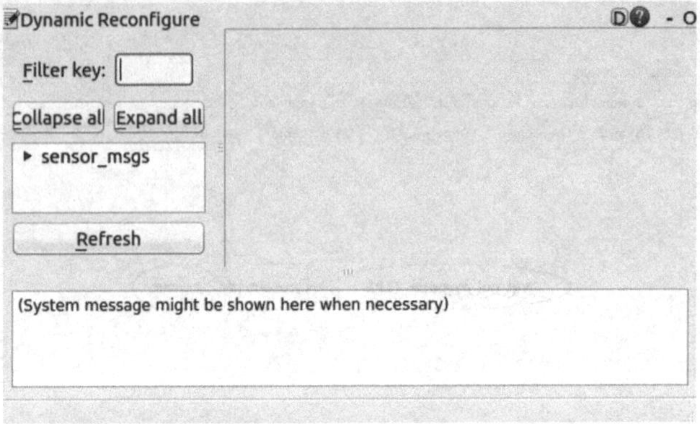

Dynamic Reconfigure
Filter key:
Collapse all Expand all
▸ sensor_msgs
Refresh
(System message might be shown here when necessary)

图 2-32　参数动态配置工具

2.4.2　RViz

RViz 是一款三维可视化工具，可以很好地兼容基于 ROS 软件框架的机器人平台。在 RViz 中，可以使用可扩展标记语言（XML）对机器人、周围物体等任何实物进行尺寸、质量、位置、材质、关节等属性的描述，并且在窗口中呈现出来。同时，RViz 还可以通过图形化的方式，实时显示机器人传感器数据、运动状态及其周围环境变化等信息。总而言之，RViz 可以接收机器人模型参数、机器人发布的传感器信息等数据，为用户进行所有可监测信息的图形化显示。用户也可以在 RViz 的控制界面下，通过按钮、滑动条、数值等方式，控制机器人的行为。

RViz 的安装命令如下，如果之前安装过完整的 ROS 程序包，则无需单独安装：

```
sudo apt-get install ros-melodic-rviz
```

启动 RViz 平台的命令如下：

```
rosrun rviz rviz
```

RViz 运行界面如图 2-33 所示。

不同区域对应的功能如下：

1：3D 视图区，用于可视化显示数据，目前没有任何数据，所以显示黑色。

2：显示项列表，可以配置每个插件属性，控制视图区显示内容。

3：工具栏，提供了视角控制、目标设置、发布地点等快捷工具。

4：视角设置区，用于选择多种观测视角。

5：时间显示区，用于显示当前的系统时间和 ROS 时间。

2.4.3　Gazebo

Gazebo 是一款功能强大的三维物理仿真平台，主要特点有：

- 具备强大的物理引擎；
- 高质量的图形渲染；
- 方便的编程与图形接口；

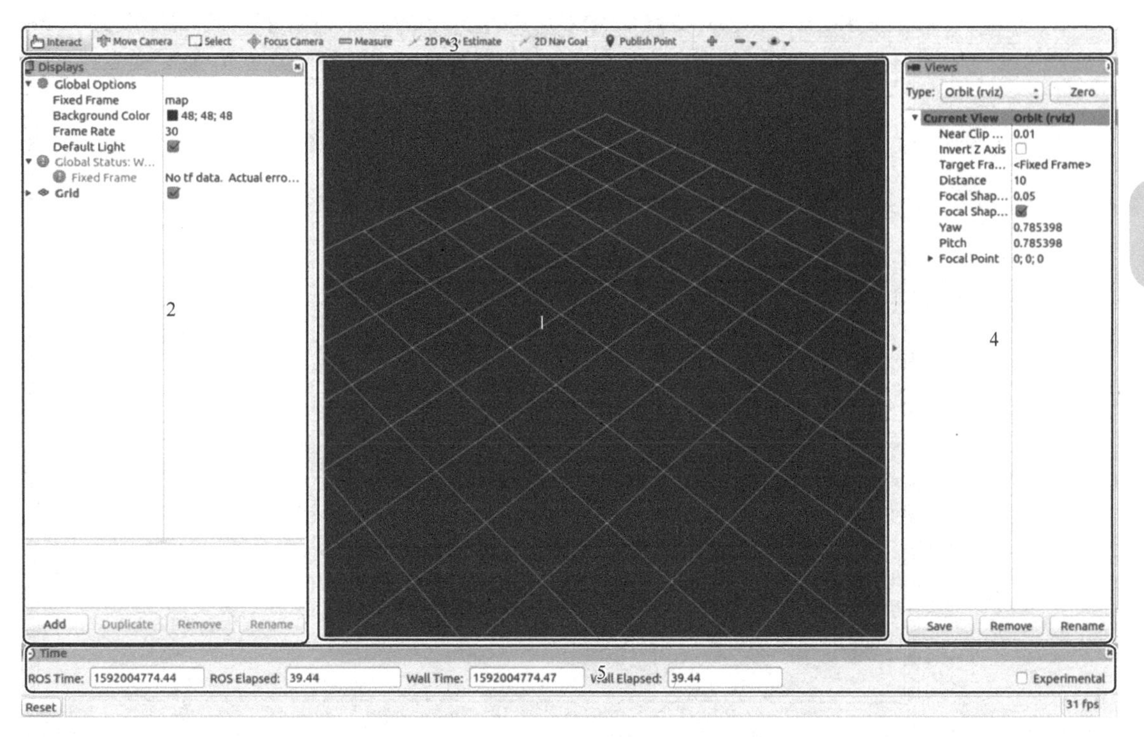

图 2-33　RViz 运行界面

- 开源免费。

其典型的应用场景有：

- 测试机器人算法；
- 机器人的设计；
- 现实情况的回溯实验。

Gazebo 的安装命令：

```
sudo apt-get install ros-melodic-gazebo-ros-pkgs ros-melodic-gazebo-ros-control
```

启动 Gazebo 的命令：

```
rosrun gazebo_ros gazebo
```

Gazebo 运行界面如图 2-34 所示。

不同区域对应的功能如下：

1：3D 视图区，用于显示已经搭建好的模型；

2：工具栏，提供了和模拟器交互时的快捷工具；

3：模型列表，用于显示当前场景中所有模型及可添加到场景中的模型（通过“Insert”标签切换）；

4：模型属性项，显示和编辑场景中模型属性；

5：时间显示区，用于显示当前的系统时间和 ROS 时间。

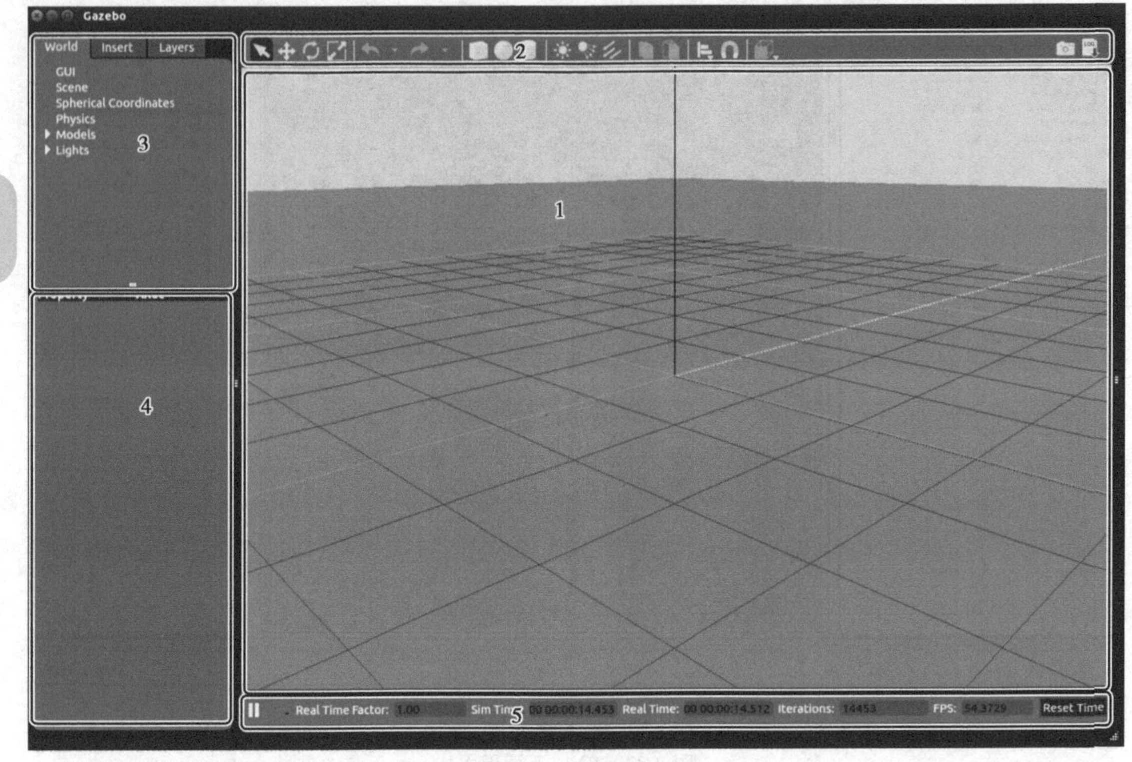

图 2-34　Gazebo 运行界面

2.4.4　文件系统工具

1. rospack 指令

rospack 可以获取软件包的有关信息。在本教程中，只涉及 rospack 中 find 参数选项，该选项可以返回软件包的路径信息。

rospack 的用法：

```
rospack find[包名称]
```

rospack 运行实例如图 2-35 所示。

```
bupt@bupt:~$ rospack find roscpp
/opt/ros/melodic/share/roscpp
```

图 2-35　rospack 运行实例

2. roscd 指令

roscd 是 rosbash 命令集中的一部分，它可以直接切换（cd）工作目录到 ROS 安装目录或者通过 ROS 指令创建的某个软件包中。其用法如下：

```
roscd[本地包名称[/子目录]]
```

roscd 运行实例如图 2-36 所示。

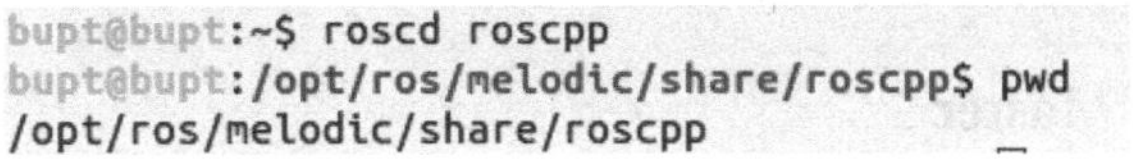

bupt@bupt:~$ roscd roscpp
bupt@bupt:/opt/ros/melodic/share/roscpp$ pwd
/opt/ros/melodic/share/roscpp

图 2-36　roscd 运行实例

3. rosls 指令

rosls 是 rosbash 命令集中的一部分，它允许你直接按照 ROS 安装软件包的名称而不是绝对路径执行 ls 命令。其用法如下：

```
rosls[本地包名称[/子目录]]
```

rosls 运行实例如图 2-37 所示。

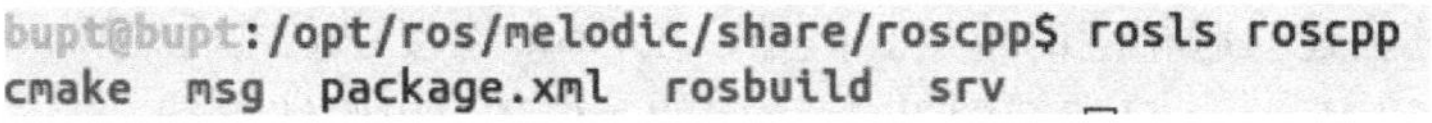

bupt@bupt:/opt/ros/melodic/share/roscpp$ rosls roscpp
cmake msg package.xml rosbuild srv

图 2-37　rosls 运行实例

2.5 ROS 通信机制

通常来说，一个移动机器人项目是多进程协同工作的，除了极少部分进程可以独自完成工作，其他进程均需要进行进程间的数据交互，因此进程间的通信机制是构建复杂机器人项目的基础，如图 2-38 所示。

service
node
node
Publication
node
node
Topic
Subscription
node
node
node

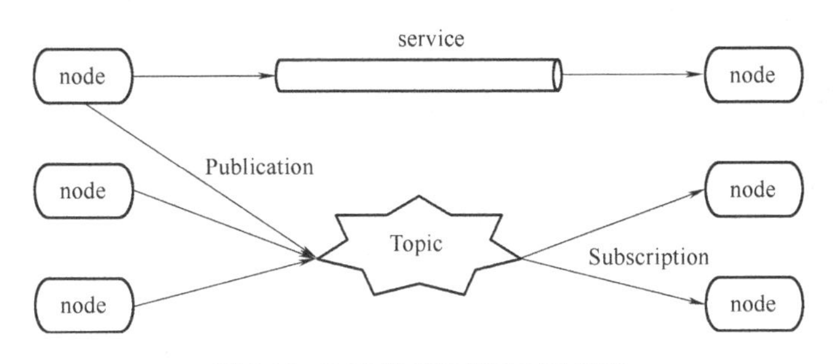

图 2-38　ROS 进程通信机制示意图

2.5.1 节点（Node）

在 ROS 的世界里，最小的进程单元就是节点（Node）。通常，一个 Node 负责机器人的某一个单独模块。一个软件包里可以有多个可执行文件（通常为 C++编译生成的可执行文件或 Python 脚本），可执行文件在运行之后就成了一个进程（Process），这个进程即 ROS 中的节点。

由于机器人的功能模块非常复杂，一个团队往往不能实现所有功能，因此 ROS 采用了分布式架构，利用进程间通信机制有效整合各个团队的工作。例如，移动机器人的控制、计算机视觉、激光雷达研发、机器人地图创建等任务可以由不同的团队或公司来完成，他们只需遵循 ROS 中的标准，实现各自功能模块，通过简单配置，即可搭建出一款配备摄像机、激光雷达的机器人整机，而且运行效果精确、稳定。

2.5.2 节点管理器 Master

由于机器人的元器件很多，功能庞大，因此实际运行时往往会拥有众多的节点（Node），分别负责环境感知、运动控制、决策和计算等功能。如何合理调配管理这些节点 Node 呢？这就要利用 ROS 提供的节点管理器 Master。

节点管理器 Master 在整个网络通信架构里相当于管理中心，管理着各个节点（Node）。Node 在启动时，首先需要在 Master 处进行注册，之后 Master 会将该 Node 纳入到整个 ROS 程序中。Node 之间的通信也是先由 Master 进行"牵线"，然后才能两两地进行点对点通信。当 ROS 程序启动时，首先启动 Master，再由节点管理器依次启动 Node。

换句话说，节点管理器 Master 实际上扮演一个"通信调度中心"的角色，它启动之后，各个 Node 之间才会建立起相应的连接。但是，在 Node 连接建立之后，Master 的任务就完成了，此时如果关闭 Master，已运行的 Node 之间的通信还可以继续进行。

2.5.3 Node 与 Master 相关命令

```
roscore                                      //启动 ros master
rosrun[pkg_name][node_name]                  //启动一个 node
rosnode list                                 //查看当前运行的 node 信息
rosnode info[node_name]                      //显示 node 的详细信息
rosnode kill[node_name]                      //结束 node
roslaunch[pkg_name][file_name.launch]        //启动 master 和多个 node
```

2.5.4 ROS 通信方式

ROS 的通信方式是 ROS 最为核心的概念，ROS 系统的精髓在于它提供的通信架构。ROS 的通信方式有以下四种：

1）Topic 话题模式。

2）Service 服务模式。

3）Parameter Service（参数服务器）。

4）Actionlib（动作库）。

2.5.5 Topic 话题模式

Topic 话题订阅模式是一种常用的 ROS 通信方式。对于实时性、周期性的消息，使用 Topic 模式来传输是最佳的选择。Topic 模式是一种点对点的单向通信方式，这里的"点"指的是节点 Node，也就是说 Node 之间可以通过 Topic 模式来传递信息。Topic 话题要经历下面的初始化过程：首先，Publisher 发布者节点和 Subscriber 订阅节点都要到节点管理器 Master 进行注册；然后，Publisher 会发布 Topic 话题，Subscriber 在节点管理器 Master 的指挥下会订阅该 Topic 话题，从而建立起节点与节点之间的通信。需要注意的是，该过程是单向的，其结构示意图如图 2-39 所示。

订阅者 Subscriber 接收消息后会进行处理，一般这个过程叫作回调（Callback）。所谓回

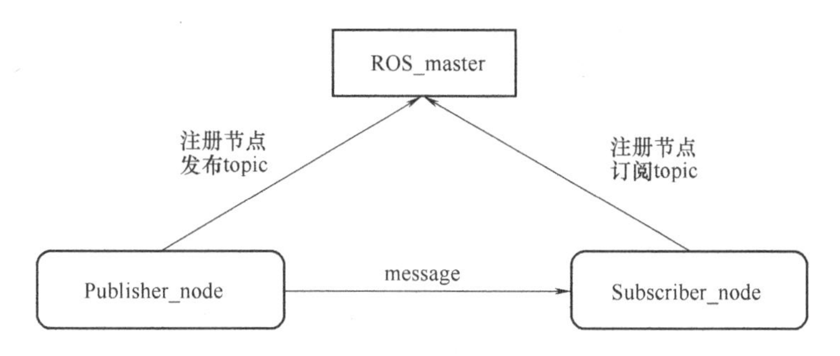

图 2-39 Topic 通信示意图

调就是提前定义好了一个处理函数，当 Node 接收了新消息后，进程就会触发这个处理函数，该函数会对消息进行处理。

如图 2-40 所示，本小节以摄像机画面的发布、处理、显示为例来讲解 Topic 话题通信的流程。在机器人上的摄像机拍摄程序是一个 Node（用椭圆圈表示，记作 NodeCamera），当 NodeCamera 启动之后，它作为一个发布器 Publisher，开始发布 Topic 话题为“/camera_rgb”的信息（这里 rgb 是指颜色信息，指示了该消息为彩色图像）；同时，图像处理节点 NodeImgProcess 作为订阅者 Subscriber，订阅了“/camera_rgb”，并经过节点管理器的中介管理。至此，图像处理节点 NodeImgProcess 建立了和摄像机节点 NodeCamera 的连接。同理，图像显示节点 NodeImgDsp 也能与 NodeImgProcess 建立连接。

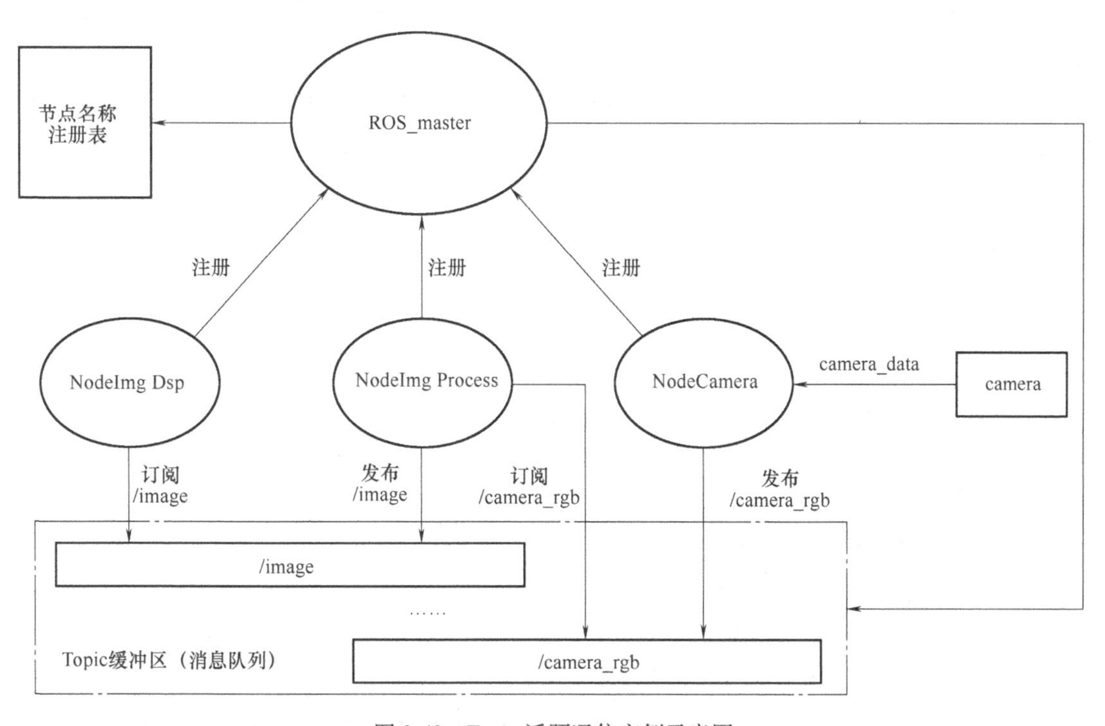

图 2-40 Topic 话题通信实例示意图

摄像机拍摄程序 NodeCamera 每发布一次消息之后，就会继续执行下一个动作，至于发出的消息的状态是否被接收与它无关；而图像处理程序 NodeImgProcess 只接收和处理“/camera_rgb”话题的消息，它不管该信息是谁发来的。所以 NodeCamera 和 NodeImgProcess

各司其职，不存在协同工作，这样的通信方式通常称为异步通信。

此外，由于ROS是一种分布式架构，因此一个Topic话题可以被多个节点同时发布，也可以同时被多个节点接收。因此，在该场景中，用户可以再建立一个图像显示节点，从而看到前端摄像机的实时视频数据。

2.5.6 Topic 话题通信实例

首先，通过控制小海龟运动的实际例子介绍Topic话题通信中的Publisher。本文主要介绍利用C++实现程序编写、编译和运行的过程，对于Python代码，读者可以自行查阅相关资料。

本部分代码可自行下载，位于https://gitee.com/mrobotit/mrobot_book/tree/master/ch2/mrobot_ws/src/learning_topic。

具体操作步骤如下：

1）创建名为learning_topic的功能包：

```
cd ~/mrobot_ws/src
catkin_create_pkg learning_topic roscpp rospy std_msgs geometry_msgs turtlesim
```

catkin_create_pkg命令的作用是创建一个新的catkin功能包，上面代码的作用是创建一个名为learning_topic的功能包，并添加该功能包所需要的依赖roscpp、rospy、std_msgs、geometry_msgs、turtlesim。

2）在learning_topic文件夹下的src文件夹中创建velocity_publisher.cpp文件，构建代码框架：

```
#include<ros/ros.h>
#include<geometry_msgs/Twist.h>
int main(int argc,char ** argv){
    return 0;
}
```

3）在main函数中初始化ROS节点，在ROS系统中注册节点名称：

```
ros::init(argc,argv,"velocity_publisher");
```

4）接着创建句柄，实例化Node，并创建发布者对象：

```
ros::NodeHandle nh;
ros::Publisher turtle_vel_pub = nh.advertise<geometry_msgs::Twist>("/turtle1/cmd_vel",10);
```

NodeHandle是与ROS系统通信的主要接入点，调用NodeHandle的advertise函数将发布一个话题Topic，函数的第一个参数为Topic名称，第二个参数为消息队列大小。在实际应用中，消息的发送和接收之间不是同步进行的，存在消息发布与接收的时间差。因此，ROS会把发布的消息都写进缓冲区，供接收程序读取，一旦超过缓冲区信息数量，最早的信息就会被丢弃。<geometry_msgs::Twist>标明了消息队列的消息类型。

以上代码在执行时告诉主机，我们将会在一个名字为“/turtle1/cmd_vel”的Topic上发布一个geometry_msgs::Twist类型的消息，这就使得主机告诉所有订阅了“/turtle1/cmd_vel”Topic的节点，我们将在这个Topic上发布数据；第二个参数告诉主机，当我们发布消息很快的时候，它将能缓冲10条信息，如果慢了的话就会覆盖前面的信息。

5）设定发布频率，单位为赫兹（Hz），本例设置为10Hz，即每秒发10次数据：


```
ros::Rate loop_rate(10);
```

6）循环发布线速度为0.5m/s、角速度为0.2rad/s的消息并打印，至此velocity_publisher.cpp代码部分完成：

```
while(ros::ok()){
    geometry_msgs::Twist vel_msg;//ROS预定义消息类型
    vel_msg.linear.x=0.5;
    vel_msg.angular.z=0.2;
    turtle_vel_pub.publish(vel_msg);
    ROS_INFO("Publish turtle velocity command[%0.2f m/s,%0.2f rad/
s]",vel_msg.linear.x,vel_msg.angular.z);
    loop_rate.sleep();
}
```

7）配置CMakeLists.txt中的编译规则，将下面的代码插入到CMakeLists.txt文件中：

```
add_executable(velocity_publisher src/velocity_publisher.cpp)
target_link_libraries(velocity_publisher ${catkin_LIBRARIES})
```

8）编译并运行：

```
cd ~/catkin_ws
catkin_make
source devel/setup.bash
#另外启动一个终端,输入下面的命令,启动ROS核心程序
roscore
#另外启动一个终端,输入下面的命令,运行小海龟
rosrun turtlesim turtlesim_node
#再回到刚才编译成功的终端,输入下面的命令,运行我们自己编写的发布者
rosrun learning_topic velocity_publisher
#另外启动一个终端,输入下面的命令,可以看到当前运行的Topic列表
rostopic list
```

启动程序后，小海龟会按照设定好的线速度和角速度移动。由于线速度和角速度都是固定的，所以小海龟的运动轨迹是一个圆，效果如图2-41所示。

接下来，通过订阅小海龟的位姿信息来介绍Topic话题中的Subscriber。

1）在learning_topic文件夹下的src文件夹中创建pose_subscriber.cpp文件，并构建代码框架：

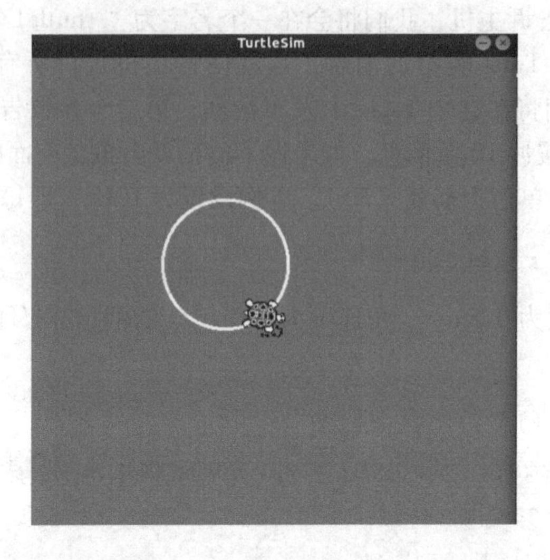

图 2-41　小海龟运动结果

```
#include<ros/ros.h>
#include"turtlesim/Pose.h"
int main(int argc,char ** argv){
return 0;
}
```

2）在 main 函数上方编写 poseCallback 回调函数，打印订阅内容：

```
void poseCallback(const turtlesim::Pose::ConstPtr& msg){
    ROS_INFO("Turtle pose:x:%0.6f,y:%0.6f",msg->x,msg->y);
}
```

3）在 main 函数中初始化 ROS 节点，在 ROS 系统中注册节点名称：

```
ros::init(argc,argv,"pose_subscriber");//初始化 ROS 节点
```

4）接着创建句柄，实例化 Node，并创建订阅者对象：

```
ros::NodeHandle n;//创建节点句柄
ros::Subscriber pose_sub=n.subscribe("/turtle1/pose",10,poseCall-
back);
```

上面代码告诉 ROS 节点管理器，我们将会从“/turtle1/pose”这个话题中订阅消息，当有消息到达时会自动调用这里指定的 poseCallback 回调函数。这里的参数 10 表示订阅队列的大小，如果消息处理的速度不够快，缓冲区中的消息大于 10 个的话就会开始丢弃先前接收的消息。

5）循环等待回调函数：

```
ros::spin();//循环等待回调函数
```

6）配置 CMakeLists.txt 中的编译规则，将下面的代码插入到 CMakeLists.txt 文件中：

```
add_executable(pose_subscriber src/pose_subscriber.cpp)
target_link_libraries(pose_subscriber ${catkin_LIBRARIES})
```

7）编译并运行：

```
cd ~/catkin_ws
catkin_make
source devel/setup.bash
#重启终端
roscore
#另外打开一个终端,输入下面的命令,运行小海龟
rosrun turtlesim turtlesim_node
#再打开一个终端,输入下面的命令,运行订阅者
source devel/setup.bash
rosrun learning_topic pose_subscriber
```

【注意】 由于 ROS 应用了 C++11 标准，需要将 CMakeLists.txt 文件中的 add_compile_options（-std=c++11）注释解开或者添加以上代码。

用户可以新建终端，同时运行 velocity_publisher，这样就可以看到小海龟的实时位姿信息了，如图 2-42 所示。由于小海龟是静止的，所以终端会一直输出同样的位姿信息。

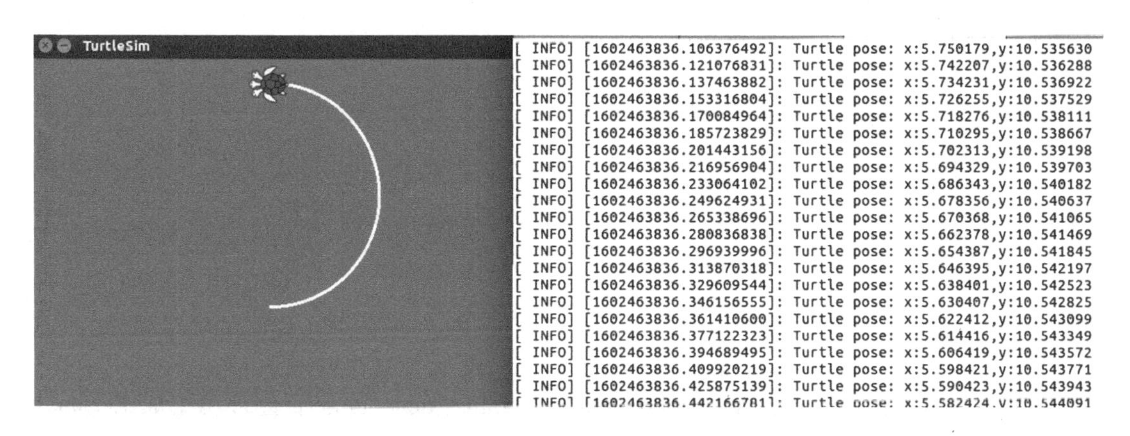

图 2-42　pose_subscriber 运行结果

2.5.7　Topic 自定义消息

本小节以个人信息展示为例介绍 Topic 话题自定义消息的使用。

1）定义 msg 文件，在 learning_topic 文件夹下创建 msg 文件夹，在 msg 文件夹中创建 Person.msg 文件，并将下列内容输入到 Person.msg 文件中：

```
string name
uint8 sex
uint8 age
```

```
uint8 unknown=0
uint8 male=1
uint8 female=2
```

2）在 package. xml 中添加功能包依赖，将以下内容添加到 package. xml 文件中：


```
<build_depend>message_generation</build_depend>
<build_export_depend>message_generation</build_export_depend>
<exec_depend>message_runtime</exec_depend>
```

3）在 CMakeLists. txt 中添加编译选项，将以下内容添加到 CMakeLists. txt 文件的对应位置：

```
find_package(...message_generation...)

catkin_package(
...CATKIN_DEPENDS roscpp rospy std_msgs turtlesim geometry_msgs mes-
sage_runtime...
)

add_message_files(
    FILES Person.msg
)

generate_messages(
    DEPENDENCIES std_msgs
)
```

4）编译程序：

```
cd ~/mrobot_ws
catkin_make
```

编译结束后，在~/catkin_ws/devel/include/learning_topic 目录下会自动生成 Person. h 文件。

5）接着在~/mrobot_ws/src/learning_topic/src 目录下创建 person_publisher. cpp 文件，并构建程序框架，这里引用的形式为“包名/消息文件名 . h”：

```
#include<ros/ros.h>
#include"learning_topic/Person.h"
int main(int argc,char ** argv)
{

    return 0;
}
```

6）在 main 函数中初始化 ROS 节点，在 ROS 系统中注册节点名称：

```
ros::init(argc,argv,"person_publisher");
```

7）接着创建句柄，创建 Publisher，广播的自定义消息类型格式为“包名：：消息名”：

```
ros::NodeHandle nh;
ros::Publisher person_info_pub = nh.advertise < learning_topic::
Person>("/person_info",10);
```

8）设置循环频率，单位为赫兹，即 1s 发送 1 次：

```
ros::Rate loop_rate (1);
```

9）按照循环频率持续发布信息：

```
while(ros::ok())
{
    learning_topic::Person person_msg;
    person_msg.name="Tom";
    person_msg.age=18;
    person_msg.sex=learning_topic::Person::male;
    person_info_pub.publish(person_msg);
    ROS_INFO("Publish Person Info:name:%s age:%d sex:%d",
    person_msg.name.c_str(),person_msg.age,person_msg.sex);
    loop_rate.sleep();
}
```

10）在~/catkin_ws/src/learning_topic/src 目录下创建 person_subscriber.cpp 文件，并构建程序框架：

```
#include<ros/ros.h>
#include"learning_topic/Person.h"
int main(int argc,char ** argv)
{


    return 0;
}
```

11）定义消息回调函数，以打印接收到的消息内容：

```
void personInfoCallback(const learning_topic::Person::ConstPtr &
msg)
{
ROS_INFO("Subcribe Person Info:name:%s age:%d sex:%d",msg->name.c_
str(),msg->age,msg->sex);
}
```

12）在 main 函数中初始化 ROS 节点，在 ROS 系统中注册节点名称：

```
ros::init(argc,argv,"person_subscriber");
```

13）创建句柄，创建 Subscriber 并注册回调函数：

```
ros::NodeHandle n;
ros::Subscriber person_info_sub = n.subscribe("/person_info",10,
personInfoCallback);
```

14）循环等待回调函数：

```
ros::spin();
```

15）配置 CMakeLists. txt 中的编译规则，将下面的代码插入到 CMakeLists. txt 文件中：

```
add_executable(person_publisher src/person_publisher.cpp)
target_link_libraries(person_publisher ${catkin_LIBRARIES})
add_dependencies(person_publisher ${PROJECT_NAME}_generate_messa-
ges_cpp)
add_executable(person_subscriber src/person_subscriber.cpp)
target_link_libraries(person_subscriber ${catkin_LIBRARIES})
add_dependencies(person_subscriber ${PROJECT_NAME}_generate_mes-
sages_cpp)
```

16）编译运行过程同 2. 5. 6 小节中的实例，然后在两个终端中分别运行 person_publisher 和 person_subscriber，从终端中可以看出，发布者和接收者已经开始了通信。

运行效果如图 2-43 所示。

```
[ INFO] [1602557402.835857714]: Publish Person Info: name:Tom  age:18  sex:1
[ INFO] [1602557403.835885822]: Publish Person Info: name:Tom  age:18  sex:1
[ INFO] [1602557404.835843150]: Publish Person Info: name:Tom  age:18  sex:1
[ INFO] [1602557405.835817998]: Publish Person Info: name:Tom  age:18  sex:1
[ INFO] [1602557406.835840566]: Publish Person Info: name:Tom  age:18  sex:1
[ INFO] [1602557407.835828549]: Publish Person Info: name:Tom  age:18  sex:1
[ INFO] [1602557408.835829625]: Publish Person Info: name:Tom  age:18  sex:1
[ INFO] [1602557409.835876725]: Publish Person Info: name:Tom  age:18  sex:1
[ INFO] [1602557410.835765516]: Publish Person Info: name:Tom  age:18  sex:1
[ INFO] [1602557411.835821342]: Publish Person Info: name:Tom  age:18  sex:1
[ INFO] [1602557412.835839137]: Publish Person Info: name:Tom  age:18  sex:1
[ INFO] [1602557413.835841281]: Publish Person Info: name:Tom  age:18  sex:1
```

```
[ INFO] [1602557400.835982003]: Subcribe person Info: name:Tom  age:18  sex:1
[ INFO] [1602557401.836039130]: Subcribe person Info: name:Tom  age:18  sex:1
[ INFO] [1602557402.836233871]: Subcribe person Info: name:Tom  age:18  sex:1
[ INFO] [1602557403.836246518]: Subcribe person Info: name:Tom  age:18  sex:1
[ INFO] [1602557404.836213370]: Subcribe person Info: name:Tom  age:18  sex:1
[ INFO] [1602557405.836039578]: Subcribe person Info: name:Tom  age:18  sex:1
[ INFO] [1602557406.836185230]: Subcribe person Info: name:Tom  age:18  sex:1
[ INFO] [1602557407.836339250]: Subcribe person Info: name:Tom  age:18  sex:1
[ INFO] [1602557408.836133885]: Subcribe person Info: name:Tom  age:18  sex:1
[ INFO] [1602557409.836349364]: Subcribe person Info: name:Tom  age:18  sex:1
[ INFO] [1602557410.835967963]: Subcribe person Info: name:Tom  age:18  sex:1
[ INFO] [1602557411.836044579]: Subcribe person Info: name:Tom  age:18  sex:1
[ INFO] [1602557412.836158578]: Subcribe person Info: name:Tom  age:18  sex:1
```

图 2-43　person_publisher、person_subscriber 运行示意图

2. 5. 8　Service 服务模式

有些时候单向通信并不能完全满足实际业务中的通信需求，例如，请求后台生成设备一周运行情况报表，这只是临时而非周期性的任务，如果采用 Topic 话题通信方式，将会消耗大量且不必要的系统资源，从而造成系统的低效率高功耗运转。为了解决以上问题，ROS 提供了 Service 服务模式，在通信模型上与 Topic 话题模式做了区别。Service 服务包括两部分：一部分是请求方（Client），另一部分是应答方/服务提供方（Server）。Service 服务通信是双向的，Client 发送一个请求 Request 给 Server，要等待 Server 处理并反馈回一个应答 Reply，这样通过类似“请求-应答”的机制完成整个服务通信。

Service 通信方式示意图如图 2-44 所示，Node B 是 Server（应答方），提供了一个服务的接口，叫作/Service，我们一般都会用 String 类型来指定 Service 服务的名称，类似于 Topic。

Node A 向 Node B 发起了请求，经过处理后得到了反馈。

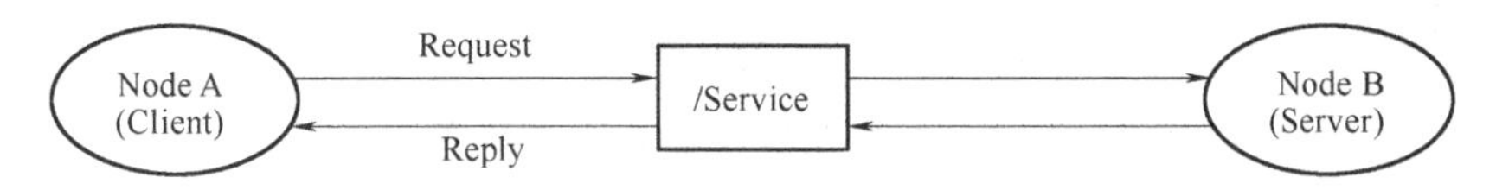

图 2-44 Service 通信示意图

Service 服务是同步通信方式。所谓同步就是，Node A 发布请求后会在原地等待应答，直到 Node B 处理完了请求并且完成了该应答，Node A 才会继续执行。Node A 在等待过程中一直处于阻塞状态。这样的通信模型没有频繁的消息传递，没有多个消息相互交叉，也没有高系统资源的占用，只有接受请求才执行服务，简单而且高效。Topic 话题和 Service 服务两种通信方式的异同如表 2-2 所示。

表 2-2 Topic 话题和 Service 服务的异同

项　　目	Topic	Service
通信方式	异步通信	同步通信
实现原理	TCP/IP	TCP/IP
通信模型	Publish-Subscribe	Request-Reply
映射关系	多对多	多对一
特点	接受者收到数据会回调	远程过程调用服务器端的服务
应用场景	连续、高频的数据发布	偶尔使用的功能/具体的任务
举例	激光雷达、里程计发布数据	开关传感器、拍照

2.5.9 Service 服务通信实例

还是以小海龟为例。本小节通过请求服务，在客户端仿真器产生一只新的小海龟，本部分代码位于 https://gitee.com/mrobotit/mrobot_book/tree/master/ch2/mrobot_ws/src/learning_service。

首先，请求方 Client 程序创建的具体步骤如下：

1）创建实例项目：

```
cd ~/mrobot_ws/src
catkin_create_pkg learning_service roscpp rospy std_msgs geometry_msgs turtlesim
```

2）在 learning_service 文件夹下的 src 文件夹中创建 turtle_spawn_request.cpp 文件，并构建程序框架：

```
#include<ros/ros.h>
#include<turtlesim/Spawn.h>
int main(int argc,char **argv)
{

    return 0;
}
```

3）在 main 函数中初始化 ROS 节点，并在 ROS 系统中注册节点名称：

```
ros::init(argc,argv,"turtle_spawn");
```

4）创建句柄，实例化 Node，并创建名为/spawn 的服务客户端：

```
ros::NodeHandle nh;
ros::service::waitForService("/spawn");
ros:: ServiceClient add _ turtle = nh.serviceClient < turtlesim::Spawn>("/spawn");
```

5）初始化请求数据：

```
turtlesim::Spawn srv;
srv.request.x=2.0;
srv.request.y=2.0;
srv.request.name="turtle2";
```

6）请求服务调用并打印信息：

```
ROS_INFO("Call service to spawn turtle[x:%0.6f,y:%0.6f,name:%s]",srv.request.x,srv.request.y,srv.request.name.c_str());
add_turtle.call(srv);
ROS_INFO("Spwan turtle successfully[name:%s]",srv.response.name.c_str());
```

7）配置 CMakeLists.txt 中的编译规则，将以下内容插入到 CMakeLists.txt 文件的相应位置：

```
add_executable(turtle_spawn_request src/turtle_spawn_request.cpp)
target_link_libraries(turtle_spawn_request ${catkin_LIBRARIES})
```

8）编译运行程序：

```
catkin_make
roscore
#启动一个新终端
source devel/setup.bash
rosrun turtlesim turtlesim_node
#启动一个新终端
source devel/setup.bash
rosrun learning_service turtle_spawn_request
```

9）运行结束后会得到下面的日志信息和效果图（见图 2-45）：

```
[INFO][1591981591.631936864]: Call service to spawn turtle[x:2.000000,y:2.000000,name:turtle2]
[INFO][1591981591.652570335]: Spwan turtle successfully[name:turtle2]
```

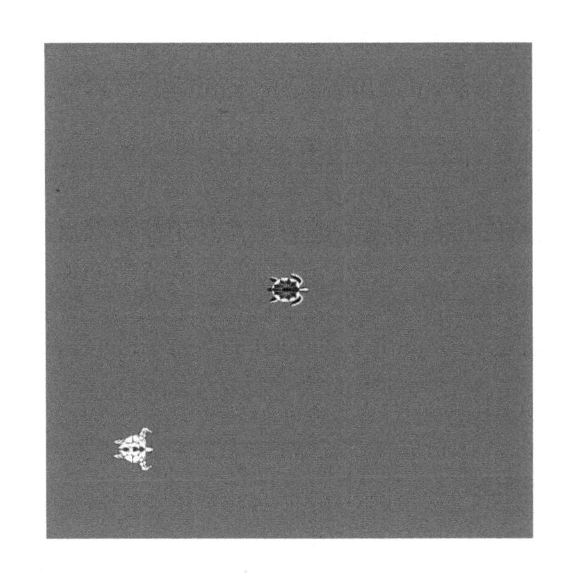

图 2-45　运行效果图

接下来，实现 Server 端程序，通过 Server 端发布小海龟的运动指令，要结合 Client 端的 Request 进行服务的提供。

1）在 learning_service 文件夹下的 src 文件夹中创建 turtle_command_server. cpp 文件，并构建程序框架：

```
#include<ros/ros.h>
#include<geometry_msgs/Twist.h>
#include<std_srvs/Trigger.h>
int main(int argc,char ** argv)
{

    return 0;
}
```

2）在 main 函数外面声明全局变量和 Publisher 节点：

```
ros::Publisher turtle_vel_pub;
bool pubCommand=false;
```

3）接着定义回调函数，打印请求数据：

```
bool commandCallback(std_srvs::Trigger::Request &req,std_srvs::Trigger::Response &res)
{
    pubCommand=!pubCommand;
    ROS_INFO("Publish turtle velocity command[%s]",pubCommand==true?"Yes":"No");
```

```
    res.success=true;
    res.message="Change turtle command state!";
    return true;
}
```

4）在 main 函数中初始化 ROS 节点，在 ROS 系统中注册节点名称：

```
ros::init(argc,argv,"turtle_command_server");
```

5）接着创建句柄，创建名为/turtle_command 的 Server，并注册回调函数：

```
ros::NodeHandle nh;
ros::ServiceServer command_service=nh.advertiseService("/turtle_
command",commandCallback);
```

6）创建发布者对象：

```
turtle_vel_pub=nh.advertise<geometry_msgs::Twist>("/turtle1/cmd_
vel",10);
```

7）设置循环频率：

```
ros::Rate loop_rate(10);
```

8）按照循环频率循环发布线速度和角速度：

```
while(ros::ok())
{
    ros::spinOnce();
    if(pubCommand)
    {
        geometry_msgs::Twist vel_msg;
        vel_msg.linear.x=0.5;
        vel_msg.angular.z=0.2;
        turtle_vel_pub.publish(vel_msg);
    }
    loop_rate.sleep();
}
```

9）配置 CMakeLists.txt 中的编译规则，将以下内容插入到 CMakeLists.txt 文件的末尾：

```
add_executable(turtle_command_server src/turtle_command_server.cpp)
target_link_libraries(turtle_command_server ${catkin_LIBRARIES})
```

10）编译运行：

```
catkin_make
roscore
```

```
#启动一个新终端
rosrun turtlesim turtlesim_node
#启动一个新终端
source devel/setup.bash
rosrun learning_service turtle_command_server
rosservice call/turtle_command"{}"          #{}是参数列表,默认无参数
```


在窗口中，可以看到小海龟已经按照规定好的速度开始运动了，如图 2-46 所示。可以多次执行“rosservice call/turtle_command"{}"”指令，来观测我们对小海龟机器人的控制影响，也可以通过执行“rosservice list”指令来了解还有哪些可以执行的系统指令。

图 2-46　Server 服务调用运行效果图

2.5.10　Service 服务消息的定义与使用

本小节通过传递个人信息实例来学习 Service 服务消息的定义与使用，具体步骤如下：

1）定义 srv 文件，在 learning_service 文件夹下创建 srv 文件夹，在 srv 文件夹中创建 Person. srv 文件，并将下列内容输入到 Person. srv 文件中：

```
string name
uint8 age
uint8 sex

uint8 unknown=0
uint8 male=1
uint8 female=2
---
string result
```

Person. srv 文件中的“---”为分割符，分隔符上面内容为请求消息类型，下面内容为响

应消息类型。

2）在 package. xml 中添加功能包依赖，将以下内容添加到 package. xml 文件中：

```
<build_depend>message_generation</build_depend>
<exec_depend>message_runtime</exec_depend>
```

3）在 CMakeLists. txt 中添加编译选项，将以下内容添加到 CMakeLists. txt 文件的对应位置：

```
find_package(...message_generation...)
add_service_files(
    FILES
    Person.srv
)
generate_messages(
    DEPENDENCIES
    std_msgs
)
catkin_package(
...CATKIN_DEPENDS roscpp rospy std_msgs turtlesim genmetry_msgs mes-
sage_runtime...
)
```

4）输入编译指令：

```
cd ~/mrobot_ws
catkin_make
```

编译结束后会在~/mrobot_ws/devel/include/learning_service 目录下生成 Person. h、PersonRequest. h、PersonResponses. h 三个头文件。

5）在~/catkin_ws/src/learning_service/src 目录下创建 person_client. cpp 文件，并构建程序框架：

```
#include<ros/ros.h>
#include"learning_service/Person.h"
int main(int argc,char **argv)
{

    return 0;
}
```

6）在 main 函数中初始化 ROS 节点，在 ROS 系统中注册节点名称：

```
ros::init(argc,argv,"person_client");
```

7）创建句柄，创建服务客户端：

```
ros::NodeHandle nh;
```

```
ros::service::waitForService("/show_person");
ros::ServiceClient person_client=nh.serviceClient<learning_serv-
ice::Person>("/show_person");
```

8）初始化请求数据：

```
learning_service::Person srv;
srv.request.name="Tom";
srv.request.age=20;
srv.request.sex=learning_service::Person::Request::male;
```

9）请求服务调用并显示调用结果：

```
ROS_INFO("Call service to show person[name:%s,age:%d,sex:%d]",
srv.request.name.c_str(),srv.request.age,srv.request.sex);
person_client.call(srv);
ROS_INFO("Show person result:%s",srv.response.result.c_str());
```

10）然后在相同的位置创建 person_server.cpp 文件，并构建程序框架：

```
#include<ros/ros.h>
#include"learning_service/Person.h"
int main(int argc,char**argv)
{

    return 0;
}
```

11）定义回调函数，输入参数 req，输出参数 res：

```
bool personCallback(learning_service::Person::Request&req,learning_
service::Person::Respon se &res)
{
    //显示请求数据
    ROS_INFO("Person:name:%s  age:%d  sex:%d",req.name.c_str(),
req.age,req.sex);
    //设置反馈数据
    res.result="OK";
      return true;
}
```

12）在 main 函数中初始化 ROS 节点，在 ROS 系统中注册节点名称：

```
ros::init(argc,argv,"person_server");
```

13）创建句柄，创建 Server 并注册回调函数：

```
    ros::NodeHandle nh;
    ros::ServiceServer person_service=nh.advertiseService("/show_person",personCallback);
```

14）循环等待回调函数：

```
    ros::spin();
```


15）配置 CMakeLists. txt 中的编译规则，将下面的代码插入到 CMakeLists. txt 文件中：

```
add_executable(person_server src/person_server.cpp)
target_link_libraries(person_server ${catkin_LIBRARIES})
add_dependencies(person_server ${PROJECT_NAME}_generate_messages_cpp)
add_executable(person_client src/person_client.cpp)
target_link_libraries(person_client ${catkin_LIBRARIES})
add_dependencies(person_client ${PROJECT_NAME}_generate_messages_cpp)
```

16）通过下面命令进行编译运行：

```
#启动一个新终端
roscore
#启动一个新终端
cd ~/mrobot_ws
catkin_make
source devel/setup.bash
rosrun learning_service person_server
#启动一个新终端
cd ~/mrobot_ws
source devel/setup.bash
rosrun learning_service person_client
```

运行效果如图 2-47 所示。

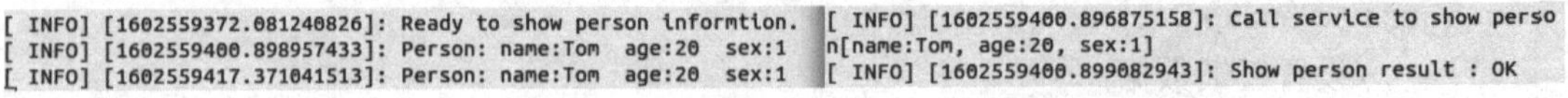

```
[ INFO] [1602559372.081240826]: Ready to show person informtion.
[ INFO] [1602559400.898957433]: Person: name:Tom  age:20  sex:1
[ INFO] [1602559417.371041513]: Person: name:Tom  age:20  sex:1
```

```
[ INFO] [1602559400.896875158]: Call service to show person[name:Tom, age:20, sex:1]
[ INFO] [1602559400.899082943]: Show person result : OK
```

图 2-47　person_client、person_server 运行示意图

2. 5. 11　Parameter Service

参数服务器（Parameter Service）可以说是一种特殊的“通信方式”，与 Topic 话题模式和 Service 服务模式不同的是，后两者的消息信息存储在各自独立的命名空间内，仅能局部访问，而参数服务器的节点参数值则可以全局共享访问。

参数服务器通过维护数据字典来存储各种参数和配置，数据字典是键值对列表，其概念

类似于小时候学习语文时所使用的字典，当遇到陌生字时可以通过查部首来查到这个字，进一步获取这个字的读音、意义等。键值 key 可以理解为语文字典里的“部首”概念，每一个 key 都是唯一的，图 2-48 是一个简单的字典。

Key	/rosdistro	/rosversion	/use_sim_time	…
Value	'kinetic'	'1.12.7'	true	…

图 2-48 简单的字典

每一个 key 不重复，且每一个 key 对应着一个 value，也可以说字典保存了映射关系。在实际开发中，因为字典的静态映射特点，我们往往将一些全局参数和配置放入参数服务器中的字典表里，从而实现对数据的高效读写。

2.5.12 Parameter Service 的使用

参数命令行（rosparam）：

```
rosparam list                              //列出当前所有参数
rosparam get param_key                     //显示某个参数值
rosparam set param_key param_value         //设置某个参数值
rosparam dump file_name                    //保存参数到文件
rosparam load file_name                    //从文件读取参数
rosparam delete param_key                  //删除参数
```

接下来，通过修改小海龟 Demo 运行界面的底色来解释 Parameter Service 的使用方法，本部分代码位于 https://gitee.com/mrobotit/mrobot_book/tree/master/ch2/mrobot_ws/src/learning_parameter。

1）创建功能包：

```
cd ~/catkin_ws/src
catkin_create_pkg learning_parameter roscpp rospy std_srvs
```

2）在 learning_parameter 文件夹下的 src 文件夹中创建 parameter_config.cpp 文件，并构建程序框架：

```
#include<string>
#include<ros/ros.h>
#include<std_srvs/Empty.h>
int main(int argc,char **argv)
{

    return 0;
}
```

3）在 main 函数中初始化 ROS 节点，在 ROS 系统中注册节点名称：

```
ros::init(argc,argv,"parameter_config");
```

4）创建句柄，实例化ROS节点：

```
ros::NodeHandle nh;
```

5）声明颜色变量，读取背景颜色参数并打印：

```
int red,green,blue;
ros::param::get("/turtlesim/background_r",red);
ros::param::get("/turtlesim/background_g",green);
ros::param::get("/turtlesim/background_b",blue);
ROS_INFO("Get Backgroud Color[%d,%d,%d]",red,green,blue);
```


6）设置参数列表的背景颜色：

```
ros::param::set("/turtlesim/background_r",255);
ros::param::set("/turtlesim/background_g",255);
ros::param::set("/turtlesim/background_b",255);
ROS_INFO("Set Backgroud Color[255,255,255]");
```

7）重新读取背景颜色，此时的背景颜色为重新设置的颜色：

```
ros::param::get("/background_r",red);
ros::param::get("/background_g",green);
ros::param::get("/background_b",blue);
ROS_INFO("Re-get Backgroud Color[%d,%d,%d]",red,green,blue);
```

8）刷新背景颜色：

```
ros::service::waitForService("/clear");
ros::ServiceClient clear_background = nh.serviceClient<std_srvs::
Empty>("/clear");
std_srvs::Empty srv;
clear_background.call(srv);
```

9）配置CMakeLists.txt中的编译规则，将以下内容插入到CMakeLists.txt文件的末尾：

```
add_executable(parameter_config src/parameter_config.cpp)
target_link_libraries(parameter_config ${catkin_LIBRARIES})
```

10）编译运行：

```
#启动一个新终端
roscore
#启动一个新终端
rosrun turtlesim turtlesim_node
#启动一个新终端
cd ~/mrobot_ws
catkin_make
```

```
source devel/setup.bash
rosrun learning_parameter parameter_config
```

运行结束后会得到如图 2-49 所示的效果图，小海龟背景的原始值为（69，86，255），经过设置后为（255，255，255），背景变成白色。

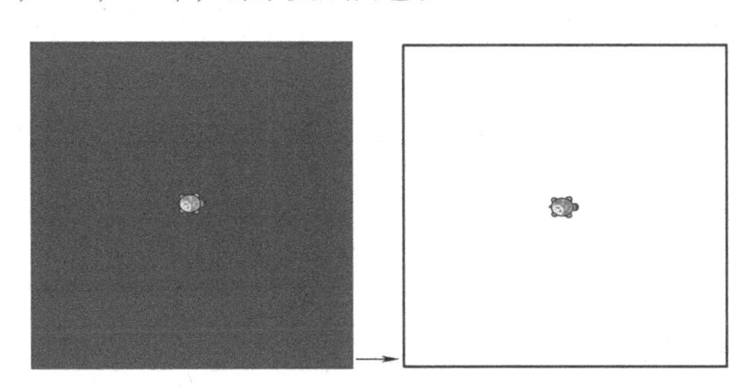

图 2-49　运行效果图，执行指令后，小海龟的背景色由蓝色变为白色

2.5.13　Actionlib

Actionlib 是 ROS 中一个很重要的库，类似 Service 服务通信机制，Actionlib 也是一种请求响应机制的通信方式。Actionlib 主要弥补了 Service 服务通信的一个不足：当机器人执行一个长时间的任务时，如果利用 Service 服务通信方式，Client 会很长时间接收不到反馈应答 Reply，致使通信阻塞。相反的是，Actionlib 比较适合长时间的通信过程，Actionlib 通过 Action 通信机制，实现了类似于 Service 服务的请求响应通信机制，不同点在于 Action 具有反馈机制，可以不断反馈任务的实施进度，而且可以在任务实施过程中，中止程序的运行。

Action 的工作原理是 Client-Server 模式，是一种双向的通信模式，通信双方在 ROS Action Protocol 下通过消息进行数据的交流通信。Client 和 Server 为用户提供一个简单的 API 来请求目标（在客户端）或通过函数调用和回调来执行目标（在服务器端）。Action 工作模式的结构示意图如图 2-50 所示。

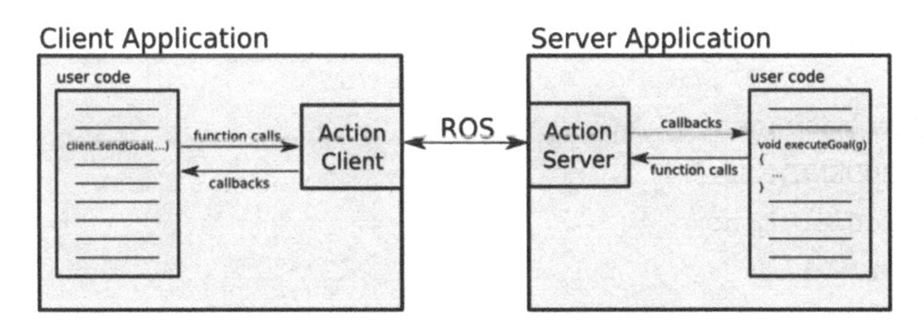

图 2-50　Action 工作模式的结构示意图

2.5.14　Action 的定义与使用

本小节通过一个读书案例来介绍 Action 的使用，Client 向 Server 发送需要读多少页书，Server 收到目标后开始执行任务，并向 Client 反馈已经读到第几页，并在任务完成后告知 Client。本部分代码位于 https://gitee.com/mrobotit/mrobot_book/tree/master/ch2/mrobot_ws/

src/learning_action。

操作流程如下：

1）创建功能包：

```
cd mrobot_ws/src
catkin_create_pkg learning_action actionlib actionlib_msgs roscpp
```


2）定义 action 文件，在 learning_action 文件夹下创建 action 文件夹，在 action 文件夹中创建 Readbook. action 文件，并将下列内容输入到 Readbook. action 文件中：

```
#Define the goal
uint32 total_pages
---
#Define the result
bool is_finish
---
#Define a feedback message
uint32 reading_page
```

3）在 package. xml 中添加功能包依赖，将以下内容添加到 package. xml 文件中：

```
<build_depend>actionlib</build_depend>
<build_depend>actionlib_msgs</build_depend>
<exec_depend>actionlib</exec_depend>
```

4）在 CMakeLists. txt 中添加编译选项，将以下内容添加到 CMakeLists. txt 文件的对应位置：

```
find_package(...genmsg actionlib_msgs actionlib...)
add_action_files(
    FILES
Readbook.action
)
generate_messages(
    DEPENDENCIES
    actionlib_msgs
)
```

5）输入编译指令：

```
cd ~/mrobot_ws
catkin_make
```

编译结束后，在 ~/mrobot_ws/devel/include/learning_action 目录下会自动生成 ReadbookAction. h、ReadbookActionFeedback. h 等文件。

6）在~/mrobot_ws/src/learning_action/src 目录下创建 readbook_client. cpp 文件，并构建程序框架：

```
#include<ros/ros.h>
#include<actionlib/client/simple_action_client.h>
#include"learning_action/ReadbookAction.h"
int main(int argc,char ** argv)
{

    return 0;
}
```

7）在 main 函数中初始化 ROS 节点，在 ROS 系统中注册节点名称：

```
ros::init(argc,argv,"readbook_client");
```

8）创建一个 Action 的 Client，指定 Action 名称为 read_book 并等待服务器响应：

```
actionlib::SimpleActionClient<learning_action::ReadbookAction>
client("read_book",true);
client.waitForServer();
```

9）创建一个目标，读 10 页书：

```
learning_action::ReadbookGoal goal;
goal.total_pages=10;
```

10）把 Action 的任务目标发送给服务器，绑定上面定义的各种回调函数：

```
client.sendGoal(goal, &doneCb, &activeCb, &feedbackCb);
ros::spin();
```

11）编写 doneCb 函数：

```
void doneCb(const actionlib::SimpleClientGoalState & state,const
learning_action::ReadbookResultConstPtr & result)
{
    ROS_INFO("Finish Reading!");
    //任务完成就关闭节点
ros::shutdown();
}
```

12）编写 activeCb 函数：

```
void activeCb(){
    ROS_INFO("Goal is active! Begin to Read.");
}
```

13）编写 feedbackCb 函数：

```
void feedbackCb(const learning_action::ReadbookFeedbackConstPtr &
```

```
feedback)
    {
        //将服务器的反馈输出(读到第几页书)
        ROS_INFO("Reading page:%d",feedback->reading_page);
    }
```

14）在~/mrobot_ws/src/learning_action/src 目录下创建 readbook_server.cpp 文件，并构建程序框架：

```
    #include<ros/ros.h>
    #include<actionlib/server/simple_action_server.h>
    #include"learning_action/ReadbookAction.h"
    int main(int argc,char ** argv)
    {

        return 0;
    }
```

15）在 main 函数中初始化 ROS 节点，在 ROS 系统中注册节点名称：

```
    ros::init(argc,argv,"readbook_server");
```

16）创建一个 Action 的 Server，接受名为 read_book 的任务：

```
    ros::NodeHandle nh;
    actionlib::SimpleActionServer < learning_action::ReadbookAction >
server(nh,"read_book",boost::bind( &execute,_1, &server),false);
```

17）启动服务器：

```
    server.start();
    ros::spin();  //等待消息被调用
```

18）编写任务执行函数 execute：

```
    void execute(const learning_action::ReadbookGoalConstPtr&goal,ac-
tionlib::SimpleActionServer<learning_action::ReadbookAction> * as)
    {
            ros::Rate r(1);
            learning_action::ReadbookFeedback feedback;
            ROS_INFO("Begin to read %d pages.",goal->total_pages);
            for(int i=0;i<goal->total_pages;i++)
            {
                feedback.reading_page=i;
                //反馈任务执行的过程
```

```
            as->publishFeedback(feedback);
            r.sleep();
        }
        ROS_INFO("All pages is read.");
    as->setSucceeded();
    }
```


19）配置 CMakeLists.txt 中的编译规则，将下面的代码插入到 CMakeLists.txt 文件中：

```
add_compile_options(-std=c++11)
add_executable(readbook_client src/readbook_client.cpp)
add_executable(readbook_server src/readbook_server.cpp)
add_dependencies(readbook_client ${${PROJECT_NAME}_EXPORTED_TARGETS}${catkin_EXPORTED_TARGETS})
add_dependencies(readbook_server ${${PROJECT_NAME}_EXPORTED_TARGETS}${catkin_EXPORTED_TARGETS})
target_link_libraries(readbook_client${catkin_LIBRARIES})
target_link_libraries(readbook_server${catkin_LIBRARIES})
```

20）通过下面命令进行编译运行：

```
#启动一个新终端
roscore
#启动一个新终端
cd ~/mrobot_ws
catkin_make
source devel/setup.bash
rosrun learning_action readbook_client
#启动一个新终端
source devel/setup.bash
rosrun learning_action readbook_server
```

运行结果如图 2-51 所示。

```
[ INFO] [1602568430.239785907]: Waiting for action server to start
[ INFO] [1602568430.584766393]: Action server started
[ INFO] [1602568430.585865071]: Goal is active! Begin to Read.
[ INFO] [1602568430.588159821]: Reading page: 0
[ INFO] [1602568431.586082835]: Reading page: 1
[ INFO] [1602568432.586104503]: Reading page: 2
[ INFO] [1602568433.586215919]: Reading page: 3
[ INFO] [1602568434.586078949]: Reading page: 4
[ INFO] [1602568435.586295351]: Reading page: 5
[ INFO] [1602568436.586188695]: Reading page: 6
[ INFO] [1602568437.586149376]: Reading page: 7
[ INFO] [1602568438.586303908]: Reading page: 8
[ INFO] [1602568439.586119436]: Reading page: 9
[ INFO] [1602568440.587082155]: Finsh Reading!
```

```
[ INFO] [1602568430.585780820]: Begin to read 10 pages.
[ INFO] [1602568440.585972216]: All pages is read.
```

图 2-51 readbook_client、readbook_server 运行结果

2.6 ROS 分布式多机通信

ROS 实质上是一种分布式软件框架，节点之间通过松耦合的方式进行组合，在很多应用场景下，节点需要运行在不同的计算平台上，通过 Topic、Service 进行通信，但 ROS 中只允许存在一个 Master，也就是说在多机通信中的 Master 只能运行在其中的某一台机器上，其他机器就需要通过 SSH 方式与 Master 取得联系，所以要在多机 ROS 系统中进行以下设置和测试（以两台计算机为例，计算机 PC-A 作为主机运行 Master，计算机 PC-B 作为从机运行节点）：设置 IP 地址、设置 ROS_MASTER_URI 多机通信测试。

2.6.1 设置 IP 地址

1）在 ROS 分布式多机通信系统中首先要确保所有的计算机都处在同一个网络中，然后分别在计算机 PC-A 和计算机 PC-B 上使用 ifconfig 命令来查看两台计算机的局域网 IP 地址。假设计算机 PC-A 的 IP 地址是 192.168.0.1，计算机 PC-B 的 IP 地址是 192.168.0.2。

2）分别在两台计算机系统的/etc/hosts 文件中加入对方的 IP 地址和对应的计算机名：

```
#  @PC-A,/etc/hosts
192.168.0.2     PC-B

#  @PC-B,/etc/hosts
192.168.0.1     PC-A
```

3）设置完成后，在计算机 PC-A 上运行 ping 192.168.0.2 命令，在计算机 PC-B 上运行 ping 192.168.0.1 命令。

如果双向网络都是通畅的，就说明底层网络的通信已经没有问题了，接下来就要设置 ROS 相关的环境变量。

2.6.2 设置 ROS_MASTER_URI

因为在系统中只能存在一个 Master，所以从机 PC-B 要知道 Master 运行所在的位置。ROS Master 的位置可以使用环境变量 ROS_MASTER_URI 进行定义，设置的方式有下面两种：

方案一，用命令添加环境变量，在从机 PC-B 上使用以下命令设置 ROS_MASTER_URI：

```
export ROS_MASTER_URI=http://192.168.0.1:11311
```

通过上面命令的设置只能对当前的终端起效，要想让所有的终端都起效，再使用下面命令将环境变量加入到终端的配置文件中：

```
echo"export ROS_MASTER_URI=http://192.168.0.1:11311">>~./bashrc
```

方案二，直接修改终端的配置文件，打开/home/.bashrc 文件，将 ROS_MASTER_URI = http://192.168.0.1：11311 写到文件中，保存即可。

2.6.3 多机通信测试

现在已经完成 ROS 多机通信系统的配置了，下面通过小海龟来进行测试。

1）在计算机 PC-A 上通过下面命令运行小海龟的仿真器：

```
roscore
rosrun turtlesim turtlesim_node
```

2）在计算机 PC-B 上通过下面命令发布小海龟的速度控制信息：

```
rostopic pub-r 10/turtle1/cmd_vel geometry_msgs/Twist"linear:x: 0.5
y: 0.0 z: 0.0 angular: x: 0.0 y: 0.0 z: 0.5"
```

此时，计算机 PC-A 中的小海龟就开始动了（见图 2-52），表示 ROS 多机通信系统配置成功。

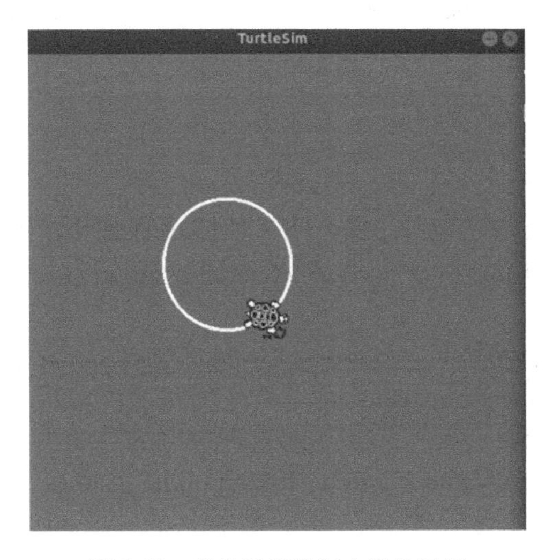

图 2-52 多机通信控制小海龟运行

在实际应用中，可能会用到两台以上的计算机，可以使用相同的方法进行配置，确定好一台计算机作为主机来运行 Master，其他计算机作为从机，使用 ROS_MASTER_URI 环境变量来确定 Master 的运行位置即可。

2.7 坐标变换（TF）与统一机器人描述格式（URDF）

2.7.1 TF 简介

坐标变换（TransForm，TF）是 ROS 世界里的一个基本且重要的概念，包括位置和姿态两个方面的变换。ROS 中机器人模型包含大量的部件，每一个部件称为 Link（后面会进行详细介绍），每一个 Link 拥有一个坐标系（Frame）。TF 通过树状结构（见图 2-53）维护坐标系之间的关系，依靠 Topic 话题通信机制来持续发布不同 Link 之间的坐标关系。

需要保证父子坐标系都有某个节点在持续发布它们之间的位姿关系，才能保证树状结构的完整性，只有父子坐标系的位姿关系均被正确发布，才能保证任意两个 Frame 之间的连通性。

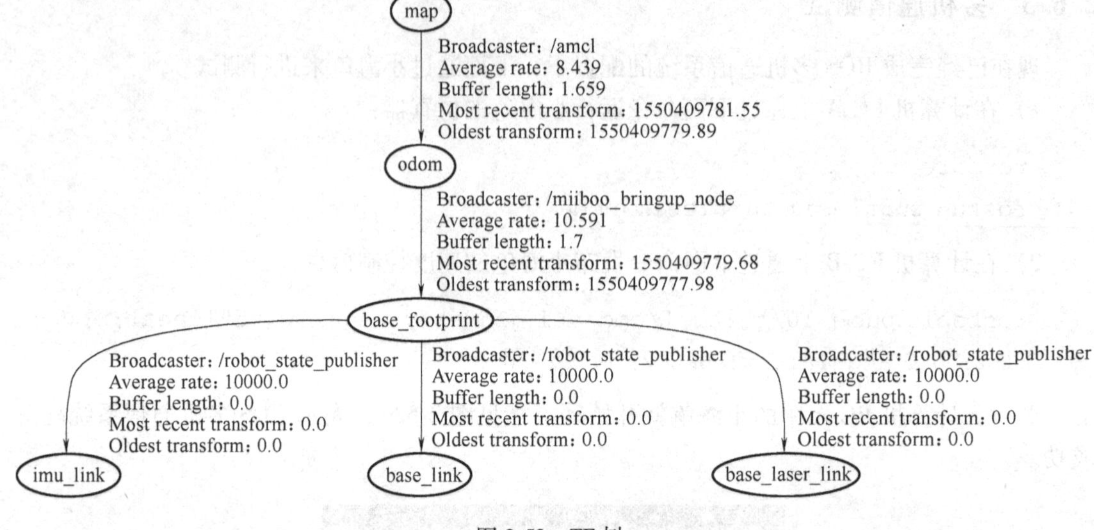

图 2-53　TF 树

2.7.2　TF 实例

本小节以小海龟的跟随实验来讲解 TF，具体过程如下。本部分代码位于 https://gitee.com/mrobotit/mrobot_book/tree/master/ch2/mrobot_ws/src/learning_tf。

1）创建功能包：

```
cd ~/mrobot_ws/src
catkin_create_pkg learning_tf roscpp rospy tf turtlesim
```

2）在 learning_tf 文件夹下的 src 文件夹中创建 turtle_tf_broadcaster.cpp 文件，并构建程序框架：

```
#include<ros/ros.h>
#include<tf/transform_broadcaster.h>
#include<turtlesim/Pose.h>
std::string turtle_name;
int main(int argc,char **argv)
{

    return 0;
}
```

3）定义位姿回调函数 poseCallback，广播世界坐标系与海龟坐标系之间的 TF 数据：

```
void poseCallback(const turtlesim::PoseConstPtr & msg)
{
    //创建 TF 的广播器
    static tf::TransformBroadcaster br;
```

```
        //初始化 TF 数据
        tf::Transform transform;
        transform.setOrigin(tf::Vector3(msg->x,msg->y,0.0));
        tf::Quaternion q;
        q.setRPY(0,0,msg->theta);
        transform.setRotation(q);
        //广播 world 与海龟坐标系之间的 TF 数据
        br.sendTransform(tf::StampedTransform(transform,ros::Time::
now(),"world",turtle_name));
    }
```

4）在 main 函数中初始化 ROS 节点，在 ROS 系统中注册节点名称：

```
ros::init(argc,argv,"my_tf_broadcaster");
```

5）接下来将输入参数作为海龟名字：

```
std::string turtle_name;
if(argc! =2)
    {
        ROS_ERROR("need turtle name as argument");
        return-1;
    }
turtle_name=argv[1];
```

6）创建句柄，实例化 ROS 节点，定义订阅者信息：

```
ros::NodeHandle nh;
ros::Subscriber sub=nh.subscribe(turtle_name+"/pose",10,&poseCallback);
```

7）循环等待回调函数：

```
ros::spin();
```

8）创建 turtle_tf_listener.cpp 文件，同样首先构建程序框架：

```
#include<ros/ros.h>
#include<tf/transform_listener.h>
#include<geometry_msgs/Twist.h>
#include<turtlesim/Spawn.h>
int main(int argc,char **argv)
{

        return 0;
}
```

9）在 main 函数中初始化 ROS 节点，在 ROS 系统中注册节点名称：

```
ros::init(argc,argv,"my_tf_listener");
```

10）创建句柄，创建速度控制指令的发布者和 TF 监听器：

```
ros::NodeHandle nh;
ros::Publisher turtle_vel = nh.advertise<geometry_msgs::Twist>("/
turtle2/cmd_vel",10);
tf::TransformListener listener;
```

11）请求产生 turtle2：

```
ros::service::waitForService("/spawn");
ros:: ServiceClient add _ turtle = nh.serviceClient < turtlesim::
Spawn>("/spawn");
turtlesim::Spawn srv;
add_turtle.call(srv);
```

12）循环发布监听 TF：

```
ros::Rate rate(10.0);//0.1s
while(nh.ok())
{
    //获取 turtle1 与 turtle2 坐标系之间的 TF 数据
    tf::StampedTransform transform;
    try
    {
        //查询是否有这两个坐标系,查询当前时间,如果超过 3s 则报错
        listener.waitForTransform("/turtle2","/turtle1",ros::Time(0),
ros::Duration(3.0));
        listener.lookupTransform("/turtle2","/turtle1",ros::Time(0),
transform);
    }
    catch(tf::TransformException &ex)
    {
        ROS_ERROR("%s",ex.what());
        ros::Duration(1.0).sleep();
        continue;
    }
    //根据 turtle1 与 turtle2 坐标系之间的位置关系,发布 turtle2 的速度控
制指令
    geometry_msgs::Twist vel_msg;
    vel_msg.angular.z=4.0 * atan2(transform.getOrigin().y(),trans
```

```
form.getOrigin().x());
        vel_msg.linear.x=0.5 * sqrt(pow(transform.getOrigin().x(),2)+
pow(transform.getOrig in().y(),2));
        turtle_vel.publish(vel_msg);
        rate.sleep();
    }
```

13）配置 CMakeLists. txt 中的编译规则，将以下内容插入到 CMakeLists. txt 文件的末尾：

```
add_executable(turtle_tf_broadcaster src/turtle_tf_broadcaster.cpp)
target_link_libraries(turtle_tf_broadcaster ${catkin_LIBRARIES})
add_executable(turtle_tf_listener src/turtle_tf_listener.cpp)
target_link_libraries(turtle_tf_listener ${catkin_LIBRARIES})
```

14）按照下面的命令进行编译运行：

```
# 启动一个新终端
cd ~/mrobot_ws
catkin_make
roscore
# 启动一个新终端
rosrun turtlesim turtlesim_node
# 启动一个新终端
rosrun learning_tf turtle_tf_broadcaster __name:=turtle1_tf_broad-
caster/turtle1
rosrun learning_tf turtle_tf_broadcaster __name:=turtle2_tf_broad-
caster/turtle2
# 启动一个新终端
rosrun learning_tf turtle_tf_listener
# 启动一个新终端
rosrun turtlesim turtle_teleop_key
```

由于本实验需要启动的终端过多，因此可以采用 launch 文件来解决这一烦琐的过程。在 learning_tf 文件夹下创建 launch 文件夹，并在 launch 文件夹中创建 start_turtle. launch 文件，文件的内容如下：

```
<launch>
        <!--Turtlesim Node-->
        <node pkg="turtlesim"type="turtlesim_node"name="sim"/>

        <node pkg="turtlesim" type="turtle_teleop_key" name="
teleop"output="screen"/>
        <!--Axes-->
```

```
        <param name="scale_linear"value="2"type="double"/>
        <param name="scale_angular"value="2"type="double"/>

        <node pkg="learning_tf"type="turtle_tf_broadcaster"args="/
turtle1"name="turtle1_tf_broadcaster"/>
        <node pkg="learning_tf"type="turtle_tf_broadcaster"args="/
turtle2"name="turtle2_tf_broadcaster"/>
        <node pkg="learning_tf"type="turtle_tf_listener"name="lis-
tener"/>
    </launch>
```

launch 文件可以用来同时启动多个节点，它的基本思想是在一个 XML 格式的文件内将需要同时启动的一组节点罗列出来。上述的 launch 文件中包含了五个节点，每个节点又包含了很多属性参数："pkg" 表示该节点所处的功能包的名称（package），相当于 rosrun 命令的第一个参数；"type" 表示可执行文件的名称，相当于 rosrun 命令的第二个参数，可以理解为要执行的节点；"name" 表示该节点运行时的名称，相当于代码中的 ros::init() 中设置的信息，优先级高于代码中的名称（即可覆盖代码中设置的名称）。

使用以下命令即可运行该 launch 文件（运行所有节点）：

```
roslaunch learning_tf start_turtle.launch
```

15）跟随实验效果图如图 2-54 所示。

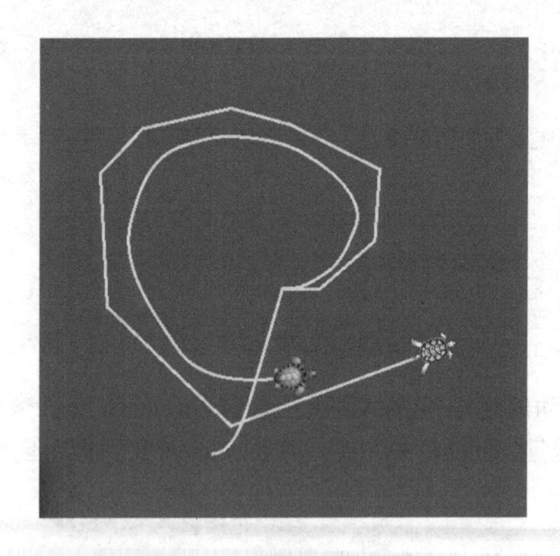

图 2-54　跟随实验效果图

16）通过下面命令查看并保存 TF，结果如图 2-55 所示。

```
rosrun tf view_frames
```

以上指令会在当前目录下生成一个 frames.pdf 文件，文件内容就是一棵 TF 树，如图 2-56所示。

```
wangtao@ubuntu:~$ rosrun tf view_frames
Listening to /tf for 5.000000 seconds
Done Listening
dot - graphviz version 2.38.0 (20140413.2041)

Detected dot version 2.38
frames.pdf generated
```

图 2-55　TF 结果

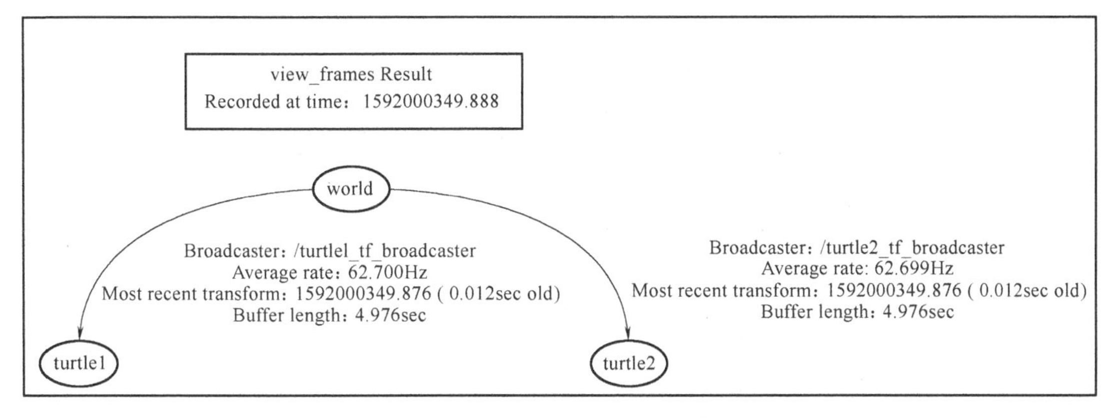

图 2-56　frames. pdf 文件

2.7.3　TF 数据类型

TF 数据类型分为两种，一种是两个 Frame 坐标系之间的 TF 数据类型，另一种是整个 TF 树的数据类型。

1）两个 Frame 坐标系之间的 TF 数据类型 TransformStamped. msg 如下：

```
std_mags/Header header
        uint32 seq
        time stamp
        string frame_id
string child_frame_id
geometry_msgs/Transform transform
        geometry_msgs/Vector3 translation
                float64 x
                float64 y
                float64 z
        geometry_msgs/Quaternion rotation
                float64 x
                float64 y
                flaot64 z
                float64 w
```

其中，header 定义了序号、时间戳以及 Frame 坐标系的名称，child_frame_id 表示子坐标的名称。transform 数据类型中定义了平移（translation）和旋转（rotation），平移变量用三个值 x、y、z 表示在三维空间中的坐标，旋转变量用四元数（Quaternion）表示旋转量。

图 2-57 是一棵简单的 TF 树，odom 和 baselink 之间的 Frame 坐标系的关系用 TransformStamped. msg 定义。其中，odom 作为 frame_id，baselink 作为 child_frame_id。

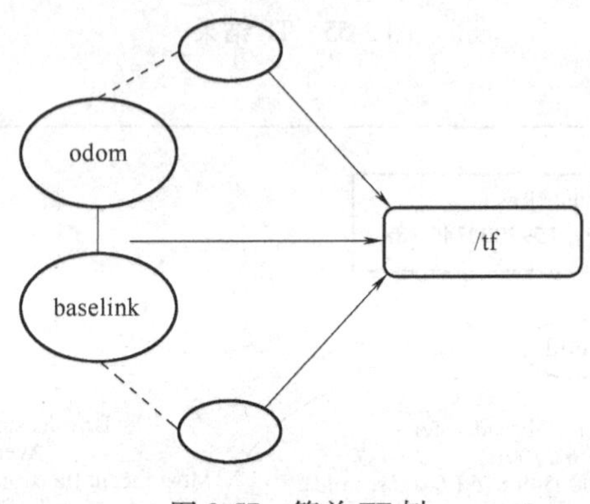

图 2-57　简单 TF 树

2）整个 TF 树的数据类型如下：

```
geometry_msgs/TransformStamped[]transforms
    Header header
        uint32 seq
        time stamp
        string frame_id
    string child_frame_id
    geometry_msgs/Transform transform
    geometry_msgs/Vector3 translation
        float64 x
        float64 y
        float64 z
    geometry_msgs/Quaternion rotation
        float64 x
        float64 y
        float64 z
        float64 w
```

这里 TF 树的数据类型有两个，一个是 tf/tfMessage. msg，另一个是 tf2_msgs/TFMessage. msg。它们的内容一致，主要原因是版本的迭代。由于 TF 树是由多个 TF 组成的，所以是一个类型为 TF 数据结构的数组，即 TransformStamped[ ]。其他内容与 TF 数据结构内容一致。用户可以使用命令 rostopic info/tf 来查看当前使用的是哪个版本的 TF。

2.7.4　URDF 基础

统一机器人描述格式（Unified Robot Description Format，URDF）用 XML 语法描述机器

人结构。URDF 的语法规范可以参考链接 http://wiki. ros. org/urdf/XML。URDF 是由不同的功能包和插件组成的，如图 2-58 所示。

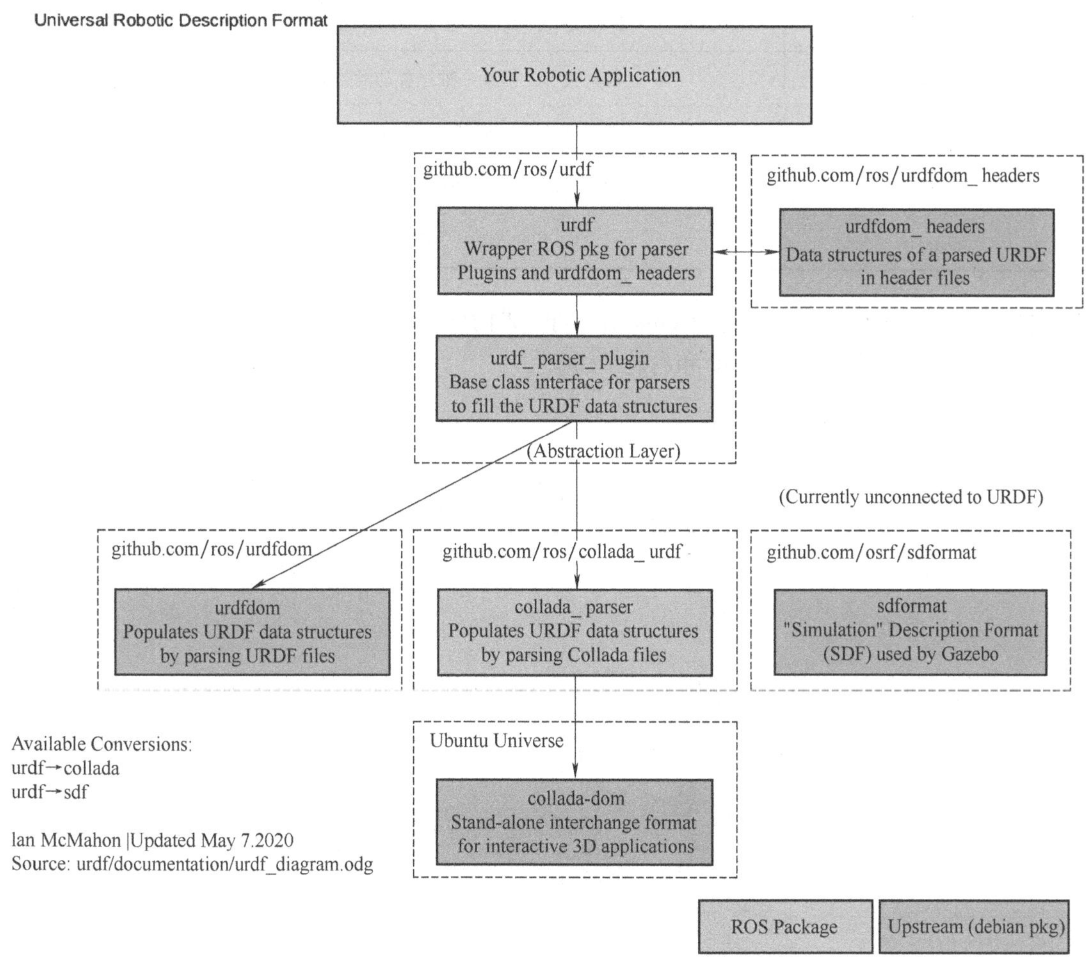

图 2-58　URDF

其中 urdf_parser 和 urder_interface 已经在 hydro 之后的版本中去除了。urdf_paser_plugin 是 URDF 基础的插件，它衍生出了 urdfdom（面向 URDF 文件）和 collada_parser（面向相互文件）。

接下来介绍组成 URDF 的基础标签。

1. <link>标签

<link>标签用于描述机器人某个刚体部分的外观和物理属性，包括尺寸（size）、颜色（color）、形状（shape）、惯性矩阵（inertial matrix）、碰撞参数（collision properties）等。

2. <joint>标签

<joint>标签用于描述机器人关节的运动学和动力学属性，包括关节运动的位置和速度限制。根据机器人的关节运动形式，可以将其分为六种类型（见表 2-3）。

表 2-3　URDF 模型中的 Joint 类型

关节类型	描　述
continuous	旋转关节，可以围绕单轴无限旋转
revolute	旋转关节，类似于 continuous，但是有旋转角度限制
prismatic	滑动关节，沿某一轴线移动的关节，带有位置极限
planar	平面关节，允许在平面正交方向上平移或旋转
floating	浮动关节，允许进行平移、旋转运动
fixed	固定关节，不允许运动的特殊关节

图 2-59 是一个基本机器人的 Link 和 Joint 结构图。在 URDF 中，两个 Link 之间需要 Joint 来连接，如小车的 base_link 和右轮 right。

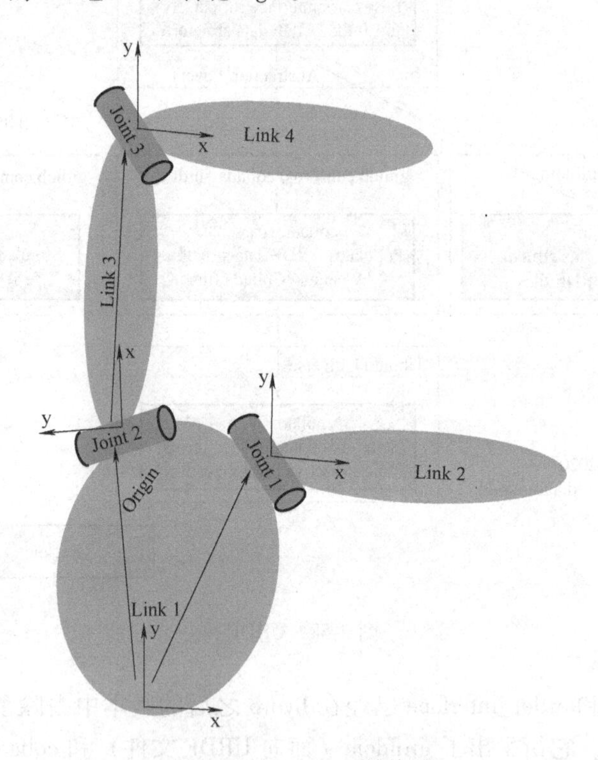

图 2-59　Link-Joint 结构图

3. <robot>标签

<robot>标签是完整机器人模型的最顶层标签，<link>和<joint>标签都必须包含在<robot>标签内。

4. <gazebo>标签

<gazebo>标签用于描述机器人模型在 Gazebo 中仿真所需要的参数，包括机器人材料的属性、Gazebo 插件等。该标签不是机器人模型必需的部分，只有在 Gazebo 仿真时才需要加入。

2.8 移动机器人 ROS 仿真实战

由于本节的代码系统过于庞大，所以本节只给出部分代码，完整版代码见 https://gitee.com/mrobotit/mrobot_book/tree/master/ch2/littlecar。

本节实验将实现一个简单的四轮小车——littlecar，并分别在 RViz 和 Gazebo 上实现仿真；接着，将实现用键盘控制 littlecar 行走；最后，将讲解如何在虚拟环境中模拟激光雷达，并介绍如何在模拟器上添加其他插件。

2.8.1 RViz 仿真实验——littlecar

在 RViz 上仿真的步骤如下：

1）创建 ROS 工作空间，命名为 littlecar，并在该工作空间中创建 src 文件：

```
mkdir -p littlecar/src
```

2）初始化工作空间：

```
cd littlecar/
catkin_make
```

3）创建 ROS 硬件描述包：

```
cd src
catkin_create_pkg littlecar_description urdf roscpp rospy
```

4）初始化工作空间后，在 littlecar_description 文件夹下创建 urdf 文件夹，并创建小车的描述文件 littlecar.urdf。

littlecar.urdf 主要由两部分组成：<link>和<joint>。前者描述模型硬件结构的树形信息，对车轮和底盘的形状、颜色、质量以及惯性等信息进行描述；后者表示两个<link>之间的关联，如前轮与底盘的固定连接。其具体属性可以查看 2.7.4 小节中的相应部分。

在 littlecar.urdf 中，最重要的基础结构就是底盘 base_link，具体的代码编写如下：

```
<link name="base_link">
    <visual>
        <geometry>
            <cylinder length="0.02"radius="0.25"/>
        </geometry>
        <origin rpy="0 0 0"xyz="0 0 0"/>
        <material name="blue">
            <color rgba="0.5.8 1"/>
        </material>
    </visual>
</link>
```

base_link 是 littlecar 的基础模块。在模拟的三维空间中，其他的各个模块都是以 base_link 为中心分布在其周围的。每个模块的内容主要包括了模块的形状、大小、位置、颜色等信息，如果需要其他信息也可以自行添加。例如，以下模块就定义了前轮和底盘之间的关系：

```
<joint name="front_wheel_joint"type="continuous">
    <axis xyz="0 0 1"/>
    <parent link="base_link"/>
    <child link="front_wheel"/>
    <origin rpy="0 0 0"xyz="0.2 0 0"/>
    <limit effort="100"velocity="100"/>
    <joint_properties damping="0.0"friction="0.0"/>
</joint>
```

该连接的类型为 continuous，也可以根据需求选择其他类型，代码还阐述了模块之间的父子关系（base_link 为父节点，front_wheel 为子节点）、位置关系等。其他模块的定义和模块间的关系就不进行一一列举了，具体可见 GitHub 的链接。

5）URDF 文件被定义好后，用户需要通过 roslaunch 将 URDF 模型加载到 RViz 中，小车才会被显示出来。

在 littlecar_description 文件夹下新建文件夹 launch，并创建 launch 启动文件 littlecar. urdf. rviz. launch，描述代码如下：

```
<launch>
<arg name="littlecar"/>
<arg name="gui"default="False"/>
<! --加载机器人模型-->
<param name="robot_description"textfile="$(find littlecar_de-
scription)/urdf/littlecar.urdf"/>
<param name="use_gui"value="$(arg gui)"/>
<! --启动 arbotix 模拟器-->
<node name="arbotix"pkg="arbotix_python"type="arbotix_driver"
output="screen">
        <rosparam file="$(find littlecar_description)/config/
littlecar_arbotix.yaml"command="load"/>
        <param name="sim"value="true"/>
    </node>
    <! --运行 joint_state_publisher 节点,发布机器人关节状态-->
    <node
        name="joint_state_publisher"
        pkg="joint_state_publisher"
        type="joint_state_publisher">
    </node>
```

```
    <node
        name="robot_state_publisher"
        pkg="robot_state_publisher"
        type="robot_state_publisher"/>

    <! --在 rviz 中加载机器人模型-->
    <node name="rviz"pkg="rviz"type="rviz"
         args="-d $(find littlecar_description)/rviz/urdf.rviz"/>
</launch>
```

6）由于本 launch 编码使用了 arbotix 插件，因此在启动前需要保证 arbotix 插件已安装。为此，需要在命令行中通过以下指令安装插件：

```
sudo apt-get install ros-melodic-arbotix
```

7）在 littlecar_description 文件夹下新建文件夹 config，并新建文件 littlecar_arbotix.yaml，内容如下，键值之间一定要有空格：

```
port:/dev/ttyUSB0
baud:115200
rate:20
sync_write:True
sync_read:True
read_rate:20
write_rate:20
controllers:{
# Pololu motors:1856 cpr=0.3888105m travel=4773 ticks per meter(em-
pirical:4100)
base_controller:{type:diff_controller,base_frame_id:base_link,
base_width:0.26,ticks_meter:4100,Kp:12,Kd:12,Ki:0,Ko:50,accel_limit:
1.0 }
}
```

8）从 ROS 给出的示例 urdf_tutorial 中复制 urdf.rviz 到 littlecar 工作目录下，在命令行键入：

```
sudo apt-get install ros-melodic-urdf-tutorial
cd littlecar_description
mkdir -p rviz
cp/opt/ros/melodic/share/urdf_tutorial/rviz/urdf.rviz rviz
```

9）在 littlecar 工作目录下，在命令行运行以下指令，以在 RViz 中进行仿真：

```
source devel/setup.bash
roslaunch littlecar_description littlecar.urdf.rviz.launch
```

为了在 RViz 的窗口中显示出小车模型（见图 2-60），需要在 RViz 左侧的 Displays 中将 Fixed Frame 由 base_link 改成 odom。如果用户想将此作为默认设置，可以把文件 urdf. rviz 中的 Fixed Frame：base_link 改成 odom，这样每次调用 launch 启动文件时默认选择 odom。

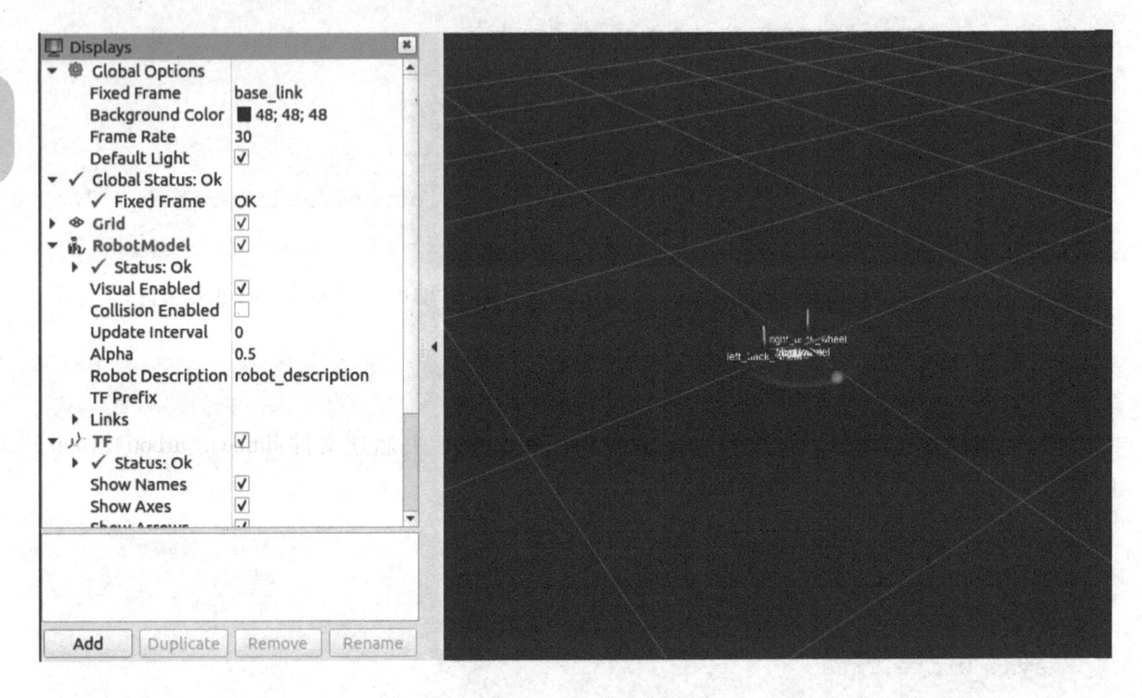

图 2-60　RViz 模型显示

10）完成前面的工作，就可以尝试使用 rostopic 命令发布一个动作，让小车跑动起来，重新打开一个终端，键入以下指令：

```
rostopic pub -r 10/cmd_vel geometry_msgs/Twist'{linear:{x: 0.5,y: 0,z: 0},angular:{x: 0,y: 0,z: 0.5}}'
```

其中，-r 参数代表指令循环发布时间间隔，本例为 10ms，“/cmd_vel”为速度话题名，“geometry_msgs/Twist”为数据格式。

【注意】 ROS 中键值对之间一定要加空格，如“x：0.5”之间需要一个空格。

如果想让小车停止运动，只需在终端中按“Ctrl+C”键停止指令发布，并重新发布下面的指令：

```
rostopic pub -r 10/cmd_vel geometry_msgs/Twist'{linear:{x: 0.0,y: 0,z: 0},angular:{x: 0,y: 0,z: 0.0}}'
```

运行效果如图 2-61 所示，小车按照确定的速度进行规律的圆周运动。

2.8.2　在 RViz 上用键盘控制小车移动

RViz 的机器人仿真主要用“Twist{} 结构”控制机器人的移动。用户也可以通过发布 Topic 话题的方式，将速度指令发布到 littlecar 的速度话题中，进而控制机器人。

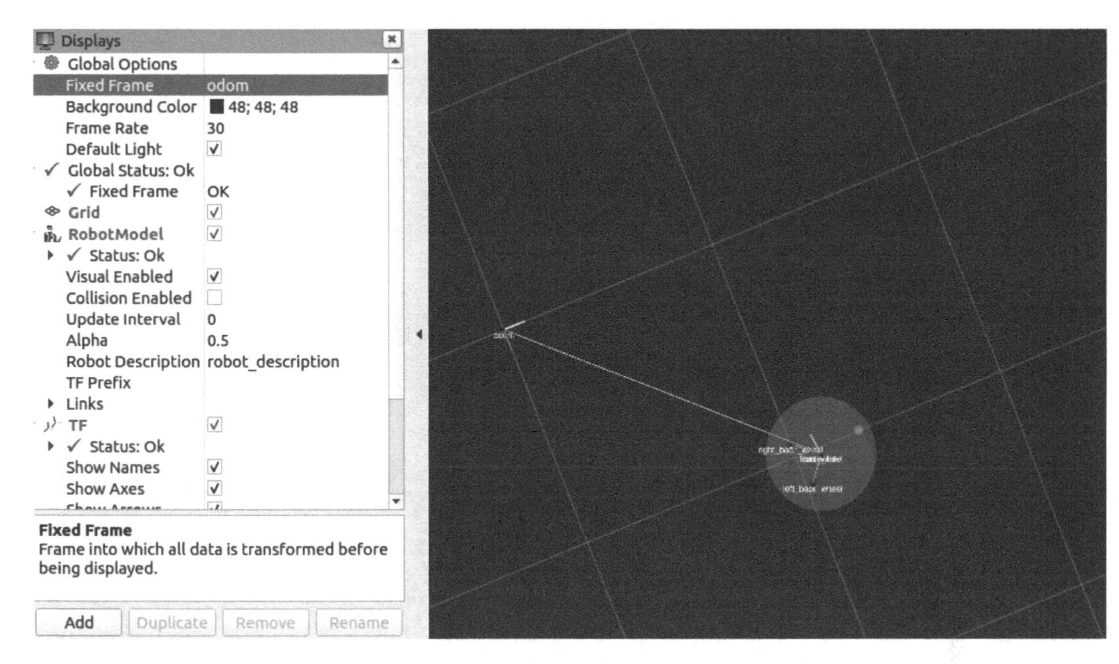

图 2-61　模型运动效果

1）在命令行中进入 littlecar 的工作空间，并输入命令：

```
cd ~/littlecar/src/littlecar_description
mkdir scripts
```

2）在 scripts 下创建脚本 Python 文件 teleop. py，具体代码见 https://gitee. com/mrobotit/mrobot_book/tree/master/ch2/littlecar/src/littlecar_description/scripts/teleopy. py。

3）注意，在创建完 teleopy. py 文件后需要对其赋予权限，脚本才能运行：

```
chmod +x teleopy.py
```

4）用 rosrun 来执行 Python 文件：

```
rosrun littlecar_description teleopy.py
```

在程序中，用键控制小车的移动。

【注意】 如果小车没有移动，而是 odom 坐标移动，则修改 Displays 面板中 Fxied Frame 的值为 odom。

2.8.3 在 Gazebo 上进行仿真

在通过 Gazebo 进行仿真之前，先初步了解一下 Xacro。Xacro 是针对 URDF 的扩展性和配置型而设计的宏语言，其详细介绍可以参考 http://wiki. ros. org/xacro。通过 Xacro，我们可以像编程一样编写 URDF 文件。Xacro 宏语言提供了可编程方式来描述机器人，如 Constants（常量）、Macro（宏）和 Include（引用）等，从而提高代码复用性。

在 Gazebo 上仿真的步骤如下：

1）在 urdf 文件夹下创建文件 littlecar. xacro，需要在 2. 8. 1 小节的 URDF 文件基础上，在<link>中添加<collision>标签和<inertial>标签，同时添加<gazebo>配置，如 base_link：

```
<link name="base_link">
    <visual>
        <geometry>
            <cylinder length="0.02"radius="0.25"/>
        </geometry>
        <origin rpy="0 0 0"xyz="0 0 0"/>
        <material name="blue">
            <color rgba="0.5.8 1"/>
        </material>
    </visual>
    <collision>
        <geometry>
            <cylinder length="0.02"radius="0.25"/>
        </geometry>
    </collision>
    <inertial>
        <mass value="1.0"/>
        <inertia ixx="0.0157"iyy="0.0157"izz="0.0031"ixy="0"ixz=
"0"iyz="0"/>
    </inertial>
</link>
<gazebo reference="base_link">
        <material>Gazebo/Blue</material>
</gazebo>
```

【注意】 在运行过程中会出现“WARN-The root link base_link has an inertia specified in the URDF，but KDL does not support”，解决方法是增加一个额外的 dummy_link：

```
<link name="dummy"></link>
<joint name="dummy_joint"type="fixed">
    <parent link="dummy"/>
    <child link="base_link"/>
</joint>
```

还需要添加 Gazebo 二轮差分模型的配置参数（主要参数如下，其他参数为默认值即可）：

```
<gazebo>
<plugin name="differential_drive_controller"filename="libgazebo_
ros_diff_drive.so">
        <leftJoint>
            left_back_wheel_joint
        </leftJoint>
```

```
        <rightJoint>
            right_back_wheel_joint
        </rightJoint>
        <robotBaseFrame>
            base_link
        </robotBaseFrame>
        <wheelSeparation>
            0.14
        </wheelSeparation>
        <wheelDiameter>
            0.05
        </wheelDiameter>
        <legacyMode>
            true
        </legacyMode>
        <publishWheelJointState>
            true
        </publishWheelJointState>
    </plugin>
</gazebo>
```

2）同样地，也需要一个 launch 启动文件来启动 Gazebo 并显示 littlecar。在 launch 文件夹下新建文件 littlecar.gazebo.launch，并输入：

```
<launch>
    <!--运行 gazebo 仿真环境-->
    <include file="$(find gazebo_ros)/launch/empty_world.launch">
            <arg name="debug"value="false"/>
            <arg name="gui"value="true"/>
            <arg name="paused"value="false"/>
            <arg name="use_sim_time"value="true"/>
            <arg name="headless"value="false"/>
        </include>
    <!--加载机器人模型描述参数-->
    <param name="robot_description"command="$(find xacro)/xacro--
inorder'$(find littlecar_description)/urdf/littlecar.xacro'"/>
    <!--启动 arbotix 模拟器-->
    <node name="arbotix"pkg="arbotix_python"type="arbotix_
driver"output="screen">
            <rosparam file="$(find littlecar_description)/config/
littlecar_arbotix.yaml"command="load"/>
```

```
            <param name="sim"value="true"/>
        </node>
        <! --运行 joint_state_publisher 节点,发布机器人关节状态-->
        <node name="robot_state_publisher"pkg="robot_state_publisher"
type="robot_state_publisher">
            <param name="publish_frequency"type="double"value="20.0"/>
        </node>
        <! --在 gazebo 中加载机器人模型-->
        <node name="urdf_spawner"pkg="gazebo_ros"type="spawn_model"
respawn="false" output="screen" args="-urdf-model littlecar-param
robot_description"/>
        <! --在 rviz 中加载机器人模型-->
        <node name="rviz"pkg="rviz"type="rviz"args="-d $(find lit-
tlecar_description)/rviz/urdf.rviz"/>

        <node pkg="tf"type="static_transform_publisher"name="base_
to_front"args="0.2 0-0.03 0 0 1.57075 base_link front_wheel 100"/>
        <node pkg="tf"type="static_transform_publisher"name="base_
to_dummy"args="0 0 0 0 0 0 base_link dummy 100"/>
    </launch>
```

3）这样就可以同时在 Gazebo 和 RViz 上进行仿真了，输入指令，以启动 Gazebo，如图 2-62所示。

```
roslaunch littlecar_description littlecar.gazebo.launch
```

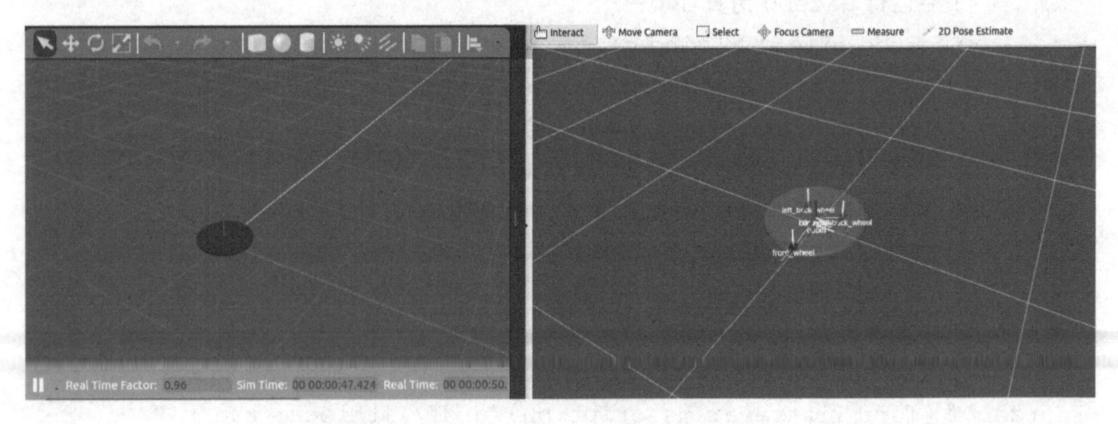

图 2-62　Gazebo 和 RViz 同时运行效果

至此，我们已经初步学习了 RViz 和 Gazebo 的仿真。在仿真环境运行的同时，读者可以运行 2.8.2 节的 Python 控制脚本，用键盘控制 littlecar，并在 RViz 和 Gazebo 上同时观察到 littlecar 的移动。

2.8.4 在仿真环境中加入 Velodyne 激光传感器

激光雷达是以发射激光束为手段来探测目标的位置、速度等特征量的雷达系统（激光雷达将在第 4 章详细介绍），其工作原理是向目标发射探测信号（激光束），然后将接收到的从目标反射回来的信号（目标回波）与发射信号进行比较，做适当处理后，就可获得目标的有关信息，如目标距离、方位、高度、速度、姿态，甚至形状等参数，从而对行人、家具等目标进行探测、跟踪和识别。

本仿真环境中使用的是 Velodyne VLP-16 型激光雷达，该雷达横向视角为 360°。纵向视角为 30°。下面介绍在仿真环境中插入激光雷达的步骤：

1）在为 littlecar 添加雷达前，需要先安装好 Velodyne 运行环境，输入命令：

```
sudo apt-get install ros-melodic-velodyne
sudo apt-get install ros-melodic-velodyne-gazebo-plugins
```

2）确保有 Velodyne 环境后，需要修改 Xacro 文件，将雷达模块加入到 littlecar 的整体结构中，具体操作是在 littlecar. xacro 文件的主结构体<robot>中加入：

```
<joint name="laser_joint"type="fixed">
<axis xyz="0 1 0"/>
<origin xyz="0 0 0.030"rpy="0 0 0"/>
<parent link="base_link"/>
<child link="laser_link"/>
</joint>
<link name="laser_link">
<collision>
<origin xyz="0 0 0"rpy="0 0 0"/>
<geometry>
<box size="0.02.03.03"/>
</geometry>
</collision>
<visual>
<origin xyz="0 0 0"rpy="0 0 0"/>
<geometry>
          <box size="0.02.03.03"/>
</geometry>
</visual>
<inertial>
       <mass value="0.1"/>
       <inertia ixx="0.000010833"iyy="0.000010833"izz="0.000015"
ixy="0"ixz="0"iyz="0"/>
   </inertial>
</link>
```

```
<gazebo reference="laser_link">
    <material>Gazebo/Black</material>
</gazebo>
<gazebo reference="laser_link">
<sensor type="ray"name="head_velodyne_sensor">
<pose>0 0 0 0 0 0</pose>
<visualize>true</visualize>
<update_rate>40</update_rate>
<ray>
<scan>
<horizontal>
<samples>40</samples>
<resolution>1</resolution>
<min_angle>0</min_angle>
<max_angle>1.57</max_angle>
</horizontal>
<vertical>
<samples>40</samples>
<resolution>1</resolution>
<min_angle>-${15.0*3.14125/180.0}</min_angle>
<max_angle>${15.0*3.14125/180.0}</max_angle>
</vertical>
</scan>
<range>
<min>0.10</min>
<max>60.0</max>
<resolution>0.02</resolution>
</range>
</ray>
<plugin name="gazebo_ros_head_velodyne_controller"filename="lib-
gazebo_ros_velodyne_laser.so">
<frameName>laser_link</frameName>
<topicName>velodyne_pointcloud</topicName>
        </plugin>
</sensor>
</gazebo>
```

3）重新运行 littlecar.gazebo.launch 文件，在 Gazebo 中选择一个长方体模型拖入地图（见图 2-63），并放置在雷达可照射范围内。如果 Gazebo 帧率过于卡顿，可以将 sensor 标签中的 visualize 选项改为 false，以降低计算机运行负载。

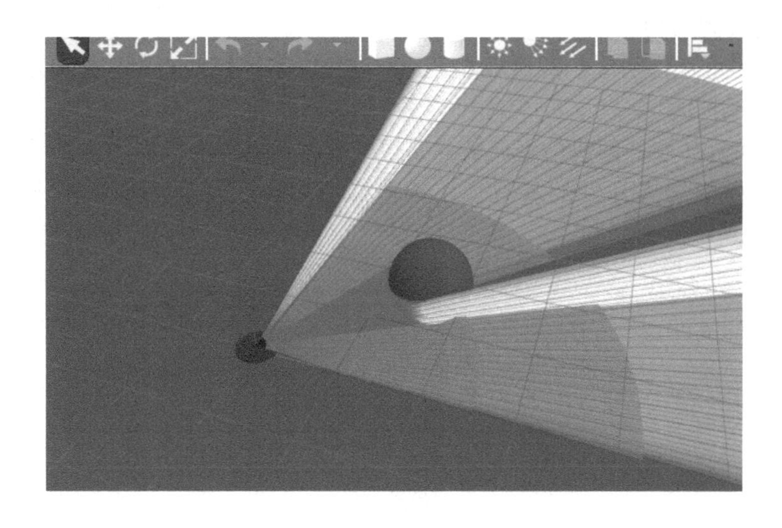

图 2-63　雷达示意图

4）在 RViz 窗口左侧单击 Add 按钮，选择“By topic”选项卡，并选择“/velodyne_pointcloud”选项，这样可以在 RViz 中实时查看点云（见图 2-64）。

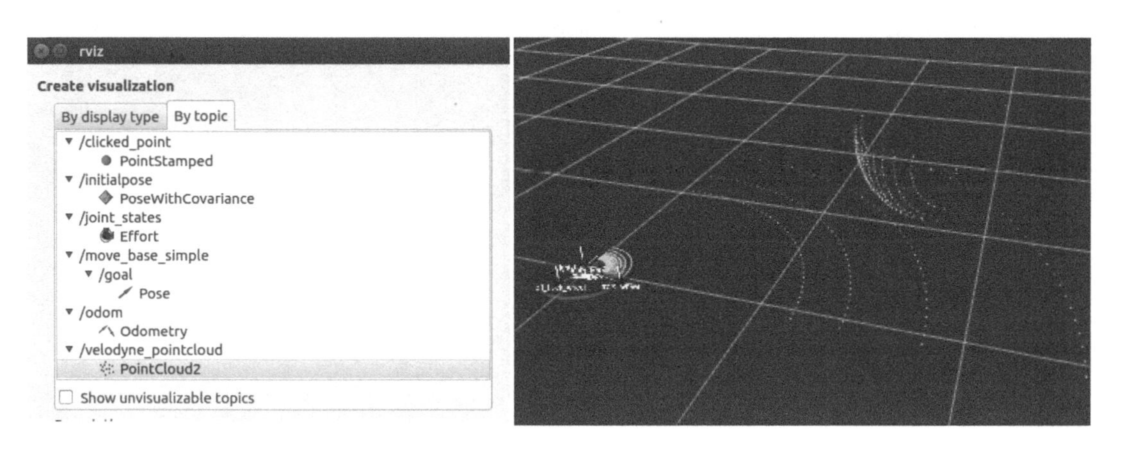

图 2-64　RViz 点云示意图

本章小结

本章讲解了机器人操作系统 ROS 的基础知识，主要包括：

1）ROS 安装测试。

2）工作空间和功能包的创建：使用 Linux 系统命令创建文件后再使用 catkin_make 命令完成工作空间的创建；功能包的创建使用 catkin_create_pkg 命令实现。

3）话题、服务、动作和参数列表的实现方法：通过 ROS 提供的 C++接口，实现发布者、订阅者、服务器、客户端节点的程序，然后使用 CMakeLists. txt 设置编译规则，即可编译生成相应的节点执行文件。

4）Qt 工具箱：提供多种机器人开发的可视化工具，如日志输出、计算图可视化、数据绘图、参数动态配置等功能。

5）RViz 三维可视化平台：实现机器人开发过程中多种数据的可视化显示，并且可通过插件机制实现功能扩展。

6）Gazebo 仿真环境：创建仿真环境并实现带有物理属性的机器人仿真。

以上内容都是机器人开发的基石，在其他章节中会反复应用本章知识，从而加深对 ROS 的理解。

第3章 搭建移动机器人平台

在第2章中详细介绍了ROS机器人操作系统的通信原理与操作方法。但是，由于仿真环境较为理想，在仿真环境中可靠运行的算法在实际环境中往往存在问题。这是因为在现实环境中，机器人会受到各种环境因素的影响，如地表摩擦力、底盘振动等，从而导致预设算法不能完成特定工作任务。从本章开始，将介绍机器人在实际环境中的开发过程。本章首先介绍主流的移动机器人平台，然后介绍笔者自行搭建的精简版移动机器人小车的详细设计过程，让读者了解搭建移动机器人平台的整体过程。

本章将讨论以下主题：

1）主流移动机器人开发平台

2）迷你版移动机器人开发平台设计

3）移动机器人实机测试

3.1 移动机器人开发平台简介

随着市场对移动机器人需求的不断增长，越来越多的人加入到机器人技术的研究中，但移动机器人结构复杂，内置了大量的电子元器件，研究如何驱动这些元器件会耗费技术人员大量的时间和精力。为解决“重复造轮子”的问题，移动机器人开发平台应运而生。

移动机器人开发平台是面向开发人员的软硬件开发套件，具体而言，包括感知模块、控制模块、计算单元等硬件，以及与其适配的操作系统、算法工具包等软件，具有接口标准化、组件模块化、易于扩展等特点，软件平台接口隐藏了底层开发的细节，技术人员只需关注算法和应用开发，从而大大缩短了移动机器人开发周期。

移动机器人开发平台可追溯到1995年由MobileRobots（现更名为ActivRobots）公司推出的Pioneer 1。该平台因价格低廉，迅速受到了机器人相关研究机构和爱好者的青睐，很多大学的机器人课程采用Pioneer系列机器人平台作为标准硬件设备。Pioneer 1的底盘由两个实心驱动轮和一个万向轮组成，底盘的四周配备了声呐传感器，并提供了雷达与摄像头等扩展性部件，如图3-1所示。

图3-1 Pioneer 1平台

在配套软件方面，MobileRobots公司在Pioneer 1控制板上安装了PSOS（Pioneer Server Operating System）操作系统。

PSOS 不仅实现了底层硬件的驱动，还提供了相关的命令接口。开发者可通过 PSOS 提供的接口开发机器人应用程序，而不需要担心各种模块的具体适配细节。

1998 年到 1999 年，MobileRobots 公司相继推出了 Pioneer 2-DX 和 Pioneer 2-AT，如图 3-2所示。其中，DX 系列依然延续了前作二轮驱动的特点，AT 系列则为四轮驱动。Pioneer 2 内置的操作系统也由 PSOS 升级到了 P2OS（Pioneer 2 Operating System），并提供了 ARIA（Adept MobileRobots Advanced Robotics Interface for Applications）库，Pioneer 2-DX 直到现在依然是比较主流的硬件平台。

图 3-2　Pioneer 2-DX（左）和 Pioneer 2-AT（右）

2007 年扫地机器人公司 iRobot 推出了 iRobot Create 开发平台，该平台基于 iRobot 公司的 Roomba 400 系列扫地机器人，如图 3-3 所示。在保留扫地机器人原有传感器的情况下，iRobot Create 还提供了用于连接控制平台的开发串口，串口中的数据严格遵循 ROI（The iRobot Roomba Open Interface）协议。通过阅读协议文档，开发者不仅可以从串口中得到 iRobot Create 上的红外传感器、碰撞传感器、里程计等提供的各种数据，也可以通过串口发送控制指令。

图 3-3　Roomba 400 系列扫地机器人

虽然 iRobot Create 并未如 Pioneer 系列一样得到广泛的使用，但是却促成了最重要的移动机器人开发平台——TurtleBot 的诞生。2010 年，Melonee Wise 和 Tully Foote 出于降低搭建 ROS 硬件平台门槛的目的，在 iRobot Create 上安装了 Kinect 深度相机、IMU 传感器以及 Intel Atom 主板。Kinect 深度相机采用结构光原理，通过近红外激光器，将具有一定结构特征的光线投射到被拍摄物体上，再由专门的红外摄像头进行采集，从而得到环境的深度距离信息，获取环境的三维结构。IMU 全称为 Inertial Measurement Unit，即惯性测量单元，是测量物体三轴姿态角（或角速度）和加速度的装置。Intel Atom 主板能够为 ROS 提供 Ubuntu 开发环境，IMU 和深度相机则弥补了 iRobot Create 在定位、导航方面的不足。在完善了相关驱动后，Melonee 两人将硬件搭建方案以及开发包公开在 Willo Project 上，并将该平台命名为 TurtleBot。这套方案成功降低了搭建机器人的难度与成本，一经推出便迅速引起了机器人开发者以及各大公司（如谷歌）的注意。TurtleBot 原型机如图 3-4 所示。

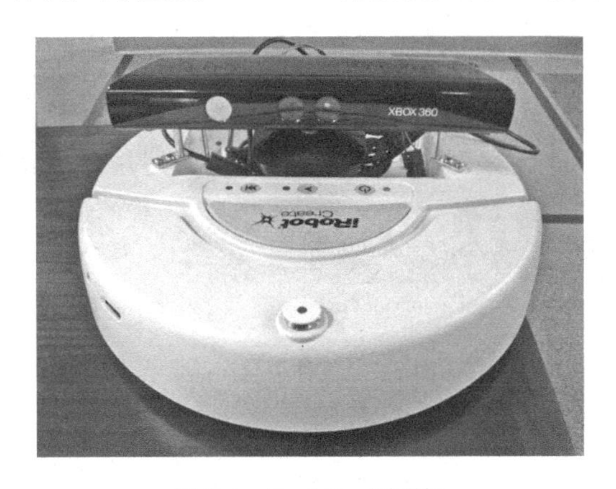

图 3-4　TurtleBot 原型机

由于 iRobot Create 没有得到美国的出口资格，TurtleBot 的推广受到了一定的影响。2012 年，韩国机器人公司 Yujin 推出了 TurtleBot2，相对于上一代产品，TurtleBot2 的底座由 iRobot Create 更换为 Kobuki，其他扩展性的组件也得到了升级，如图 3-5 所示。

国内的机器人研究起步相对较晚，但是依然有相当优秀的机器人开发平台。上海思岚科技借助其在激光雷达方面的优势，推出了 Apollo 机器人开发平台，配置高精度激光雷达，并利用 SharpEdge 技术构建高精度地图，从而实现自主建图定位和导航，此外，该平台的 SDK 兼容多种操作系统，如图 3-6 所示。

图 3-5　TurtleBot2

图 3-6　Apollo 机器人开发平台

另一家国内机器人公司 Autolabor 推出了 Autolabor PM1、Autolabor Pro1 和 Autolabor 2.5 三种平台产品。Autolabor 全系列基于 ROS 开源平台，并包含了机器人底座、全套传感器及配套软件系统，如图 3-7 所示。

在仓储物流领域，国内机器人公司也推出了相当不错的机器人开发平台。隆博机器人公司推出的智能移动平台 Robase，具备深度感知动态环境以及自主避障能力，非常适合复杂场景下物流仓储机器人的开发，如图 3-8 所示。

a) Autolabor PM1

b) Autolabor Pro1

c) Autolabor 2.5

图 3-7　三种平台产品

a) Robase 50

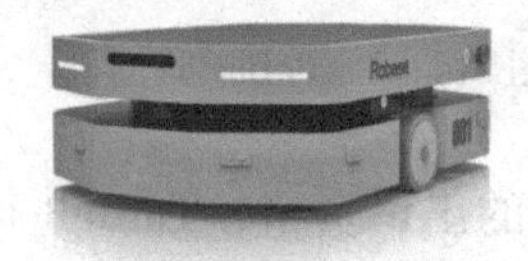

b) Robase 200

c) Robase 500

d) Robase 300S

e) Robase 600S

f) Robase 1200S

图 3-8　Robase 系列开发平台

除了以上所述的软硬件一体的移动机器人开发平台，国内一些研究机构和公司也致力于仿真环境下的移动机器人平台研发。易科机器人实验室推出了基于 ROS 和 Gazebo 仿真环境下的 ExBot Xi 导航机器人平台，如图 3-9 所示。

图 3-9　ExBot Xi 导航机器人平台

浙江重德智能公司在其 Xbot-U 科研教学机器人平台的基础上，同样配套了虚拟仿真开发平台，如图 3-10 所示。开发者在没有 Xbot-U 的情况下，也可以使用其提供的仿真环境编写相关算法程序。

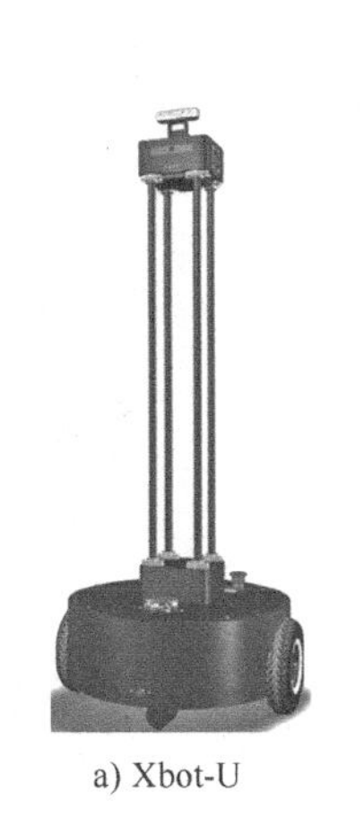

a) Xbot-U

b) 教学机器人平台

图 3-10　Xbot-U 与教学机器人平台

3.2　移动机器人开发平台设计

上一节给出了移动机器人开发平台的概念及部分案例，其中有些开发平台并未完全开源，如 TurtleBot2 的 Kobuki 底盘、Apollo 底盘、Xbot-U 等，不利于底层平台的二次开发。接下来通过介绍笔者团队所在北京邮电大学移动机器人实验室自主搭建的、完全开源的 mRobotit 移动机器人平台，来了解移动机器人整体架构设计，平台所有代码、硬件驱动及底层架构图位于 https://gitee.com/mrobotit/mrobot_book/tree/master/ch3。mRobotit 主要面向授课和学习场景，具有成本低、结构精简等特点，具备了移动机器人最基本的两个能力：

移动能力：机器人在环境中自由移动的能力。

感知能力：机器人感知其内部状态以及外部环境的能力。

基于对这两种基本能力的需求，按照图 3-11 设计了 mRobotit 的硬件结构，主要硬件包括导航板、控制板、电动机、雷达传感器以及锂离子电池。在这些硬件基础上辅之以硬件驱动、SDK 以及 ROS 开发库，mRobotit 便可以拥有移动与感知的能力。

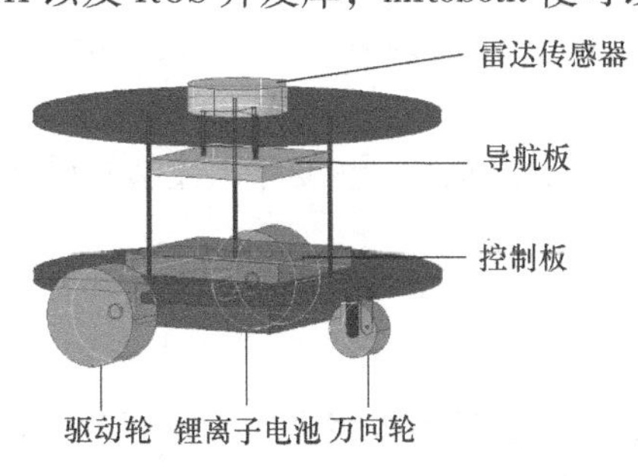

名称	型号
雷达传感器	Rplidar A1
导航板	树莓派3B
控制板	mrobotit board
驱动轮	65mm橡胶轮
锂离子电池	3000mA·h锂离子电池

图 3-11　mRobotit 硬件结构

除了硬件部分，mRobotit 平台也有与之匹配的软件开发环境，图 3-12 所示为 mRobotit 平台的软硬件整体架构。

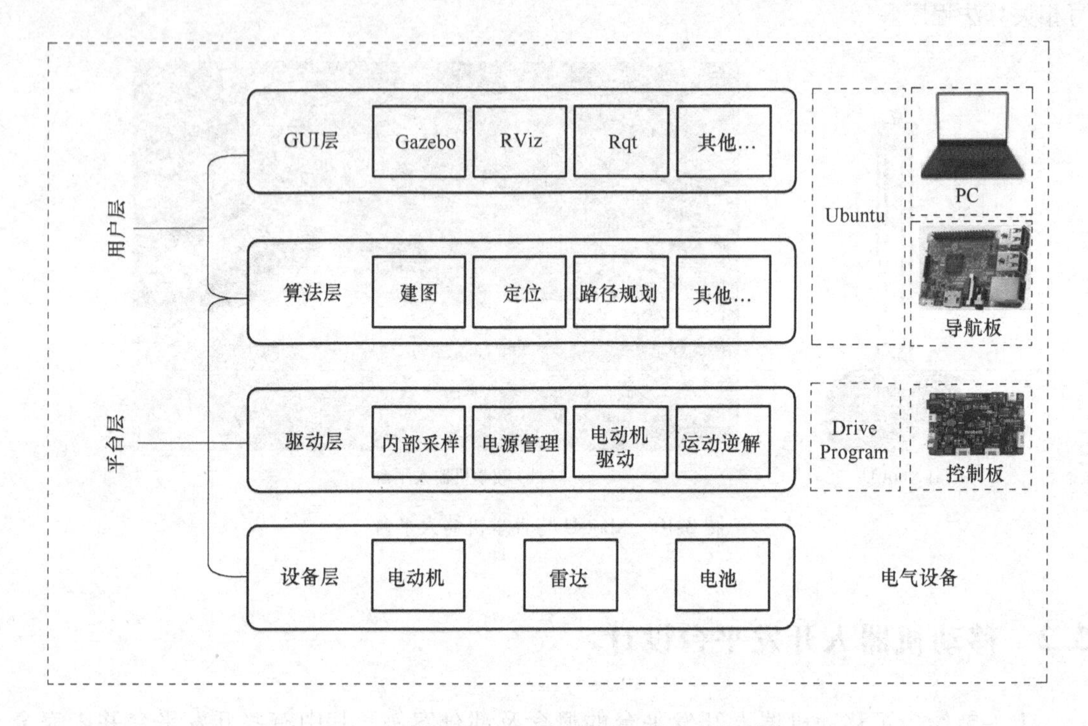

图 3-12　mRobotit 机器人开发平台整体架构

平台层主要由 mRobotit 平台来提供，分为设备层、驱动层与算法层三层。设备层是平台最基础的部分，包含了如电动机、雷达以及电池等底层硬件设备；驱动层隐藏了各种底层硬件的适配细节，通过预安装在控制板上的驱动程序（Driver Program）为上层提供接口，驱动层的设计在一定程度上依赖于设备层的搭建；算法层提供了一系列 ROS 开发包，如 Karto SLAM、AMCL、Move Base 等，以及专门用于驱动平台控制板、雷达等设备的 SDK，这些配置好的开发库、SDK 等能够省去用户安装各种开发包的时间。值得注意的是，算法层与驱动层运行终端有所不同，前者运行在导航板上，而后者则运行在控制板上。

用户层面向的则是二次开发者，其运行环境为 Ubuntu。用户层包含两层：算法层与 GUI 层。用户层中的算法层能够用来运行开发者编写的各种算法及其程序，如建图算法、定位算法等。GUI 层则由多个 ROS 开发软件或者工具包组成，如 Gazebo、RViz 等，其作用是方便开发人员查看或调试运行在算法层的各种程序。

下面将讲解如何完成设备层的搭建，其内容包括底盘运动模型设计、控制板设计以及导航板与激光雷达的选型。

3.2.1　底盘与控制板设计

底盘结构设计与机器人“移动”能力息息相关，移动机器人多数为轮式底盘，表 3-1 为常见底盘运动模型及对应平台。

表 3-1　底盘运动模型及对应平台

运动模型	结构	适应场景	成本	控制难度	常见平台
二轮差速	简单	室内	较低	较低	TurtleBot、TurtleBot2、Apollo、Autolabor 2.5
三轮全向轮	复杂	室内	中等	较难	ReMoRo
四轮差速	复杂	室内外	较高	较难	Autolabor PRO、Pioneer 2/3-AT

mRobotit 平台底盘采用二轮差速模型作为运动模型，并与 TurtleBot 机器人的底盘 iRobot Create（见图 3-13a）保持相似结构。二轮差速底盘的特点在于控制原理简单，且仅需两个电动机，从而降低了整机成本。mRobotit 底盘（见图 3-13b）驱动轮转速由各自的独立电动机所控制，从而实现底盘的转向；万向轮则为固定轮，其作用仅是保持底盘平衡。

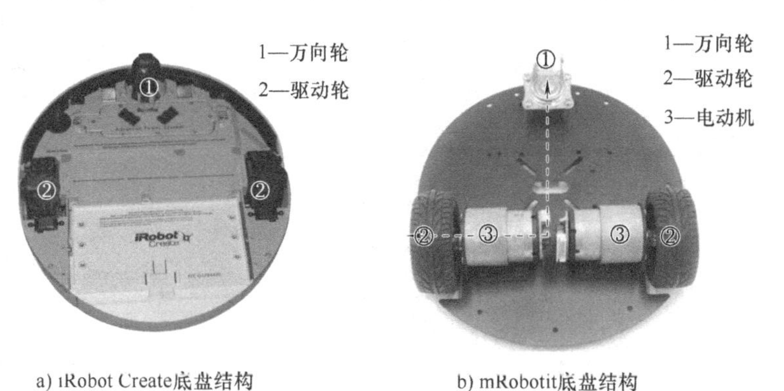

a) iRobot Create底盘结构　　b) mRobotit底盘结构

图 3-13　底盘结构

底盘电动机通过控制板来驱动运行，控制板是由多个元器件组成的微型单片机开发板，它在整个平台中起到承上启下的作用。具体来说，控制板有以下功能：

1）驱动底盘电动机。

2）管理输入电源、平衡电压、充电。

3）与导航板数据交互。

4）采样导航板的电压、底盘电动机的速度以及底盘的位姿等数据。

按照以上功能，控制板可以拆分为五大模块：微处理器（Micro Controller Unit，MCU）、电动机驱动模块、电源管理模块、传感器模块以及通信模块。

1）微处理器 MCU：微处理器 MCU 又称单片微型计算机，即单片机。它将 CPU、内存、计数器和多种 I/O 接口集成在一片芯片上。简单来说，MCU 是一台芯片级的计算机。对于控制板而言，微处理器是其最为核心的部分，它管理着控制板上的所有电子元器件。现如今广泛使用的微处理器主要有两种：STM32 系列单片机与 51 系列单片机。

STM32 系列单片机是由意法半导体（STMicroelectronics）在 2007 年推出的基于 ARM Cortex-M 内核的 MCU。它具有低功耗、短延迟、低成本等优点。图 3-14 所示为意法半导体公司到目前为止推出的 STM32 系列处理器，根据应用领域的不同分为四个系列：High Performance（高性能）、Main Stream（主流）、Ultra-low-power（超低功耗）和 Wireless（无线系统）。本书设计的 mRobotit 平台控制板采用了 STM32 Main Stream（主流）系列单片机 STM32F103C8T6。

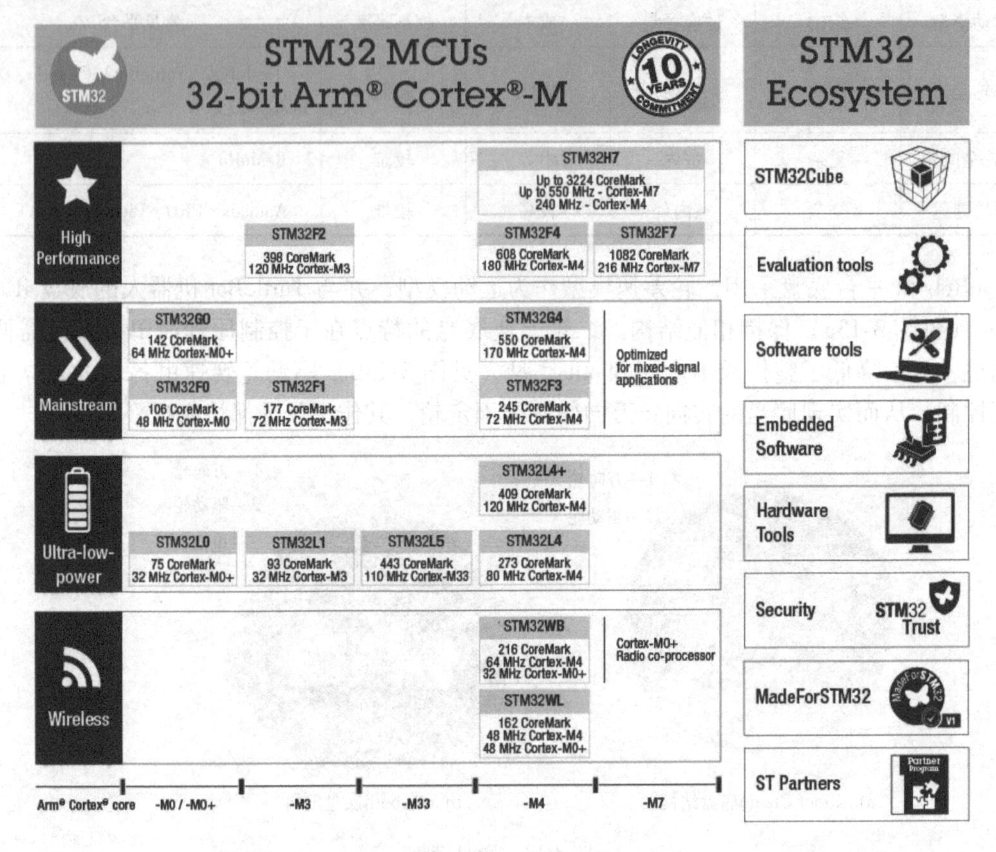

图 3-14　STM32 产品线

51 单片机是对所有兼容 Intel 8051 指令系统的单片机统称。它是目前应用最广泛的 8 位单片机。除了 Intel（英特尔）最早的 80C31 芯片，ATMEL（爱特梅尔）也拥有 51 单片机产品线，且其产品较英特尔更受欢迎。ATMEL 的 51 单片机型号众多，包括 89C51、89C52、89C2051、89S51 等，表 3-2 为 ATMEL 的几个主流产品型号对照表。51 单片机相对 STM32 而言性能稍弱，且其对 USART、USB 等一系列标准接口的支持度稍差。

表 3-2　ATMEL 常见单片机对比

型号	程序存储器	数据存储器	频率	计数器	USART 通道	SPI	可烧录次数
AT89C51	4k Flash	128B	33MHz	2	1	不支持	多次
AT89C52	8k Flash	256B	33MHz	3	1	不支持	多次
AT89S51	4k Flash	128B	24MHz	2	1	不支持	多次
AT89S52	8k Flash	256B	24MHz	3	1	不支持	多次
AT89S53	12k Flash	256B	24MHz	3	1	不支持	多次
AT87F51	4k OTP	128B	33MHz	2	1	不支持	单次
AT87F52	8k OTP	256B	33MHz	3	1	不支持	单次

2）电动机驱动模块：顾名思义，电动机驱动模块主要功能是控制底盘电动机进行转动。常见的电动机驱动模块有东芝公司生产的TB6612FNG电动机驱动模块和SGS公司生产的LN298N电动机驱动模块，如图3-15所示。它们的内部原理和控制方式大同小异。LN298N体积大、外接元件多、使用相对复杂；TB6612FNG体积小、外接元件少、使用简单。mRobotit移动机器人开发平台搭载的是TB6612FNG。

a) TB6612FNG　　b) LN298N

图3-15　电动机驱动模块

3）电源管理模块：锂离子电池的输出电压一般为12.6V，电源管理模块负责将输入到控制板的电压稳定到工作电压，如5V。与此同时，该模块还负责稳定导航板、电动机以及雷达的电压。此外，还有一些控制板具有对锂离子电池充电的功能。

4）传感器模块：控制板中的传感器模块需要根据具体需求来选择，如常见的有IMU、红外线传感器等。由于控制板集成的MCU计算性能相对较弱，因此其集成的传感器的工作频率不能过高。通常情况下，控制板会集成一个IMU传感器即加速度计陀螺仪，主要用来测量加速度与旋转角速度。最常见的IMU型号是MPU-6050，如图3-16所示。关于IMU传感器更详细的原理与操作介绍请详见第4章。

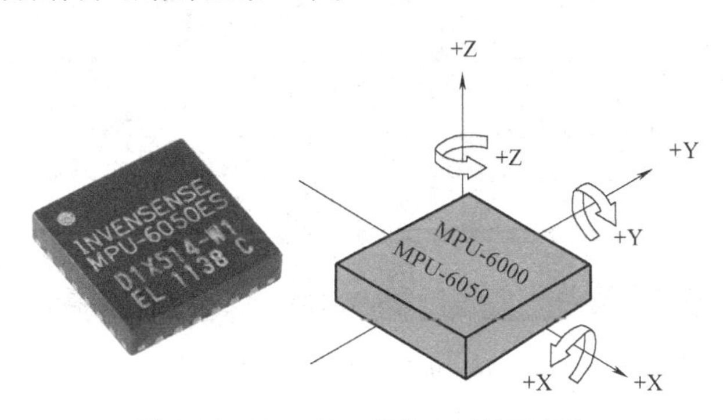

图3-16　MPU-6050及其坐标轴示意图

5）通信模块：通信模块的作用是与导航板进行通信，控制板需要将采集到的平台内部信息如电压、电动机转速和IMU数据通过通信模块传送给导航板。反之，导航板也通过相同的方式将控制数据发送到控制板。通信模块一般由USB转TTL的芯片来完成，常见的USB转TTL芯片有CH340G与CP2102。

如果读者有一定的电路设计能力，可以根据控制板的需求自行设计控制板。或者直接应用mRobotit平台使用到的控制板，如图3-17所示。关于控制电路和控制驱动相关细节，可以参考本书对应的Git网站https://gitee.com/mrobotit/mrobot_book/tree/master/ch3。

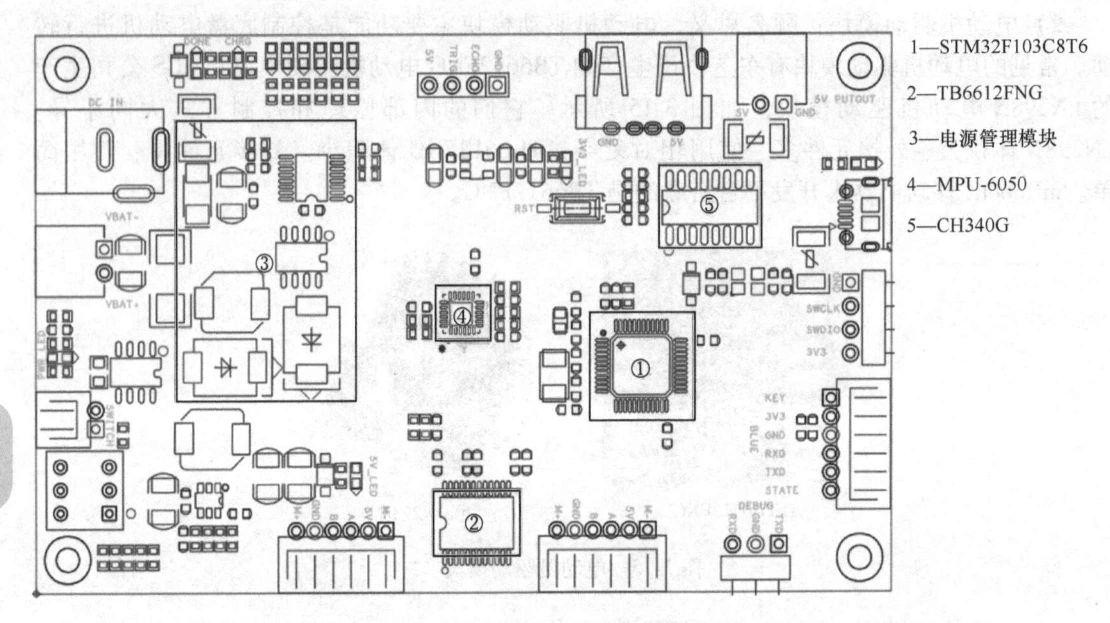

图 3-17　mRobotit 控制板结构图

mRobotit 控制板的实物图如图 3-18 所示。

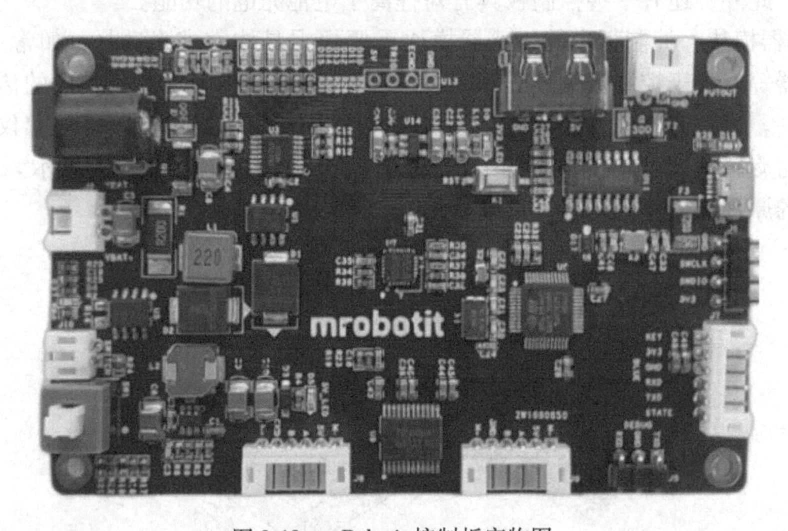

图 3-18　mRobotit 控制板实物图

综上所述，本章所介绍的 mRobotit 控制板拥有以下板载资源：

1） STM32F103C8T6 芯片×1。

2） MPU-6050 加速度计陀螺仪×1。

3） 电动机接口×2：用于接通二轮差速模型的双电动机。

4） USB 串口×1：采用 CH340G USB 转 TTL 串口芯片。

5） Serial Wire Debug（SWD）烧写接口×1。

6） 蓝牙串口×1：支持 HC-05 蓝牙转串口转换器。

7） USB 供电口×1。

8） 可编程 LED×6。

9）充电模块。

3.2.2　导航板与激光雷达

导航板是 mRobotit 平台的大脑，它能够从激光雷达、摄像头等传感器获取到大量信息，进而感知环境，并从控制板获取机器人平台的当前状态。基于对环境和自身状态的分析，导航板可以向控制板发出指令，完成用户设定的各项功能。本书中的 mRobotit 是基于 ROS 开源的移动机器人开发平台，需要导航板具有一定的计算能力，并且能运行 Linux 操作系统。市场上导航板有多种可选的计算终端，如树莓派（Raspberry Pi）和英伟达（NVIDIA）的 Jetson Nano 等，甚至普通笔记本电脑也可做导航板使用。

树莓派由注册在英国的"Raspberry Pi 基金会"开发，埃本·阿普顿（Eben Epton）为项目带头人。2012 年 3 月，埃本·阿普顿正式发售世界上最小的台式机，外形只有信用卡大小，却具有计算机的所有基本功能，这就是 Raspberry Pi B（见图 3-19），中文译名为"树莓派"。

图 3-19　Raspberry Pi B

Jetson 系列计算终端是由英伟达公司推出的，主攻机器学习、深度学习以及人工智能。它有多种型号，如 Jetson Nano、Jetson TX1/TX2、Jetson Xavier NX 以及 Jetson AGX Xavier 等。其中，使用最为广泛的是 Jetson Nano 系列，其价格相对树莓派较贵。

表 3-3 展示了当前市场上最为常见的三种导航板，树莓派 3B、4B 以及 Jetson Nano 的主要规格对比，外观对比如图 3-20 所示，读者可以根据需求选择合适的导航板。

表 3-3　树莓派 3B、4B 与 Jetson Nano 主要规格对比

型　　号	树莓派 3B（1GB RAM）	树莓派 4B（4GB RAM）	Jetson Nano（4GB RAM）
处理器	4 核 64 位 Cortex-A53 处理器 @ 1. 2GHz	4 核 64 位 Cortex-A72 处理器 @ 1. 5GHz	4 核 64 位 Cortex-A57 处理器 @ 1. 43GHz
显卡	VideoCore IV GPU	VideoCore VI GPU	128 个 CUDA 单元 Maxwell 架构
内存	1GB	4GB	4GB

（续）

型　号	树莓派 3B（1GB RAM）	树莓派 4B（4GB RAM）	Jetson Nano（4GB RAM）
USB	USB2. 0×4	USB2. 0×2、USB3. 0×2	USB3. 0×4
GPIO	40	40	40
应用场景	低算力	一般算力	较高算力

a) 树莓派3B

b) 树莓派4B

c) Jetson Nano

图 3-20　三种导航板

在了解了导航板的具体型号后，接着了解一下移动机器人的“眼睛”——雷达传感器。TurtleBot 将 Kinect 作为环境感知设备，但其成本相对较高，对于室内移动机器人而言，雷达传感器也起到相同的作用。常用于室内移动机器人的雷达有激光雷达和超声波雷达两种。超声波雷达虽然成本较低，但其探测距离短，一般用于近距离的避障；激光雷达相对来说，探测距离更长，且有一定的抗干扰能力。

2014 年思岚科技推出的 Rplidar A1 激光雷达是一款入门级产品，其拥有 8000 次/s 的测量频率，探测距离可达 12m，扫描范围为 0~360°。在 Rplidar A1 雷达获得市场好评后，思岚科技在 2016 年推出了第二代产品 Rplidar A2。Rplidar A2 雷达同样具有 8000 次/s 的测量频率，而测量距离较前代提升到了 16m，外观也更加简练美观。Rplidar A1 和 Rplidar A2 雷达外观如图 3-21 所示。

a) Rplidar A1雷达

b) Rplidar A2雷达

图 3-21　雷达外观

表 3-4 展示了思岚科技当前三款激光雷达的规格参数对比，读者可根据需求选择合适的激光雷达传感器。

表 3-4　Rplidar 三款雷达主要参数对比

型　　号	Rplidar A1	Rplidar A2	Rplidar A3
外观			
测量距离	12m	16m	25m
测量频率	8000 次/s	8000 次/s	室外模式：10000 次/s 增强模式：16000 次/s
扫描频率	5. 5Hz	10Hz	15Hz（10~20Hz 可调）
扫描角度	0~360°	0~360°	0~360°
尺寸	70mm×98. 5mm×98mm	76mm×41mm	76mm×41mm
质量	170g	190g	190g
价格	低	中	高

3. 3　移动机器人实验

3. 3. 1　导航板环境搭建（以树莓派 3B 为例）

在拿到一个全新的树莓派 3B 之后，要想使其满足移动机器人开发的需求，首先要为其安装 Linux 系统和 ROS 系统。此处选定的 Ubuntu 系统（Linux 系统的衍生版本）版本号为 18. 04，ROS 版本为 Melodic，按照下面步骤进行系统的烧录安装。

1. 下载 Ubuntu 18. 04 LTS 系统镜像文件

打开下载网址 https://wiki. ubuntu. com/ARM/RaspberryPi/，找到图 3-22 所对应的位置，根据自己的需求选择 armhf 版本或 arm64 版本，通常情况下选择 arm64 版本，单击下载 ubuntu-18. 04-preinstalled-server-arm64+raspi3. img 供写入。

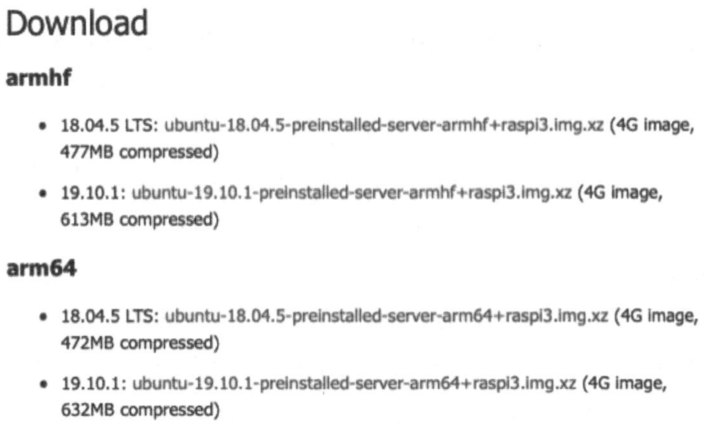

Download

armhf

- 18.04.5 LTS: ubuntu-18.04.5-preinstalled-server-armhf+raspi3.img.xz (4G image, 477MB compressed)
- 19.10.1: ubuntu-19.10.1-preinstalled-server-armhf+raspi3.img.xz (4G image, 613MB compressed)

arm64

- 18.04.5 LTS: ubuntu-18.04.5-preinstalled-server-arm64+raspi3.img.xz (4G image, 472MB compressed)
- 19.10.1: ubuntu-19.10.1-preinstalled-server-arm64+raspi3.img.xz (4G image, 632MB compressed)

图 3-22　ubuntu_wiki 下载位置

2. 下载烧录工具

打开 https://sourceforge.net/projects/win32diskimager/files/Archive/链接，从该链接中下载 win32diskimager-1.0.0-install.exe 并安装。

3. 烧录系统

准备一张 16GB 以上的 Micro SD 卡，作为系统的存储设备。将 Micro SD 卡插入读卡器，然后插入计算机，将 Micro SD 卡格式化之后打开 Win32DiskImager，选择刚才下载好的镜像文件和 Micro SD 卡，单击“写入”按钮烧写镜像（见图 3-23）。

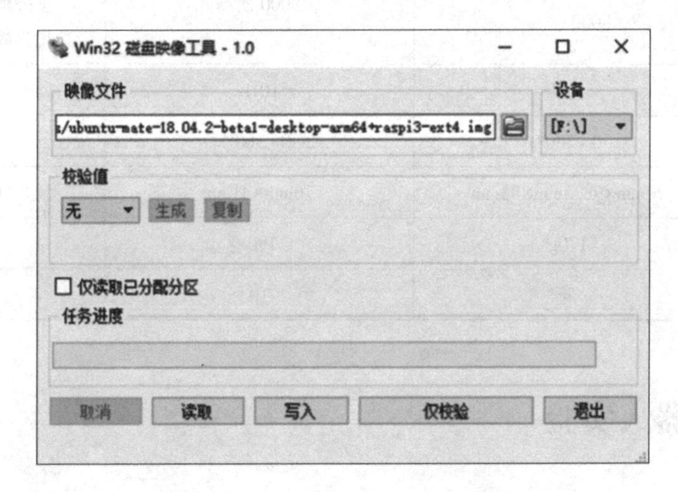

图 3-23　Win32DiskImager 烧录镜像

4. 启动 Ubuntu 系统

用户将 Micro SD 卡插入到 Raspberry Pi，并连接显示器、鼠标、键盘和电源，就可以启动系统了。第一次启动的用户名与密码均默认为 ubuntu。用户可以根据提示自行设置密码。

5. 安装 ROS

这一步的操作过程和在 PC 上的操作是一致的，可以参考第 2 章的指导进行安装。

6. PC 远程连接 Raspberry Pi

为了可以通过 PC 来控制机器人，需要通过 PC 使用 SSH 远程连接到 Raspberry Pi。在第 2章中，介绍 SSH 使用方法的时候已经说过需要保证所有设备在同一个局域网内，而 Raspberry Pi 3B/4B 提供的无线网卡能够创建热点，因此 PC 可以直接连接 Raspberry Pi 创建的热点，从而实现 SSH 远程连接。接下来配置 Raspberry Pi 的热点：

1）在树莓派上安装依赖库，将代码 clone 到本地并编译：

```
apt install util-linux procps hostapd iproute2 iw haveged dnsmasq
git clone https://github.com/oblique/create_ap
cd create_ap
make install
```

2）创建 Wi-Fi 热点 littlecar（用户可自定义名称），并设置热点的密码为 12345678：

```
sudo create_ap wlan0 $ eth0enId littlecar 12345678
```

3）配置开机自启动热点，使树莓派开机后自动创建热点：

```
vim /etc/rc.local
sudo create_ap wlan0 $ eth0enId littlecar 12345678 &
```

4）配置好热点后，重启树莓派，热点会自动创建。此时，将自己的 Ubuntu 计算机连接到 littlecar 热点，并在自己的计算机中打开终端，输入 SSH 命令：

```
ssh mrobotit@192.168.12.1
```

输入密码并连接成功后会直接进入树莓派的命令行界面。如此一来，即成功实现了 Ubuntu 远程连接树莓派。图 3-24 所示为连接树莓派成功后，进入的命令行界面。

```
Welcome to Ubuntu 18.04.5 LTS (GNU/Linux 5.4.0-1018-raspi aarch64)

 * Documentation:  https://help.ubuntu.com
 * Management:     https://landscape.canonical.com
 * Support:        https://ubuntu.com/advantage

  System information as of Thu Sep 17 14:35:17 CST 2020

  System load:  0.17              Processes:            210
  Usage of /:   29.5% of 28.95GB  Users logged in:      1
  Memory usage: 8%                IP address for wlan0: 192.168.12.1
  Swap usage:   0%


220 packages can be updated.
0 updates are security updates.

Your Hardware Enablement Stack (HWE) is supported until April 2023.

Last login: Thu Sep 17 13:51:02 2020 from 192.168.12.236
ubuntu@ubuntu:~$ 
```

图 3-24　远程连接树莓派成功示意图

7. 安装 mRobotit 开发库

1）在树莓派上安装 mRobotit 依赖的开发库：

```
sudo apt-get install ros-melodic-yocs-velocity-smoother
sudo apt-get install ros-melodic-bfl
sudo apt-get install ros-melodic-serial
```

2）在树莓派上将 mRobotit 控制库代码下载到本地，位于 https://gitee.com/mrobotit/mrobot_book/raw/master/ch3/mrobotit.zip，并编译：

```
mkdir -p mrobotit
wget https://gitee.com/mrobotit/mrobot_book/raw/master/ch3/mrobot-
it.zip
unzip mrobotit
catkin_make
```

3.3.2　mRobotit 小车运行实验

这里以 mRobotit 机器人为例，介绍 PC 远程操纵小车的运行过程。在 mRobotit 中，已经预装了小车的启动节点（包含了里程计信息、IMU 信息等重要信息发布节点），在市场上购买的其他移动机器人平台也会预装类似的软件工具包。实验具体步骤如下，运行调试视频可以访问 https://gitee.com/mrobotit/mrobot_book/tree/master/ch3。

1）开启 mRobotit 机器人的开关，等待至 PC 连接机器人发出的热点。

2）PC 连接机器人 Wi-Fi 热点后，在 PC 上配置和机器人之间的 ROS 网络，在 PC 的 .bashrc 文件中加入下面内容：

```
export ROS_MASTER_URI=http://192.168.12.1:11311
export ROS_HOSTNAME=192.168.12.224
```

这两行命令中的 IP 地址需要根据实际情况修改。在 PC 连接 Wi-Fi 热点之后，先通过“ifconfig”命令查看机器人为 PC 分配的地址如 192.168.12.224，那么 ROS_HOSTNAME 中的 IP 地址需要设为 192.168.12.224。ROS_MASTER_URI 中的 IP 地址和端口号分别代表机器人导航板中 ROS Master 节点的 IP 地址和端口号，其中端口号默认为 11311，IP 地址则需要把前面得到的地址如 192.168.12.224 中的最后一位改为 1，即 192.168.12.1。

3）通过下面命令使用 SSH 将机器人和 PC 进行连接：

```
ssh mrobotit@192.168.12.1
```

如果没有安装 SSH，通过下面命令进行安装：

```
sudo apt-get install openssh-client
```

【注意】 PC 和机器人的 Raspberry Pi 都要通过相同的指令安装 SSH。

4）在 SSH 连接的终端中通过下面命令启动小车：

```
roslaunch mrobotit_start mrobotit_start.launch
```

5）在 PC 上新建一个终端并通过 SSH 命令再次连接机器人，按照 2.8.2 小节提到的方法启动键盘控制节点：

```
rosrun mrobotit_start teleopy.py
```

节点启动成功后，就可以根据提示按键进行控制机器人的移动。其按键与对应的功能如表 3-5 所示。

表 3-5 teleopy.py 脚本按键功能表

按　键	功　能	按　键	功　能
u	前行左转弯	q	提高行驶速度阈值
i	前行	z	降低行驶速度阈值
o	前行右转弯	w	提高直行速度（10%比例）
j	原地向左旋转	x	降低直行速度（10%比例）
k	停止	e	提高旋转速度（10%比例）
l	原地向右旋转	c	降低旋转速度（10%比例）
m	后退左转弯	空格键	停止
,	后退	Ctrl+C	退出脚本
。	后退右转弯	其他键	逐渐停止

本章小结

本章简要讲解了移动机器人开发平台，主要包括：

1）主流的移动机器人开发平台；

2）移动机器人底盘和控制板的详细配置与设计；

3）移动机器人导航板的选择方法；

4）移动机器人激光雷达的选择方法；

5）如何实际运行自己的移动机器人。

以上内容都是移动机器人硬件结构的基础，在初步了解了这些内容后，用户可以根据需求自行搭配机器人的组件。

第 4 章 环境感知

第 3 章介绍了当前市面上主流的移动机器人开发平台，并详细阐述了本书设计的移动机器人开发平台的内容，包括控制板的设计、导航板和部分传感器的选型等。移动机器人的核心功能为环境感知、建图与同步定位、路径规划与导航，本章将基于第 3 章所介绍的移动机器人开发平台，带领大家详细了解机器人所搭载的传感器，为后续机器人运动控制、建图与同步定位等内容的学习做好铺垫。

本章将讨论以下主题：

1）什么是环境感知

2）雷达传感器以及它们如何获取环境信息

3）惯性传感器以及它们提供的信息有何种含义

4）如何在 ROS 中使用上述传感器

5）其他可扩展传感器

4.1 感知的概念

感知是人类的基础能力之一，人类随时可以通过眼、耳、鼻、舌等器官来获取真实世界的环境信息，并通过大脑做出认知和决策。类似地，机器人通过各种各样的传感器来达到人类器官的作用，获取周围环境的信息，并通过检测分析算法（模拟大脑）对环境信息进行加工，转化为计算机可以理解的编码与信号，从而为自身的行为决策提供依据。从本质上说，这一流程与人类的决策过程是类似的。图 4-1 给出了这种过程的对应关系。

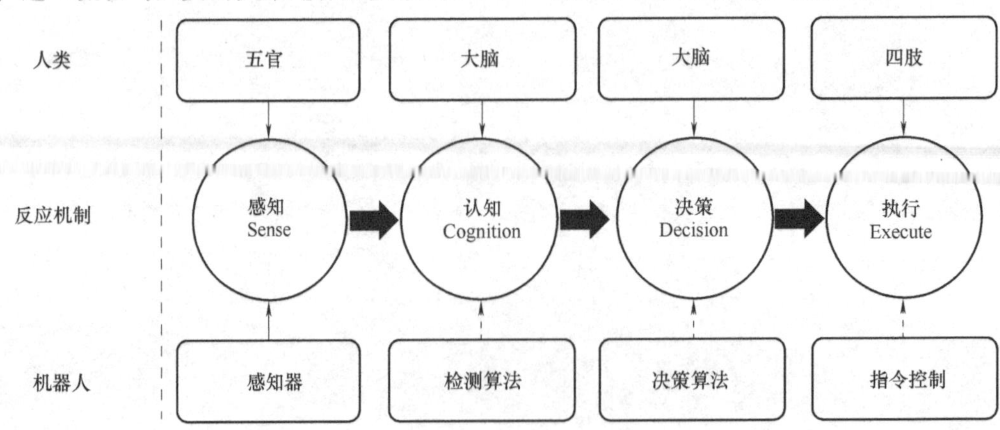

图 4-1 机器人与人类反应机制对应图

感知阶段主要由传感器负责，在这一阶段中，机器人从外界获取多种信息，这些信息可能是结构化的（如激光点云、姿态信息），也可能是非结构化的（如图像）。在认知与决策阶段，导航板上搭载的算法起到主要作用，这些算法基于传感器获得的多模态信息理解场景，并根据对环境与自身状态的判断做出行为决策。在执行阶段，导航板直接向控制板发送指令，控制板将复杂的指令解析为机器人四肢（即驱动设备）的信号，进而控制电动机转动来控制机器人完成预设的行为。综上所述，本章讲解的传感器处于机器人行为决策流程的第一步。

4.2　雷达传感器

雷达传感器在机器人系统中类似于人类的眼睛和耳朵，用于观测周围环境中的障碍物信息。各种雷达的具体用途和结构是不尽相同的，但基本组成一致，包括发射机、发射天线、接收机、接收天线等部件。下面逐一介绍各种雷达的用途及原理。

4.2.1　各种雷达及原理简介

1. 激光雷达传感器

激光雷达传感器（如图4-2为思岚A2雷达）是家用机器人和自动驾驶车辆上最常见的传感器之一。它能够发射脉冲激光，这种激光可以在物体表面上引起散射，一部分光线反射到激光雷达的接收器上，然后根据激光测距原理，传感器就可以计算出激光雷达与物体表面某点之间的距离。当脉冲激光不断扫描周围环境时，雷达就可以得到很多以点为单位的距离信息，然后在一个以激光雷达为原点的直角坐标系中绘制激光点，就可以得到一张精确的局部场景地图。

图4-2　思岚A2激光雷达示例

激光雷达精度高、稳定性强，但是，激光雷达是通过发射光束来探测环境信息的，如果光束在传播过程中受到环境影响，那么测得的距离信息就失去了准确性，因此激光雷达不可以在雨天、雪天、雾霾天、沙尘暴等恶劣天气下使用。

市面上的主流激光雷达主要用于环境探测和地图构建。根据测距原理，可以将它们分为两种：基于三角测距的激光雷达和基于飞行时间技术（Time-of-Flight，TOF）测距的激光雷达。

（1）基于三角测距的激光雷达原理

三角测距法是一种测量物体与传感器之间距离的常用方法。雷达以固定的角度向被测物体发射一束激光，激光在目标表面发生反射。雷达在另一位置利用透镜对反射激光进行成像，光斑成像在感光耦合组件（Charge-coupled Device，CCD）的位置传感器上，根据光斑成像的位置，雷达可以计算出距被测物体的距离。

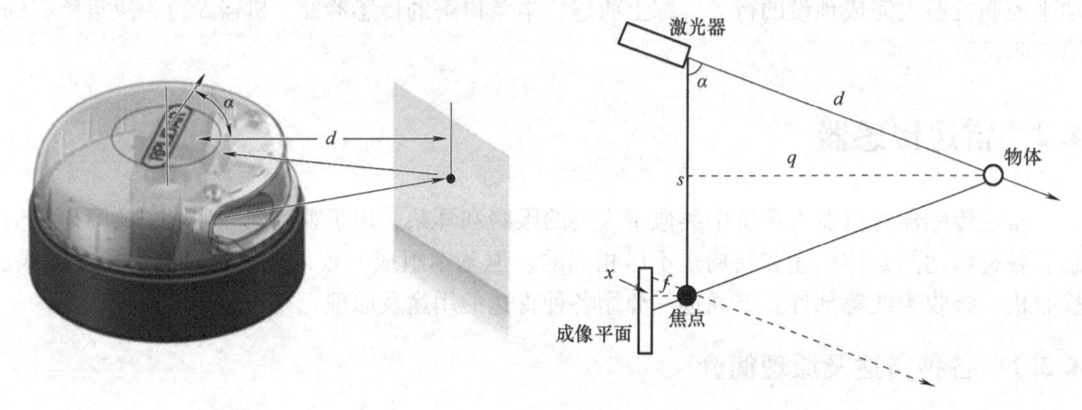

图 4-3　三角测距法原理图

如图 4-3 所示，激光器（Laser）以固定角度 α 射出一束激光，沿激光方向距离为 d 的物体（Object）反射该束激光。接收激光的设备是一个长条形的摄像机，被物体反射的激光经过摄像机的“小孔”在成像平面（Imager）上显示出来。其中，f 是焦距，q 是物体离平面的垂直距离，s 是激光器和焦点间的距离，过焦点平行于激光方向的虚线与 Imager 的交点位置是预先确定的（在确定角度 α 的同时），物体表面反射激光后，成像在 Imager 上的点的位置与该处的距离设为 x。由此，可以看出线段 q、s 组成的三角形和线段 x、f 组成的三角形互为相似三角形。根据相似三角形对应角相等、对应边成比例的原理，有如下等式：

$$\frac{f}{x}=\frac{q}{s}\rightarrow q=\frac{fs}{x}$$

$$\sin\alpha=\frac{q}{d}\rightarrow d=\frac{q}{\sin\alpha}$$

由上式可得 $d=\frac{fs}{x\sin\alpha}$。由于 f、s、α 都是已知常量，当在成像平面上测量出 x 后，即可计算出物体到传感器的距离 d。

（2）基于 TOF 测距的激光雷达原理

相比于三角测距法，TOF 测距激光雷达的原理更简单，它通过激光器发射一束激光，计时器会记录下发射的时间，当返回光被接收器接收时，计时器会记录返回时间，前后两时间相减，便可以得到激光在空气中飞行的时间。由于光速是恒定的，因此物体到传感器的距离很容易被计算出来。

具体来说，如图 4-4 所示，假设激光器发射激光的时间为 t_1，接收器接收到返回光的时间为 t_2，光速为 c，那么障碍物到雷达的距离 d 为

$$d=\frac{c(t_2-t_1)}{2}$$

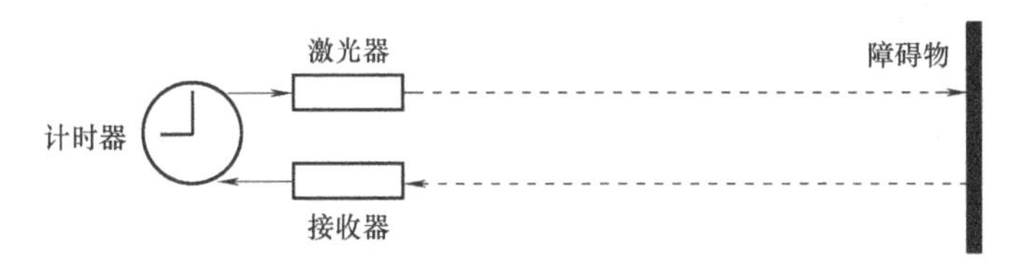

图 4-4 TOF 测距原理图

2. 毫米波雷达传感器

作为另一种广泛应用于自动驾驶汽车的传感器，毫米波雷达传感器也受到了工业界的广泛关注。毫米波是一种波长在 1~10mm 之间的电磁波，介于光波和厘米波之间，其频率位于 30~300GHz 之间。毫米波雷达（见图 4-5）是指工作频段在毫米波频段的雷达，测距原理与一般的雷达一样，即发射一定波长的电磁波，经过物体的反射，接收返回的电磁波，然后根据收发之间的时间差，测量出雷达与目标物体之间的距离。由于毫米波的波长较短，且频率极高，所以毫米波雷达具有以下优点：

1）与红外线、激光等电磁波相比，毫米波可以穿透雾、烟、灰尘，传输距离远。因此，毫米波雷达具有全天候全天时的特点，在雨天、雪天等天气下，毫米波雷达是非常不错的选择。

2）由于天线和其他元器件尺寸与雷达所采用的电磁波频率相关，归功于高频率的毫米波，毫米波雷达的天线和元器件可以被设计得非常小。

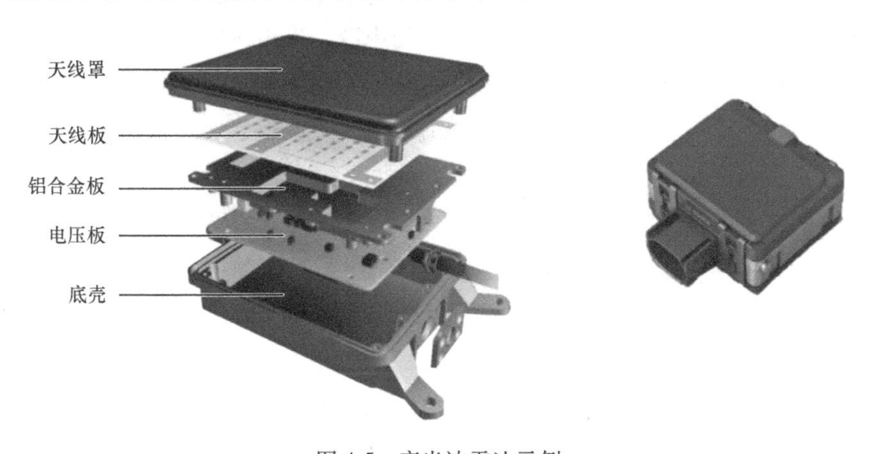

图 4-5 毫米波雷达示例

除了以上优点外，毫米波雷达在测量雷达与目标之间的距离、速度和角度上展现的性能相对其他传感器更为优。例如，激光雷达发射频率低，对速度改变不敏感，而毫米波雷达则对速度变化非常敏感，因此可以用来获得目标的速度。在测速技术上，毫米波雷达可以基于多普勒原理进行速度测量。多普勒原理是指当发射的电磁波和被探测目标有相对移动时，回波的频率会与发射波的频率不同。通过检测此频率差，计算机可以测得目标相对于雷达的移动速度，该相对速度正比于频率变化量。在测距技术上，毫米波雷达通常使用线性调频连续波（Frequency Modulated Continuous Wave，FMCW）去探测前方物体的距离。此外，毫米波雷达还可以用于测量方位角，它通过并列的接收天线接收同一目标物体反射的雷达波，通过分析收到的两个雷达波之间的相位差，来计算得到目标的方位角。综上所述，毫米波的高频特性可以让毫米波雷达做到快速测速和测距，但高度密集的数据采集频率也要求计算终端具有较强的计算能力，从而能够及时对数据进行处理。

毫米波雷达在高级驾驶辅助系统（Advanced Driving Assistance System，ADAS）中很难被取代，虽然该传感器有一些缺点，但却是唯一一款全天候工作的传感器。与激光雷达相比，毫米波雷达测速精度更高，电磁波的物理穿透力更好。在机器人的应用场景中，也可以利用毫米波雷达来探测障碍物，但是成本相对较高，一般采用成本更低的超声波雷达来代替。但是，对于一些特殊应用场景的机器人而言，由于需要在复杂环境下进行全天候全天时作业，此时毫米波雷达则是必备的。

【附】 多普勒效应简介

所谓的多普勒效应就是，当声音、光和无线电波等振动源与观测者进行相对运动时，观测者所接收到的振动频率与振动源所发出的频率有所不同。当发射的电磁波和被测物体有相对移动时，则回波的频率会和发射波的频率不同。当目标物体向雷达靠近时，则反射信号频率将高于发射机频率；反之，当目标物体远离雷达时，则反射信号频率将低于发射机频率。多普勒效应形成的频率变化叫作多普勒频移，它与相对速度成正比，与振动频率成反比。

3. 超声波雷达

最后介绍一种价格较为低廉的传感器——超声波传感器（又称超声波雷达）。超声波雷达（见图 4-6）利用超声波发生器产生 40kHz 的超声波，再由接收组件接收经物体表面反射回来的超声波，根据超声波的发出与接收时间差，计算传感器与物体之间的距离。

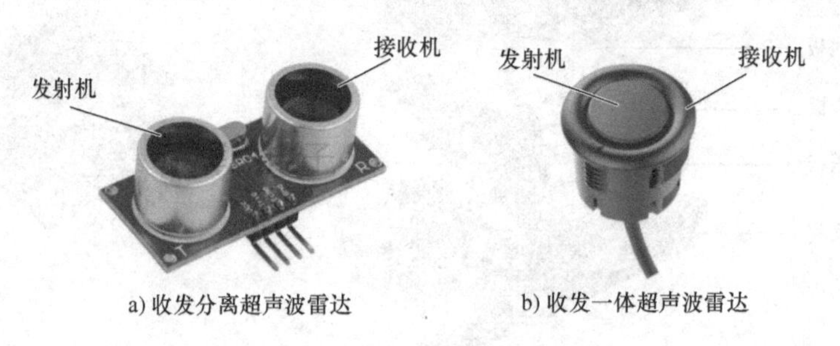

a) 收发分离超声波雷达　　b) 收发一体超声波雷达

图 4-6　超声波雷达示例

超声波雷达的优势是超声波在介质中传播的距离比较远、穿透性强、测距方法简单、能耗低、成本低。超声波雷达的劣势是在速度很高的情况下在测距方面有一定的局限性，这是因为超声波的传输速度很容易受天气情况的影响，在不同的天气情况下，超声波的传输速度是不同的，而且传播速度较慢。另一方面，超声波散射角大、方向性差，在测量较远距离的目标时，其回波信号会比较弱、测量精度差。

超声波雷达在生活中有一个很普遍的应用——倒车雷达。顾名思义，它通常用作汽车驻车或者倒车时的安全辅助装置，能够以声音或更为直观的图像告知驾驶员周围障碍物的情况，帮助驾驶员扫除视野死角和克服视线模糊的缺陷。

4.2.2 激光雷达使用案例

mRobotit 机器人利用激光雷达作为传感器，所以本章着重介绍激光雷达的使用方法。一般情况下，在使用激光雷达时，用户只需要在计算机上安装相应雷达的驱动即可，但是想在ROS节点中获取激光雷达的数据并非那么简单。下面以思岚A2激光雷达的数据读取为例，介绍如何在ROS中读取激光雷达的数据。

1）将雷达功能包下载到ROS工作空间中：

```
cd mrobot_ws/src
git clone https://github.com/Slamtec/rplidar_ros
```

该功能包包括了思岚A1雷达、思岚A2雷达、思岚A3雷达、思岚S1雷达的驱动程序，也可查看Git网址https://github.com/mrobotit/rplidar_ros.git。

2）将思岚A2雷达通过USB转换器插到计算机上。

3）查看雷达在计算机上的接口名称：

```
ls /dev/
```

【注意】 在启动文件中默认雷达挂载到计算机/dev/ttyUSB0上，一般情况下是没有问题的。但是，如果计算机连接的外设较多，雷达也会挂载到其他接口名上。官方给了一个万能的解决方法，就是对接口设备名称进行固定映射，当计算机确定有设备挂载时，先确定好设备的硬件ID，根据硬件ID给挂载这个设备的接口名称换上固定的接口名称。如此一来，只要硬件ID固定，无论何时挂载设备，接口名称都不会发生改变。

此处，预先将脚本文件写好，其中包含了.rules文件的内容，只需要执行下面的指令即可完成：

```
cd ~/mrobot_ws/src/rplidar_ros/scripts
./create_udev_rules.sh
```

完成上面的操作之后，需要重新插拔雷达才会生效，并且要将代码中的/dev/ttyUSB0修改为固定映射后的名称rplidar。

这样的操作也可用于其他传感器。如果想把其他的设备也映射为自定义的名称，可以按照以下步骤进行操作（以激光雷达为例）：

① 在未插入激光雷达和插入激光雷达时，分别通过lsusb命令查看所连接的USB设备，如图4-7所示。

```
bupt@bupt:~$ lsusb
Bus 001 Device 002: ID 8087:8000 Intel Corp.
Bus 001 Device 001: ID 1d6b:0002 Linux Foundation 2.0 root hub
Bus 003 Device 001: ID 1d6b:0003 Linux Foundation 3.0 root hub
Bus 002 Device 010: ID 0cf3:3004 Atheros Communications, Inc. AR3012 Bluetooth 4.0
Bus 002 Device 003: ID 13d3:5727 IMC Networks
Bus 002 Device 006: ID 1038:1810 SteelSeries ApS
Bus 002 Device 001: ID 1d6b:0002 Linux Foundation 2.0 root hub
bupt@bupt:~$ lsusb
Bus 001 Device 002: ID 8087:8000 Intel Corp.
Bus 001 Device 001: ID 1d6b:0002 Linux Foundation 2.0 root hub
Bus 003 Device 001: ID 1d6b:0003 Linux Foundation 3.0 root hub
Bus 002 Device 010: ID 0cf3:3004 Atheros Communications, Inc. AR3012 Bluetooth 4.0
Bus 002 Device 003: ID 13d3:5727 IMC Networks
Bus 002 Device 012: ID 1b3f:8301 Generalplus Technology Inc.    新多出来的USB设备
Bus 002 Device 006: ID 1038:1810 SteelSeries ApS
Bus 002 Device 001: ID 1d6b:0002 Linux Foundation 2.0 root hub
```

图4-7　查看USB设备

从图 4-7 中可以看出此激光雷达的硬件 ID 为“1b3f：8301”。

② 在 Ubuntu 系统中创建 . rules 文件：

```
cd /etc/udev/rules.d
sudo touch laser.rules
sudo vim laser.rules
```

将以下内容输入到 laser. rules 文件中：

```
KERNEL=="ttyUSB*",ATTRS{idVendor}=="1b3f",ATTRS{idProduct}==
"8301",MODE:="0777",GROUP:="dialout",SYMLINK+="laser"
```

其中，KERNEL 是激光雷达的 USB 端口名，ATTRS{idVendor}是硬件 ID 的前四位数，ATTRS{idProduct}是硬件 ID 的后四位数，MODE 表示可读写权限，SYMLINK 是映射名称。

③ 通过下面命令重新加载 udev：

```
sudo service udev reload
sudo service udev restart
```


操作结束之后，用户通过 ls/dev 命令可发现名称为 laser 的设备已经被创建。

4）为接口赋予数据读写权限，默认没有进行设备名称固定映射，以端口名为 ttyUSB0 为例（如果进行了设备名称映射，可跳过本步骤）：

```
sudo chmod +x /dev/ttyUSB0
sudo chmod 777 /dev/ttyUSB0
```

5）使用以下命令启动激光雷达：

```
cd ~/mrobot_ws
source devel/setup.bash
roslaunch rplidar_ros view_rplidar.launch
```

6）运行成功之后的效果如图 4-8 所示，图中的激光点就是激光雷达扫到的周围障碍物的位置。

7）此外，也可直接将雷达启动节点放到机器人的启动文件 mrobotit_start. launch 中，这样就可在机器人启动的同时启动雷达了。雷达启动节点代码如下：

```
<node name="rplidarNode" pkg="rplidar_ros" type="rplidarNode"
output="screen">
<param name="serial_port"type="string"value="/dev/ttyUSB0"/>
<param name="serial_baudrate"type="int"value="115200"/><!--A1/A2-->
<!--param name="serial_baudrate" type="int" value="256000"/>-->
<!--A3-->
<param name="frame_id"type="string"value="laser"/>
<param name="inverted"type="bool"value="false"/>
<param name="angle_compensate"type="bool"value="true"/>
</node>
```

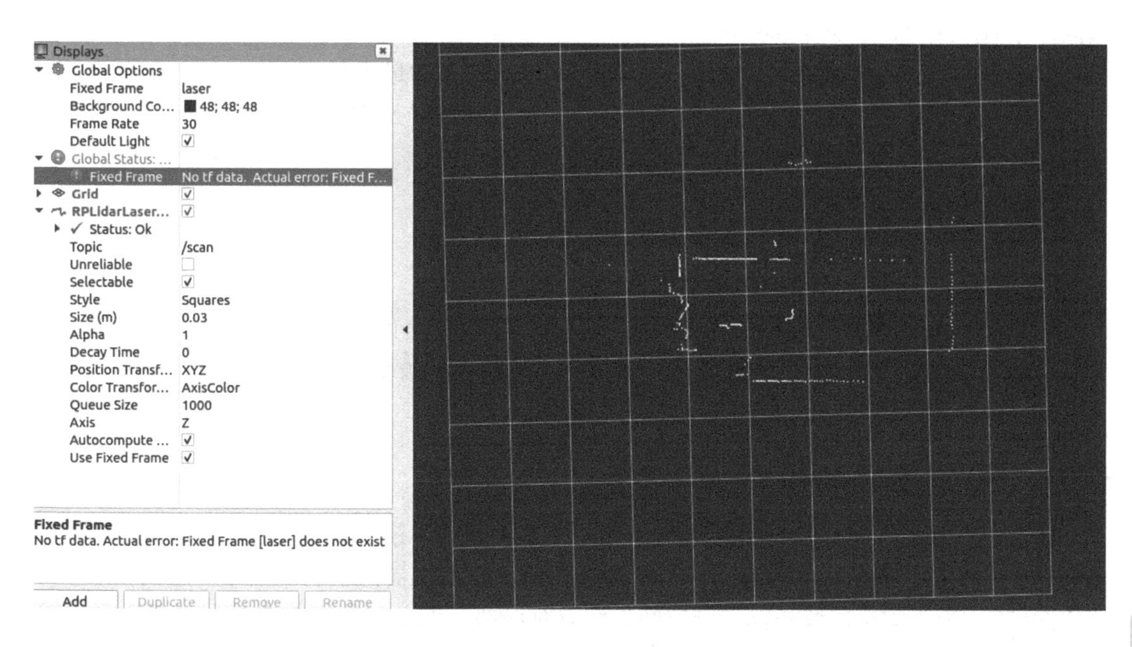

图 4-8　激光雷达运行效果图

【注意】 需要根据实际情况修改 serial_port 的值，比如进行硬件名称映射之后，value 的值就可改为 laser。

8）若将 RViz 中的雷达数据放大观察，会发现雷达数据是由很多个点组成的。下面介绍这种由点组成的雷达数据是如何构成的。

启动一个新终端，输入命令：

```
rosmsg show sensor_msgs/LaserScan
```

终端显示内容如下：

```
std_msgs/Header? header
uint32 seq
time stamp
frame_id
float32 angle_min
float32 angle_max
float32 angle_increment
float32 time_increment
float32 scan_time
float32 range_min
float32 range_max
float32[]ranges
float32[]intensities
```

/scan 话题的每一帧雷达数据都是以上面的数据格式进行传输的，其中变量的含义如下：

Header：头部结构体，其包含该帧数据的序号 seq、激光雷达发出该帧数据的时间戳

stamp、该帧数据的 ID 即 frame_id；

angle_min：以机器人为中心的极坐标系中，雷达扫描的最小角度；

angle_max：以机器人为中心的极坐标系中，雷达扫描的最大角度；

angle_increment：每两个激光束之间的角度间隔；

time_increment：每束激光发射的时间间隔；

scan_time：每一帧雷达数据的时间间隔；

range_min：测距有效范围的最小值；

range_max：测距有效范围的最大值；

ranges：距离数组，保存了具体每一个激光点从物体到传感器的距离；

intensities：强度数据，该数组与设备相关。

4.2.3 激光雷达的主要用途

凭借着良好的指向性及大范围视野，激光雷达已经成为移动机器人的核心传感器，同时也是目前最稳定、最可靠的用于定位的传感器。对于移动机器人来说，激光雷达就相当于它的“眼睛”。激光雷达连续扫描二维空间，获取对局部二维空间的点阵表达，可帮助移动机器人实现自主定位、地图构建，而这些正是机器人智能化和路径规划等算法的基础。以扫地机器人为例，激光雷达可以让扫地机器人实时绘制房间内的地图，并在房间中实现智能清扫。

除了移动机器人，激光雷达在无人驾驶领域也起着非常重要的作用。无人驾驶主要采用多线激光雷达，对车辆所处环境的三维信息进行感知，最终实现自动规划行车路线并控制车辆到达预定目标的目的。

当然，激光雷达除了可以测距之外，还能够通过物体表面或类似显影介质实现多点交互功能，如可在墙面、地面、桌面、非规则类平面物体上成像，来实现接触式触摸，甚至可以在非平面或水平面上进行非接触互动操作。

至此，已基本介绍完雷达传感器。在第 6 章中，读者将会大量使用到激光雷达传感器。在学习第 6 章时，大家可以参考本节的知识，对激光雷达进行操作。

4.3 惯性传感器——IMU

4.3.1 IMU 简介

惯性测量单元（Inertial Measurement Unit，IMU）是测量物体三轴姿态角（或角速度）以及加速度的装置，用于获取机器人自身状态信息，如图 4-9 所示。通常，一个 IMU 内包含了一个三轴加速度计和一个三轴陀螺仪，加速度计测量机器人在如图 4-9 的坐标系中每个轴所指方向的加速度信号，陀螺仪测量这三轴的角速度信号，它们提供了机器人在三维空间中平移的加速度和旋转的角速度。

值得一提的是，IMU 提供的是一个相对的定位信息，即通过角速度与加速度的积分运算，测量机器人相对于起点的运动线路，一般称为机器人的姿态估计，因此它并不能提供机器人所在的具体位置信息。由于积分运算存在误差，利用惯性传感器进行姿态估计，误差会随着运行时间的增长而增大。不过，由于 IMU 以非常高的频率输出信息，因此在短时间内

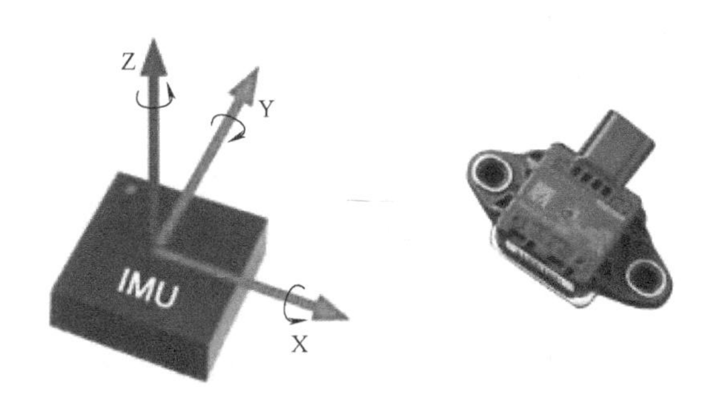

图 4-9 惯性测量单元（IMU）

可以提供稳定的实时位置更新。在大多需要进行运动控制的设备上，如汽车和机器人等，IMU 有着重要的应用价值。

4.3.2 IMU 的工作原理

常用的 IMU 内置了陀螺仪和加速度计，下面分别讲解这两个器件。

1. 陀螺仪传感器

陀螺仪传感器模型如图 4-10 所示。其原理是：一个旋转物体的旋转轴所指的方向在不受外力的影响时，是不会改变的。人们根据这个道理，用它来保持方向，然后用多种方法读取旋转轴所指示的方向，并自动将数据信号传给控制系统。我们骑自行车也是利用了这个原理，轮子转得越快，自行车越容易保持平衡，因为车轴有一股保持水平的力。现代陀螺仪可以精确地确定运动物体的方位，是在航海、航空航天和国防工业中广泛使用的一种惯性导航仪器。

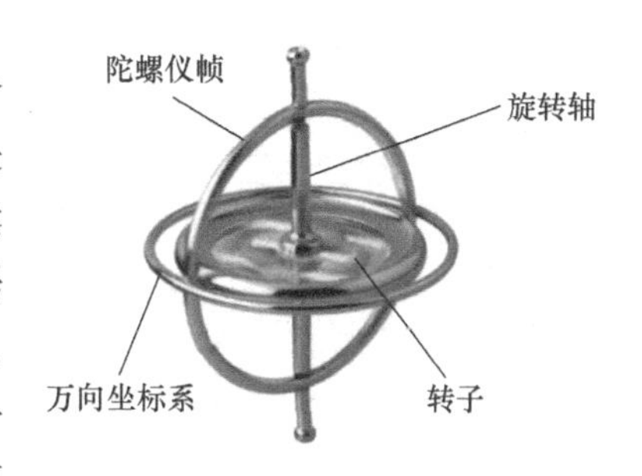

图 4-10 陀螺仪传感器模型

2. 加速度传感器

加速度传感器是一种能够测量加速度的传感器，通常由质量块、阻尼器、弹性元件、敏感元件和适调电路等部分组成。在设备加速移动的过程中，加速度传感器通过对质量块所受惯性的测量，利用牛顿第二定律计算出设备的加速度以及方向。此外，根据敏感元件的不同，常见的加速度传感器包括电容式、电感式、应变式、压阻式、压电式等。

最后介绍一个经典的 IMU——InvenSense MPU-6050。MPU-6050 内置了 3 轴 Micro-Electro-Mechanical System（MEMS）陀螺仪和 3 轴 MEMS 加速度计。此外，它还配备了一个可扩展的数字运动处理器（Digital Motion Processor，DMP），并可用 I2C 串行传输总线接口连接另一个第三方的数字传感器，比如磁力计。扩展之后，加上磁力计的 3 轴数据，MPU-6050 可以通过其 I2C 接口输出一个 9 轴的信号。MPU-6050 也可以通过其 I2C 接口连接非惯性的数字传感器，比如压力传感器。

4.3.3 IMU 使用案例

1. 通过 mRobotit 机器人获取 IMU 数据

因为 IMU 对自身的晃动会非常敏感，所以一般情况下 IMU 都固定在移动机器人的机身上。mRobotit 机器人是在底层控制板上集成了 MPU-6050。接下来的实验以 mRobotit 机器人为例来读取 IMU 的数据，该部分源代码位于 https://gitee.com/mrobotit/mrobot_book/tree/master/ch4。

具体操作步骤如下：

1）通过下面命令使用 SSH 将机器人和 PC 连接：

```
ssh mrobotit@192.168.12.1
```

2）在 SSH 连接的终端中通过下面命令启动 mRobotit：

```
roslaunch mrobotit_start mrobotit_start.launch
```

3）保持此终端运行，重新打开一个终端，输入命令"rostopic echo/imu_data"，即可查看 IMU 传感器的数据，如图 4-11 所示。

```
orientation:
  x: 0.0
  y: 0.0
  z: -0.316734224558
  w: 0.720645070076
orientation_covariance: [1000000.0, 0.0, 0.0, 0.0, 1000000.0, 0.0, 0.0, 0.0, 1e-06]
angular_velocity:
  x: 0.0
  y: 0.0
  z: 0.00273980200291
angular_velocity_covariance: [1000000.0, 0.0, 0.0, 0.0, 1000000.0, 0.0, 0.0, 0.0, 1e-06]
linear_acceleration:
  x: 0.0
  y: 0.0
  z: 0.0
linear_acceleration_covariance: [0.0, 0.0, 0.0, 0.0, 0.0, 0.0, 0.0, 0.0, 0.0]
```

图 4-11　水平放置时 IMU 读数

接下来分析一下观测得到的数据（这些数据是通过程序解析之后得到的，并不是 IMU 的原始数据）：

orientation 是使用四元数来表示当前 IMU（即 mRobotit 机器人）的位姿，该值是通过积分估算得到的；angular_velocity 是当前 IMU 的旋转角速度；linear_acceleration 是当前 IMU 的直线加速度。

【注意】 即使机器人在不移动且不产生晃动的情况下，IMU 也会产生零偏现象，即旋转角速度和直线加速度的数值不为 0，同时这些数值也会随着外界环境因素（如温度）的变化而产生变化，这些误差会导致机器人在进行里程计计算的时候产生累积误差。

2. 通过 USB 直连方式获取 IMU 数据

下面给出 USB 直连方式获取 IMU 数据的过程，对应的详细代码参考本小节网址。

1）在 ROS 工作空间的 src 文件夹下创建 read_imu 功能包：

```
cd mrobot_ws/src
catkin_create_pkg read_imu roscpp
```

2）在功能包的 include 文件夹中创建 read_imu.h 文件。

3）在功能包的 src 文件夹中创建 read_imu.cpp 和 serial_data.cpp 文件。

4）在功能包中创建 launch 文件夹，并在 launch 文件夹中创建 read_imu. launch 文件。

5）在功能包中创建 cfg 文件夹，在 cfg 文件夹中创建 param. yaml 配置文件，并写入以下内容：

```
imu_dev: /dev/ttyUSB0
baud_rate: 9600
data_bits: 8
parity: N
stop_bits: 1
pub_data_topic: imu_data
pub_temp_topic: imu_temp
yaw_topic: yaw_data
link_name: base_imu_link
pub_hz: 10
```

配置文件中第二行的 baud_rate 意思是传输波特率，用户可根据传输要求和设备性能自行设置。

6）配置 package. xml 文件，在 package. xml 文件中加入以下内容：

```
<build_depend>std_msgs</build_depend>
<exec_depend>std_msgs</exec_depend>
<build_depend>sensor_msgs</build_depend>
<exec_depend>sensor_msgs</exec_depend>
```

7）配置 CMakeLists. txt 文件。

8）使用以下命令退回到 ROS 工作空间进行编译：

```
cd mrobot_ws
catkin_make
```

9）编译完成后，通过下面命令运行程序：

```
source devel/setup. bash
roscore
#启动一个新终端
roslaunch read_imu read_imu. launch
```

在运行 launch 文件的时候同样可能会出现权限错误。这是因为计算机没有权限访问 IMU，需要通过以下命令解决：

① 查看 IMU 端口名称：

```
ls /dev/
```

② 以端口名为 ttyUSB0 为例赋予权限：

```
sudo chmod 666 /dev/ttyUSB0
```

如果显示如图 4-12 所示，表示运行成功。

```
SUMMARY
========

PARAMETERS
 * /rosdistro: kinetic
 * /rosversion: 1.12.14
 * /serial_imu_node/baud_rate: 9600
 * /serial_imu_node/data_bits: 8
 * /serial_imu_node/imu_dev: /dev/ttyUSB0
 * /serial_imu_node/link_name: base_imu_link
 * /serial_imu_node/parity: N
 * /serial_imu_node/pub_data_topic: imu_data
 * /serial_imu_node/pub_hz: 10
 * /serial_imu_node/pub_temp_topic: imu_temp
 * /serial_imu_node/stop_bits: 1
 * /serial_imu_node/yaw_topic: yaw_data

NODES
  /
    serial_imu_node (serial_imu_hat_6dof/serial_imu_node)

auto-starting new master
process[master]: started with pid [19700]
ROS_MASTER_URI=http://localhost:11311

setting /run_id to 82e9b838-c005-11ea-8147-001c42fba2e2
process[rosout-1]: started with pid [19713]
started core service [/rosout]
process[serial_imu_node-2]: started with pid [19724]
[ INFO] [1594094049.945734437]: IMU module is working...
```


图 4-12　运行成功示意图

10）保持此终端运行，重新打开一个终端，输入命令“rostopic echo /imu_data”，即可查看 IMU 传感器的数据。

4.4　其他传感器

激光雷达和 IMU 作为移动机器人中至关重要的传感器，可以帮助机器人实现对周围环境的感知以及对自身状态的反馈。除此之外，移动机器人上还可以连接许多其他传感器来辅助自己的工作，如视觉传感器、防跌落传感器、防碰撞传感器等。

4.4.1　视觉传感器

不同于雷达传感器，视觉传感器有着类似于人眼的结构。它是整个机器人视觉系统中视觉信息的直接来源，通常由一个或两个图像传感器组成，有时还需要配以光投射器及其他辅助设备。视觉传感器的主要功能是获取足够的机器人视觉系统要处理的最原始的图像。

视觉传感器主要是指摄像机。摄像机是移动机器人的“眼睛”，根据原理的不同，主要将其进行如图 4-13 所示的分类。

下面对几种常见摄像机进行简单介绍。

1. 单目摄像机

单目摄像机（见图 4-14）的成本低廉，结构简单。通常来说，单目摄像机基于小孔成像的结构可以生成二维的灰度或彩色图像。但是由于缺少物体到传感器的距离信息，因此单目摄像机获得的灰度或彩色图像属于非结构化信息，很难被计算机直接利用。如果机器人需要通过图像得到场景信息，则需要利用算法从图像中提取到机器人可以理解的结构化信息，如边缘、轮廓、区域、物体、深度等。

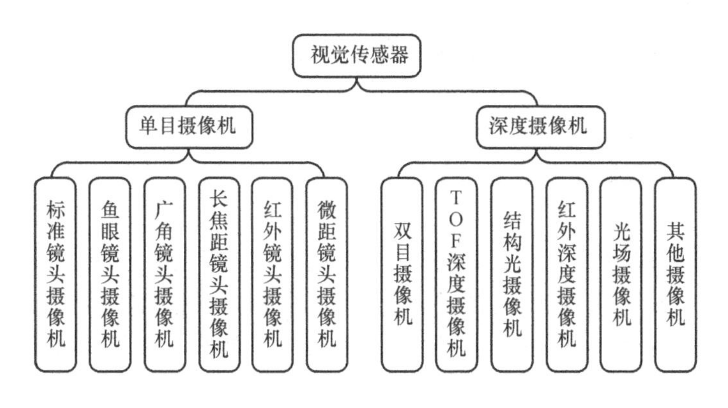

图 4-13　摄像机分类

图 4-14　普通单目摄像机

2. 单目结构光深度摄像机（以 Kinect 一代为例）

Kinect 一代（见图 4-15）由 RGB 摄像机、结构光投射器和结构光深度感应器组成。首先，它投影一个预先设计好的图案作为参考图像，将结构光投射至物体表面；然后，结构光深度感应器会接收该物体表面反射的图案。这样一来，传感器同时获得了两幅图像，一幅是预先设计的参考图像，另一幅是摄像机获取的物体表面反射的图案。由于接收到的图案会因物体的立体形状而发生变形，因此可以通过该反射图案的位置和形变程度来计算物体表面的距离信息。

图 4-15　Kinect 一代

3. 双目深度摄像机

不同于以上两种视觉传感器，双目深度摄像机（见图 4-16）更接近于人类通过双目进行测距。人眼能够感知物体的远近，是由于同一个物体在两只眼睛上的成像存在差异，物体距离越远，差异越小，反之差异越大。双目深度摄像机通过计算左右两个摄像机图像的视差，直接对前方景物进行距离测量。

图 4-16　左图为普通双目摄像机，右图为双目结构光摄像机

总的来说，双目深度摄像机有以下优点：

1）虽然双目摄像机成本比单目摄像机要高，但是比激光雷达的成本低；

2）从原理上说，双目摄像机无需先进行物体的识别，再进行测距；

3）相比于单目摄像机，它可以提供有效的深度信息；

4）无需维护人工智能所需的样本数据库。

4. TOF 深度摄像机

TOF 深度摄像机的原理类似于 TOF 激光雷达，即通过飞行时间法进行三维成像。TOF 深度摄像机给目标连续发送脉冲光，然后用传感器接收从物体返回的光，通过探测光脉冲的飞行时间来得到目标物体的距离。采用 TOF 技术的深度摄像机中最典型的是 Kinect 二代（见图 4-17）。

图 4-17　Kinect 二代

视觉传感器在项目开发中应用广泛，为了让读者更直观地了解如何使用视觉传感器，接下来以单目摄像机为例，对视觉传感器的使用方法按步骤进行讲解。此部分所有代码均可从本书配套的代码库下载，具体链接为 https://gitee.com/mrobotit/mrobot_book/tree/master/ch4/read_camera。

1）在 ROS 工作空间的 src 文件夹下创建 read_camera 功能包：

```
cd mrobot_ws/src
catkin_create_pkg read_camera roscpp
```

2）在功能包的 include 文件夹中创建 read_camera.h 文件。（如代码库中的 read_camera.h，由于头文件中代码量过多，因此本节不予讲述。）

3）在功能包的 src 文件夹中创建 read_camera.cpp 文件。（如代码库中的 read_camera.cpp，由于源文件中代码量过多，因此本节不予讲述。）

4）在功能包中创建 launch 文件夹，并在 launch 文件夹中创建 read_camera.launch 文件。

5）在功能包中创建 cfg 文件夹，在 cfg 文件夹中创建 param.yaml 配置文件，并写入以下内容：

```
image_dev: /dev/video0
save_path: /home/read_camera/picture
save: false
visualization: true
```

在这段配置代码中，第一行表示摄像机在本地计算机的设备地址，具体可通过 ls/dev 命令来查看自己的设备地址。若本地计算机连接了多个摄像机，在 dev 文件夹下可以存在多个 video 设备，各有不同的尾号，用户可以选择尾号最大的设备地址。第二行表示照片保存地址。第三行表示是否保存照片。第四行表示是否显示图像。

6）配置 package. xml 文件，在 package. xml 文件中加入以下内容：

```
<build_depend>std_msgs</build_depend>
<exec_depend>std_msgs</exec_depend>
<build_depend>sensor_msgs</build_depend>
<exec_depend>sensor_msgs</exec_depend>
```

7）配置 CMakeLists. txt 文件，打开 C++11 标准：

```
add_compile_options(-std=c++11)
```

读取摄像机数据的库使用了 OpenCV 开源视觉库，尽管已经安装了 OpenCV，但是在编译时，计算机仍然可能提示找不到某些 OpenCv 库文件或头文件。解决方法是在 CMakeLists. txt 文件中配置 OpenCV，配置方法如下：

```
set(OpenCV_DIR/usr/share/OpenCV)
find_package(catkin REQUIRED COMPONENTS
  OpenCV
  roscpp
  rospy
  cv_bridge
  image_transport
  sensor_msgs
  std_msgs
)
include_directories(
# include
  ${PROJECT_SOURCE_DIR}/include
  ${catkin_INCLUDE_DIRS}
  ${OpenCV_INCLUDE_DIRS}
)
target_link_libraries(read_camera
  ${catkin_LIBRARIES}
  ${OpenCV_LIBRARIES}
)
```

其他的配置跟之前是一样的，不做过多阐述，具体见代码文件。

如果没有安装 OpenCV，则 OpenCV 安装步骤如下：

① 进入 OpenCV 官网 https://opencv. org/releases/，下载想要安装的 OpenCV 版本的源代码，如图 4-18 所示。

② 下载完成后，通过以下命令安装 CMake 和依赖库（若已经安装了 CMake，可省略其安装步骤）：

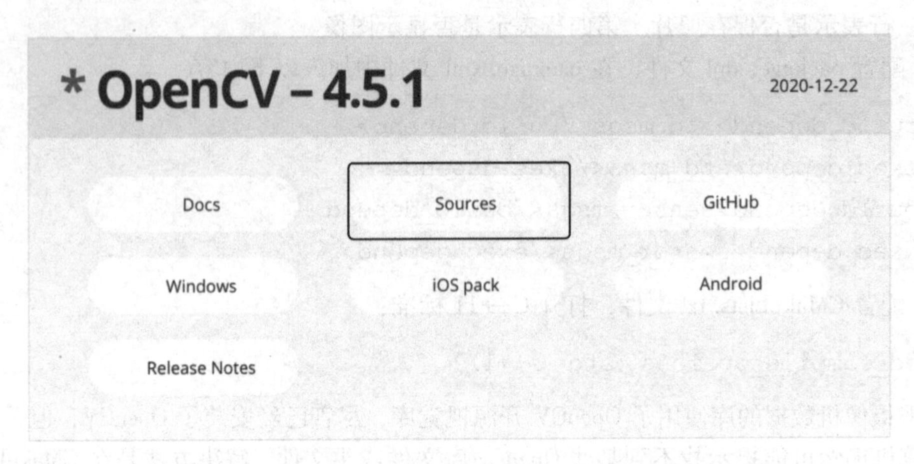

图 4-18　OpenCV 源代码官网下载位置

```
sudo apt-get install cmake #如果已经安装过 cmake,则该步骤省略
sudo apt-get install build-essential libgtk2.0-dev libavcodec-dev libavformat-dev libjpeg-dev libswscale-dev libtiff5-dev:i386 libtiff5-dev
```

③ 在 OpenCV 目录下创建编译文件夹，并进入其中进行编译：

```
cd ~/OpenCV #下载的文件夹路径
mkdir build
cd build
cmake -D CMAKE_BUILD_TYPE=Release -D CMAKE_INSTALL_PREFIX=/usr/local/opencv4..
```

④ 进行 make 编译和安装，该过程比较漫长，需耐心等待：

```
sudo make
sudo make install
```

8）使用以下命令退回到 ROS 工作空间进行编译：

```
cd ~/mrobot_ws
catkin_make
```

9）编译完成后，使用下面命令运行程序：

```
source devel/setup.bash
roscore
#启动一个新终端
roslaunch read_camera read_camera.launch
```

运行 launch 文件可能会出现权限错误。这是由于计算机没有权限访问摄像机，只需要通过以下命令即可解决：

① 查看摄像机端口名称：

```
ls /dev/
```

② 以端口名为 ttyUSB0 为例，给摄像机赋予权限：

```
sudo chmod  +x  /dev/ttyUSB0
sudo chmod 777  /dev/ttyUSB0
```

10）保持此终端运行，重新打开一个终端，输入 rviz，运行 RViz。接下来，按照图 4-19 所示的顺序添加图像可视化窗口。

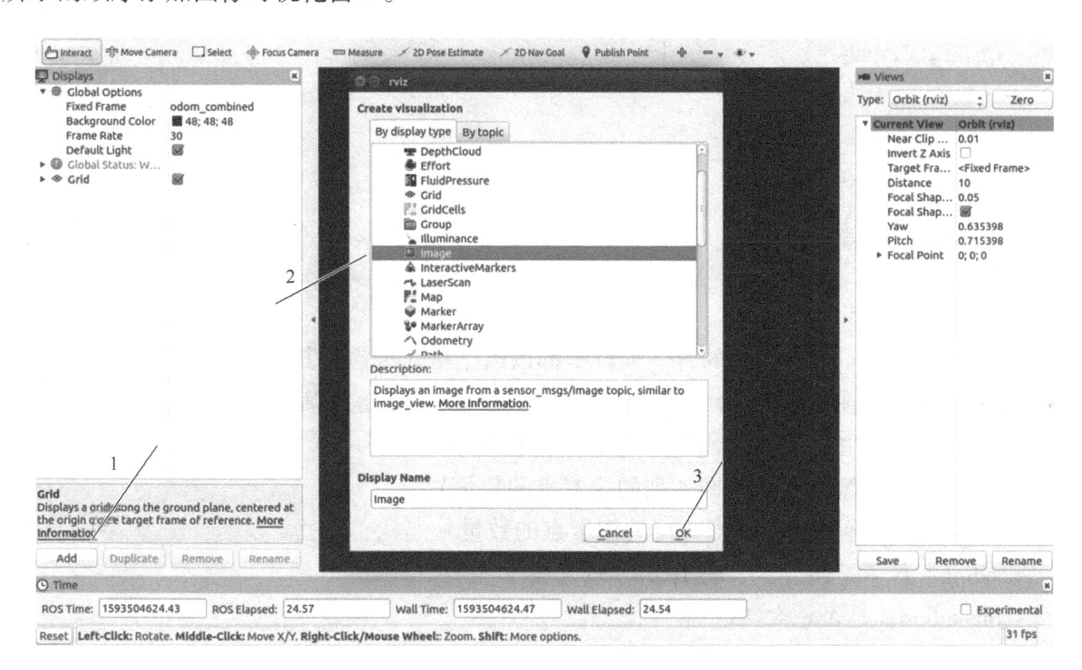

图 4-19　RViz 添加 Image 示意图

然后，修改图像话题为/sensor_msgs/image，在 RViz 左下角会显示摄像机的图像（见图 4-20）。

图 4-20　Image 运行效果图

11）下面看一下图像信息在 ROS 中是以何种形式进行传递的，保持此终端运行，启动一个新终端输入命令：

```
rosmsg show sensor_msgs/Image
```

终端显示以下内容：

```
std_msgs/Header header
uint32 seq
time stamp
string frame_id
uint32 height
uint32 width
string encoding
uint8 is_bigendian
uint32 step
uint8[]data
```


/sensor_msgs/image 话题中的每一帧数据都以以上格式传输，其中变量的含义如下：

Header：头部结构体，包含 seq、stamp、frame_id。seq 是该帧数据的序号，stamp 是传感器发出该帧数据的时间戳，frame_id 是该帧数据的 ID。

height：图像的像素高度（即一列的像素点的数量）。

width：图像的像素宽度（即一行的像素点的数量）。

encoding：像素编码方式，有 RGB、YUV 等。

is_bigendian：是否是大端数据。

step：图像一行的字节长度

data：实际的图像数据。

4.4.2 防跌落传感器

为了防止移动机器人遇到台阶的时候发生跌落，一般情况下，工程师会在移动机器人底盘的边缘安装防跌落传感器，如图 4-21 所示。防跌落传感器由超声波传感器组成，利用超

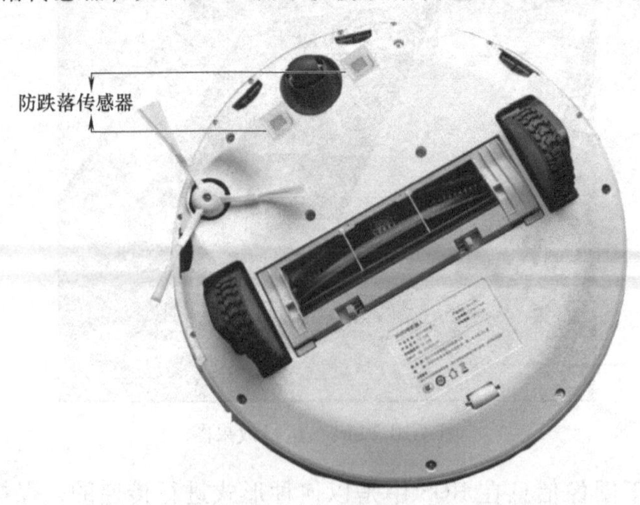

图 4-21　扫地机器人防跌落传感器安装位置

声波进行测距。当移动机器人行进至台阶的边缘时，防跌落传感器就会利用超声波测出移动机器人与下一个台阶之间的距离，当发现测得的距离超过限定值时，就会向控制器发送出信号，控制器就会控制移动机器人进行转向，改变移动机器人的前进方向，从而实现防跌落的目的。

4.4.3　防碰撞传感器

由于移动机器人所处环境复杂多变，难免会撞上障碍物。为了解决这一问题，在进行移动机器人设计时，工程师会安装多个光电开关传感器来感应移动机器人受到的碰撞，以及发生碰撞的大概位置，以便于移动机器人做出相应的决策。

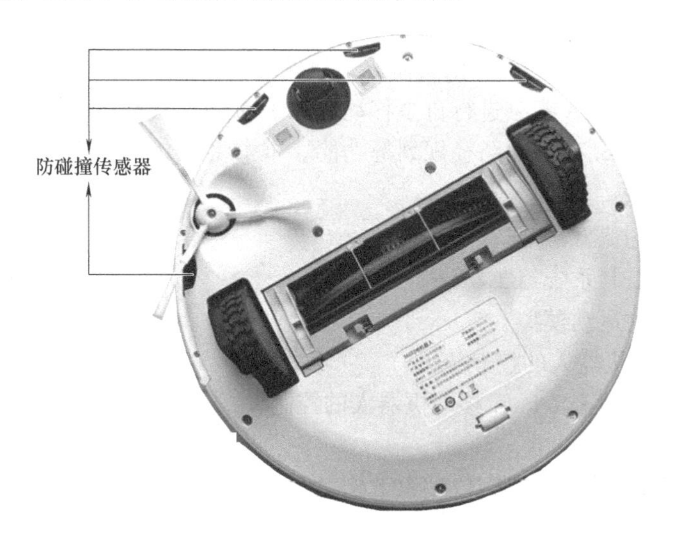

图 4-22　防碰撞传感器安装位置

以扫地机器人（见图 4-22）为例，工程师会在机器人的前半部分设计一块覆盖角度约180°的碰撞板，在碰撞板的内侧装有 3~5 个光电开关。光电开关是由一对红外发射对管组成的，发光二极管发射的红外光线通过扫地机器人机身特制的小孔被光电二极管接收，当机身碰撞板受到碰撞时，碰撞板就会挡住机身特制小孔，阻碍红外线的接收从而向控制系统传达信息。此结构可以避免测量盲区带来的误差，无论扫地机器人前进过程中在哪个位置发生碰撞，都会引起光电开关的响应，从而根据防碰撞传感器的方向做出相应的反应。

本章小结

本章详细讲述了在移动机器人上搭载的主传感器，包括雷达传感器和惯性传感器；还简单介绍了辅助移动机器人进行工作的传感器，包括视觉传感器、防跌落传感器和防碰撞传感器。

第 5 章

机器人运动与控制

在第 4 章中介绍了环境感知的相关概念，以及移动机器人中应用比较广泛的传感器技术。但是，如果希望机器人能够进行自主移动，除了通过传感器获得外部信息之外，还需要实现环境地图构建、运动控制和路径规划等功能。本章将会介绍机器人的运动控制，并以此为第 6 章的学习做铺垫。

本章将讨论以下主题：

1）移动机器人控制系统与驱动

2）移动机器人的运动模型

3）mRobotit 移动机器人的控制流程

4）ROS 编程实现对 mRobotit 移动机器人的控制

5.1 机器人控制系统

人类如果仅仅有感官和肌肉，四肢并不能动作，需要由神经系统来和大脑协同工作驱使肌肉发生收缩或舒张，进而完成身体运动。同样，如果机器人只有传感器和驱动器，机械臂或轮子也不能正常工作，因为传感器输出的信号没有起到作用，驱动电动机也得不到正确的驱动电压和电流，所以机器人需要有一个控制系统，来让各个部件协同工作。

机器人控制系统的功能是接收来自传感器的检测信号，根据操作任务的要求，驱动机器人中的各种组件协同运动。机器人需要用传感器来检测各种状态，机器人的内部传感器信号用来反映机器人的实际运动状态，机器人的外部传感器信号用来检测工作环境的变化。与人的大脑、五官与躯干组合类似，机器人需要软硬件组合起来才能形成一个完整的机器人控制系统。

机器人控制系统是指由控制主体、控制客体和控制媒体组成的具有自身目标和功能的管理系统，如图 5-1 所示。控制系统意味着通过它可以按照所希望的方式保持和改变机器、机构或其他设备内任何感兴趣或可变化的量。控制系统同时是为了使被控制对象达到预定的理想状态而实施的，使被控制对象趋于某种需要的稳定状态。

机器人的控制技术是在传统机械系统的控制技术基础上发展起来的，因此两者之间并无根本的不同。但机器人控制系统也有许多特殊之处，其特点如下：

1）机器人控制系统本质上是一个非线性系统。机器人的结构、传动件、驱动元件等都会引起系统的非线性。

2）机器人控制系统是由多关节组成的一个多变量控制系统，且各关节间具有耦合作

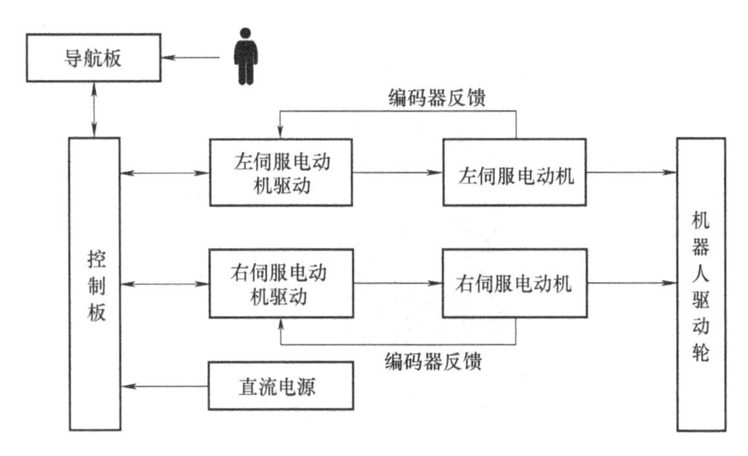

图 5-1 机器人控制系统

用，具体表现为某一个关节的运动，会对其他关节产生动力效应，每一个关节都要受到其他关节运动所产生的扰动。因此，机器人的控制中经常使用前馈、补偿、解耦和自适应等复杂控制技术。

3）机器人系统是一个时变系统，其动力学参数随着关节运动位置的变化而变化。

4）较高级的机器人要求对环境条件、控制指令进行测定和分析，采用计算机建立庞大的信息库，用人工智能的方法进行控制、决策、管理和操作，按照给定的要求，自动选择最佳控制规律。

5.2 电动机

电动机可以视为移动机器人的双腿，它驱动机器人移动。首先，需要控制电动机按照所需的速度转动；其次，需要得到电动机当前的转动速度。由于移动机器人常常使用可充电电池作为输入电源，并且可充电电池提供的一般是直流电，所以大部分移动机器人选用直流电动机。目前，主流移动机器人的电动机主要有直流减速电动机与直流步进电动机两种。

直流减速电动机如图 5-2 所示，它总共包含了电动机、减速器和编码器三个部分。电动机提供的是高速转速，但转矩小惯性大。减速器的功能是降低转速并提升转矩。配备了减速器的电动机称为减速电动机，它具有优良的速度控制性能。编码器则是用来为电动机测量转速的。具体来说，直流减速电动机有以下优点：

1）具有较大的转矩，从而克服传动装置的摩擦转矩；

2）具有快速响应能力，可以适应复杂的速度变化和控制信号的变换；

3）电动机的负载特性硬，有较大的过载能力，确保运行速度不受负载冲击的影响，鲁棒性强；

4）直流电动机的空载转矩大，在控制系统发出停转指令的同时能够立刻响应，并且产生相当大的转矩阻止机器人由于惯性继续向前移动；

5）直流电动机相对于其他电动机运行平稳，且噪声更小。

由于 STM32 接口数量以及功能的限制，它不适合直接驱动电动机。而有些机器人往往会有两个以上的电动机，所以驱动电动机的工作会直接交给电动机驱动模块。第 3 章设计的 mRobotit 移动机器人，在驱动板中使用的电动机驱动型号为 TB6612FNG，它是东芝半导体公

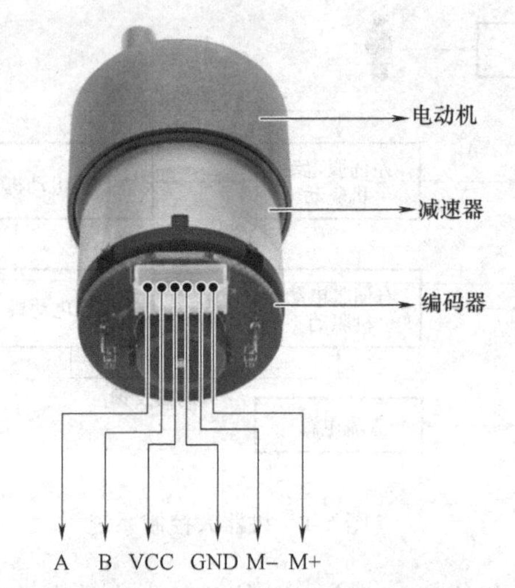

A：传感器信号线A相　B：传感器信号线B相
VCC：传感器正电压5V　GND：传感器地线
M−：电动机电源线负极　M+：电动机电源线正极

图 5-2　直流减速电动机

司生产的一款直流电动机驱动器件，可同时驱动两个电动机（这里称之为 A 路电动机和 B 路电动机）。TB6612FNG 的引脚说明如表 5-1 所示。

表 5-1　TB6612FNG 引脚列表

引　脚	功　能	说　明
VM	输入供电 12V	
VCC	输出供电 5V	
GND	地线	共 3 个，接其中一个即可
AO1	A 路电动机输出接口 1	
AO2	A 路电动机输出接口 2	
AIN1	A 路电动机控制接口 1	
AIN2	A 路电动机控制接口 2	
PWMA	A 路电动机 PWM 控制接口	接单片机 PWM 控制接口
BO1	B 路电动机输出接口 1	
BO2	B 路电动机输出接口 2	
BIN1	B 路电动机控制接口 1	
BIN2	B 路电动机控制接口 2	
PWMB	B 路电动机 PWM 控制接口	接单片机 PWM 控制接口

以驱动 A 路电动机为例，AO1 和 AO2 分别接电动机的正极和负极，AIN1、AIN2 用来控制电动机的转动方向。当 AIN1 和 AIN2 同时为 0 时，电动机停止；当 AIN1 为 1，AIN2 为 0

时，电动机反转；当 AIN1 为 0，AIN2 为 1 时，电动机正转。它们的对应功能如表 5-2 所示。

表 5-2 TB6612FNG 控制对应表

AIN1	AIN2	控制结果
0	0	停止
0	1	正转
1	0	反转

在上文中只解决了电动机是否转动的问题，并没有解决转速控制的问题。正如大家所知，在电流相同情况下，电动机的输入电压越大，电动机的转速越快。然而，电动机驱动并不能直接改变 AO1 和 AO2 接口的电压，需要一种叫作脉宽调制（PWM）占空比的方法模拟输出电压。占空比是指高电平的时间占整个周期的比例。如图 5-3 所示，如果 AO1 与 AO2 输出的高电平为 5V，低电平为 0V，那么当高电平的占空比分别为 50%和 75%的情况下，可以分别模拟出 2.5V 和 3.75V 的电压，从而使得电动机获得不同的转速。电动机驱动模块的 PWMA 引脚是用来控制模拟电压的引脚，STM32 往该引脚输入不同占空比的波形会使得 AO1 和 AO2 输出不同的模拟电压。

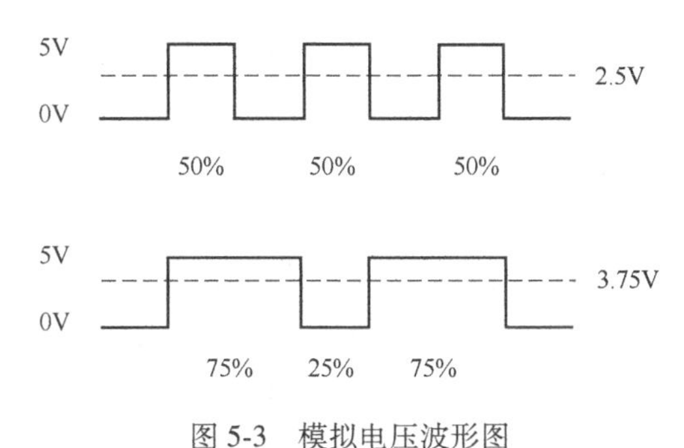

图 5-3 模拟电压波形图

虽然电动机驱动模块能够控制电动机的转速，但是，计算电动机的转速达到多少则需要另一个模块：编码器。市场上购买的电动机往往会直接自带编码器，编码器的作用是测量电动机的转速，得到机器人的两个电动机的转速后，便可以计算出当前移动机器人的速度。直流减速电动机有两个重要参数：减速比和编码器线数。

减速比：直流电动机的减速比是减速箱的输入转速与减速箱的输出转速之比。

编码器线数：编码器线数是电动机转一圈发出的脉冲数，脉冲数越高测量出的转速越准。

图 5-2 中电动机的引线除了两根电动机电源正负极线，其他四根全为编码器上的引线。其中最重要的是 A 相线和 B 相线，当电动机转动时，这两根线会输出不同的波形。通过对比 A、B 相线的输出波形，可以判断当前电动机是处于正转或反转，或处于停止的状态。图 5-4 为电动机在正转和反转情况下编码器输出的 A、B 相波形图，当电动机正转时 A 相的输出波形会比 B 相输出早 1/4 个周期，而当电动机反转时 B 相输出会早 1/4 个周期。

根据这种特性，通常会使用一种叫作“四倍频”的方法来测量电动机的转速。简单地说，在 A 相（或 B 相）处于上升沿和下降沿的时候，判断 B 相（或 A 相）当前是否处于

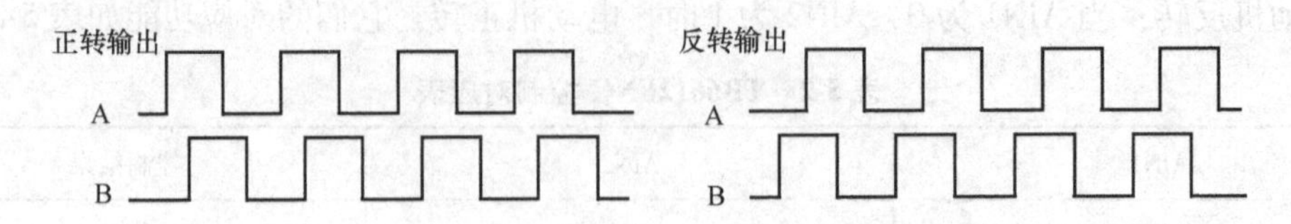

图 5-4 电动机正转、反转 A、B 相输出波形图

高、低电平，从而判断电动机当前转向。当电动机停止转动的时候，A 相、B 相输出的波形全为低电平。STM32 单片机可以通过定时器中断来采集脉冲数，并进一步通过采集的脉冲数来计算出电动机的转速和电动机转动的角度，从而达到精准计算电动机速度的目的。图 5-5所示的波形是 3 个周期内编码器输出的 A 相和 B 相的波形，由于需要在 A 相或者 B 相处于上升和下降沿的时候采集脉冲数，所以不难看出 3 个周期内共采集 3×4 = 12 个脉冲。

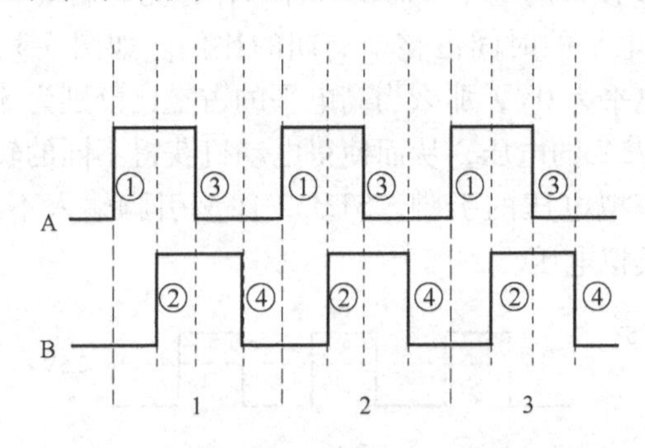

图 5-5 A、B 相波形图的上升沿与下降沿

若电动机的减速比为 30，编码器线数为 13，按照四倍频的方法，电动机正转或反转一圈会采集到 30×13×4 = 1560 个脉冲。用脉冲计数是为了表示电动机相对于开始时刻转动多少，当 A、B 相处于上升沿或下降沿的时候，如果电动机发生正转，脉冲计数加 1，相反则脉冲计数减 1。具体来说，脉冲计数的统计方法如表 5-3 所示。

表 5-3 脉冲计数统计方法表

A 相	B 相	转向	脉冲计数
上升沿	低电平	正转	+1
高电平	上升沿	正转	+1
下降沿	高电平	正转	+1
低电平	下降沿	正转	+1
下降沿	低电平	反转	−1
高电平	下降沿	反转	−1
上升沿	高电平	反转	−1
低电平	上升沿	反转	−1

假如电动机转动了 100ms，在此期间通过 A、B 相输出波形采集的脉冲计数为 CNT，那么不难计算出：

100ms 内电动机相对转动的圈数为 CNT/(30×13×4) 圈；

电动机的转速则为 CNT/(30×13×4)/0.1r/s。

【注意】 电动机相对转动的圈数与转速的正负代表电动机相对开始时刻转动的方向。

另一种常见的电动机为直流步进电动机。步进电动机是一种用电脉冲信号进行控制，并将电脉冲信号转换成相应的角位移的电动机，又称为脉冲电动机。每输入一个电脉冲信号，步进电动机就转动一个角度或前进一步，其输出的角位移或线位移与输入的脉冲数成正比，转速与脉冲频率成正比。一般电动机是连续旋转的，而步进电动机则一步一步转动或者平移，因此称为步进电动机。图 5-6 中，步进电动机的输出仅与脉冲有关，在无脉冲时不会发生转动。

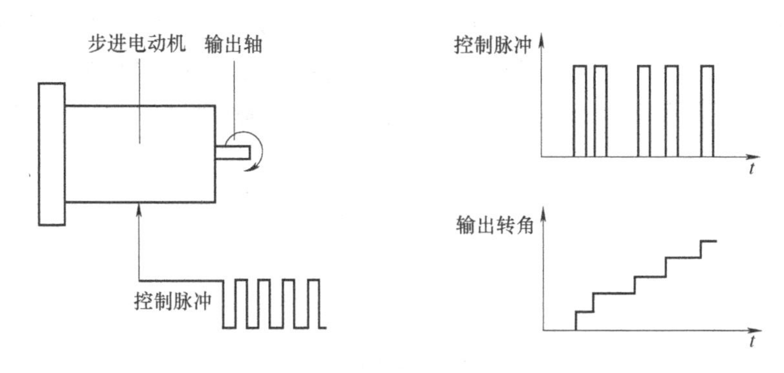

图 5-6 步进电动机控制与输出图

与前面介绍的直流减速电动机相比，步进电动机有诸多优点：

1）步进电动机的角位移仅与电脉冲数成正比，在其负载能力范围内，其转速大小不会受到电压波动和负载变化的影响，有较高的稳定性。

2）步进电动机每转一周有固定的步数，转动过程中可能每步都有误差，但是其在转过一周时的累积误差为 0。

3）步进电动机控制性能好，改变控制脉冲的频率可以直接调节步进电动机的转速。

步进电动机的主要缺点是效率较低，并且需要配上适当的驱动电源供给脉冲信号。此外，电动机低速运行期间可能会出现低频振动，所以有些步进电动机同样会配备减速箱以减少振动。

步进电动机的分类方法较多，按照相数（电动机内部线圈组数），目前常见的有二相、三相、四相以及五相步进电动机。步进电动机相数不同其步距角也不同，二相电动机的步距角一般为 0.9°或 1.8°，三相电动机的步距角则一般为 0.75°或 1.5°。

按照电动机结构，步进电动机一般有反应式、永磁式和混合式三种：

① 反应式：反应式步进电动机的定子与转子由绕组线圈或者软磁材料构成，其结构简单、成本低、步距角小，但动态性能差、效率低、发热大、可靠性难保证。

② 永磁式：永磁式步进电动机的转子为永磁材料，其特点是动态性能好、输出转矩大，但步距角大精度差。

③ 混合式：混合式步进电动机综合了反应式和永磁式的优点，其定子由多相绕组线圈构成，转子则采用了永磁材料。此外，转子和定子上均有多个小齿以提高步距精度。其特点是输出转矩大、动态性能好、步距角小，但结构复杂且成本相对较高。

5.3 运动模型

从简单的运动控制到复杂的定位导航，移动机器人需要根据其所使用的运动模型进行航迹推演。简单来讲，航迹推演是指通过运动模型计算出移动机器人的线速度、角速度、位姿等信息或者逆解出每个轮子的速度。移动机器人常见的运动模型有差速运动和全向移动两种，下面分别进行介绍。

5.3.1 差速运动模型

差速运动模型是移动机器人中常见的运动模型，主要包括二轮差速模型和四轮差速模型。采用差速模型的移动机器人通过改变其轮子的速度实现转向，其中最为常见的模型为二轮差速模型。本书的示例平台 mRobotit 也同样采用了二轮差速模型，底盘大致结构如图 5-7 所示。

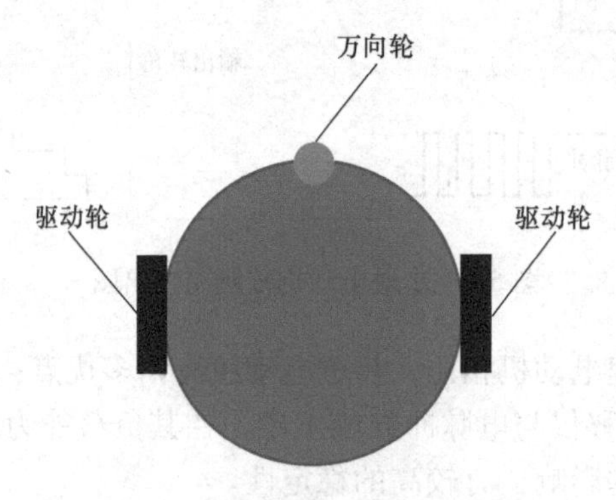

图 5-7　二轮差速底盘模型俯视图

二轮差速底盘由两个驱动轮和一个万向轮组成。两个驱动轮分别位于底盘的左右两侧，一般由两个独立的电动机分别控制，通过不同的双轮速度实现机器人的转向。万向轮的作用仅是支撑机器人，以保持前后平衡。

为了深入剖析双轮结构，将机器人的底盘结构简化，只保留双轮，如图 5-8 所示。图中，v_l、v_r分别是当前时刻左轮和右轮的瞬时线速度，l 是左右两轮的轮间距，v 是当前时刻机器人的瞬时线速度，R 是机器人进行转向时的转向半径，ω 是机器人进行转向时的转向角速度。其中，l 可以通过测量得到，在后续计算过程中作为默认已知的条件。

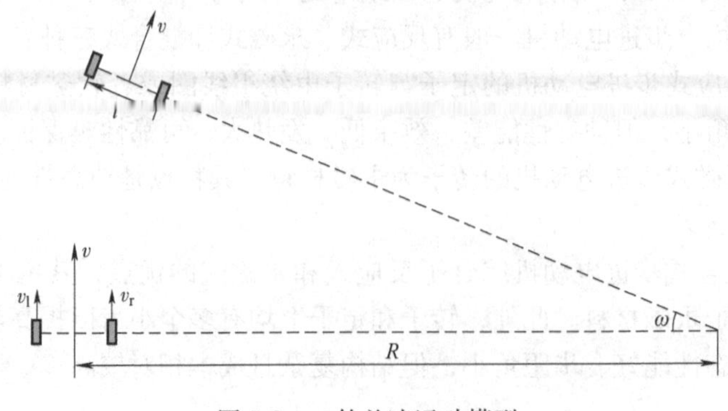

图 5-8　二轮差速运动模型

当控制板获取到电动机信息并将其计算为两轮的速度后，根据二轮差速运动模型计算当前机器人线速度和角速度的过程可抽象为：已知左轮和右轮的瞬时线速度v_l、v_r，求机器人瞬时线速度 v 和转向角速度 ω。具体求解过程如下：

机器人在行进过程中左轮和右轮的转向角速度是一致的，因此可以如下表示转向角速度 ω：

$$\omega=\frac{v_l}{R+\frac{l}{2}}=\frac{v_r}{R-\frac{l}{2}}$$

$$\frac{v_l}{R+\frac{l}{2}}=\frac{v_r}{R-\frac{l}{2}}\Rightarrow R=\frac{l(v_r+v_l)}{2(v_l-v_r)}$$

$$\Rightarrow\omega=\frac{v_l-v_r}{l}$$

机器人瞬时线速度 v 的求解就比较简单了，直接取左轮和右轮瞬时线速度v_l、v_r的平均值即可：

$$v=\frac{v_l+v_r}{2}$$

求解出机器人的瞬时线速度 v 和转向角速度 ω 之后，还可以求出移动机器人的转向半径 R（目前系统中未用到该值）：

$$R=\frac{v}{\omega}=\frac{l(v_l+v_r)}{2(v_l-v_r)}$$

当控制板接收到导航板的运动控制指令后，根据二轮差速运动模型解算双轮速度的过程可抽象为：已知机器人瞬时线速度 v 和转向角速度 ω，求左轮和右轮的瞬时线速度v_l、v_r。具体求解过程如下：

前面已经计算出机器人瞬时线速度 v 和转向角速度 ω，只需将两个式子组成一个方程组即可求解出左轮和右轮的瞬时线速度v_l、v_r：

$$\begin{cases}v=\frac{v_l+v_r}{2}\\ \omega=\frac{v_l-v_r}{l}\end{cases}$$

$$\Rightarrow\begin{cases}v_l=v+\frac{\omega l}{2}\\ v_r=v-\frac{\omega l}{2}\end{cases}$$

该计算过程的程序代码如下：

```
void Kinematics_Positive(float vx,float vz)
{
    if(vx==0.0f)//线速度为0
    {
        Right_moto.Target_Speed=vz*Base_Width/2.0f;
```

```
        Left_moto.Target_Speed=(-1)*Right_moto.Target_Speed;
    }
    else if(vz==0.0f)//旋转角速度为 0
    {
        Right_moto.Target_Speed=Left_moto.Target_Speed=vx;
    }
    else
    {
        Left_moto.Target_Speed=vx-vz*Base_Width/2.0f;
        Right_moto.Target_Speed=vx+vz*Base_Width/2.0f;
    }
}
```

该函数的输入 vx 和 vz 是机器人瞬时线速度 v 和转向角速度 ω，输出 Left_moto.Target_Speed、Right_moto.Target_Speed 是左轮和右轮的瞬时线速度v_l、v_r，Base_Width 是左右两轮的轮间距 l。

另外一种常见的差速模型为四轮差速模型，也称为四轮滑移模型。四轮差速底盘由四个驱动轮组成。底盘的左右两侧各有两个驱动轮，一般由两个或四个独立的电动机分别控制，左右两侧的两个驱动轮需要保持一致的速度。图 5-9 所示为四轮差速运动模型，两侧的两个轮子的速度是相同的，所以其本质为二轮差速模型。该模型逆解过程与前面二轮差速一致，这里不过多赘述。

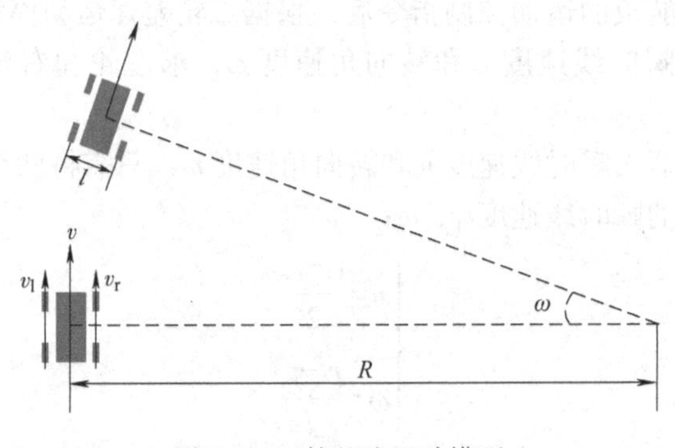

图 5-9　四轮差速运动模型

在四轮差速底盘转向的时候，底盘上的轮子可能会出现侧滑，而二轮差速底盘则不会出现这种情况。另一方面，四个驱动轮会使得电动机控制难度增加。但是四轮差速底盘有较好的稳定性与地形适应能力，在第 3 章中提到的 Autolabor 系列和 Pioneer 的 AT 系列机器人采用的是这种运动模型。

5.3.2　全向移动运动模型

全向移动运动模型也就是能够实现全向移动的运动模型，全向移动意味着可以在平面内做出向任意方向平移同时自转的动作。由于这种全向移动的特性，全向轮底盘在比赛、教学领域得到了广泛应用。为了实现全向移动，移动机器人会使用全向轮（Omni Wheel）或麦克纳姆轮（Mecanum Wheel）作为驱动轮。图 5-10 所示为全向轮与麦克纳姆轮。

图 5-10　全向轮（左）与麦克纳姆轮（右）

常见的全向移动运动模型主要有两种：三轮全向与四轮全向移动运动模型。图 5-11 所示为采用三轮全向轮的 Robotino 移动机器人与采用四轮麦克纳姆轮的 Summit-XL 移动机器人。

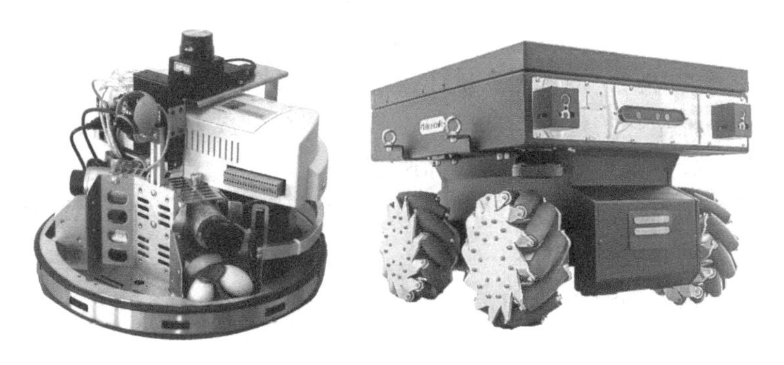

图 5-11　Robotino 移动机器人（左）与 Summit-XL 移动机器人（右）

三轮全向移动底盘由三个全向轮所组成，三个轮子两两夹角 120°，每个轮子都由独立的电动机所驱动，通过控制不同电动机的速度与方向从而控制底盘的移动或旋转。将底盘结构简化，只保留三轮，如图 5-12 所示。

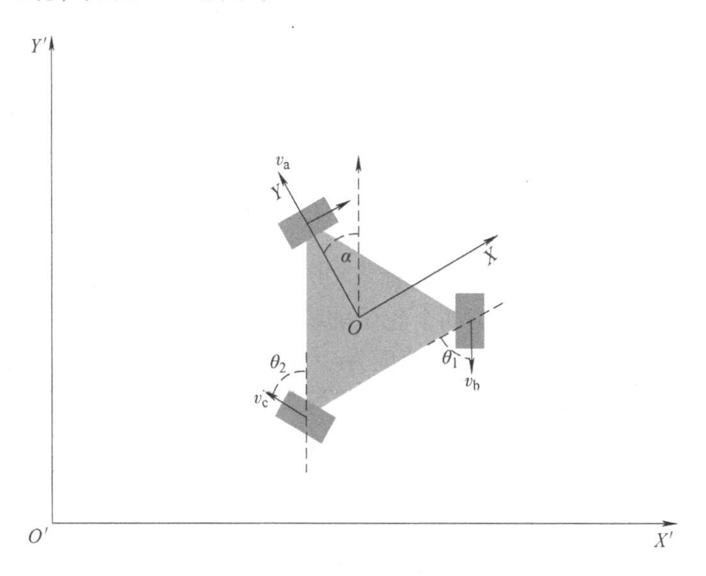

图 5-12　三轮全向移动运动模型

图 5-12 中的两个坐标系分别为世界坐标系$X'O'Y'$和底盘自身坐标系 XOY，α 为两个坐标系之间的夹角。v_a、v_b、v_c分别为三个轮子的瞬时线速度，且每个轮子的中心到底盘中心的距离为 l。夹角$\theta_1=\theta_2=\frac{\pi}{3}$，代表两个轮子与自身坐标系 X、Y 坐标轴的夹角。底盘在自身坐标系下的分速度为v_x和v_y，绕自身转动的角速度为 ω。那么，通过简单的向量运算可以得到以下线性方程组：

$$\begin{cases} v_a = v_x + \omega l \\ v_b = -v_x \cos\theta_1 - v_y \sin\theta_1 + \omega l \\ v_c = -v_x \sin\theta_2 + v_y \cos\theta_2 + \omega l \end{cases}$$

上面的方程组是建立在机器人自身坐标系下的，转换到世界坐标系上也较为简单。假设当前机器人在世界坐标系下的速度分量为v'_x和v'_y，在已知两个坐标系之间夹角 α 的情况下，v'_x、v'_y、v_x和v_y满足以下方程组：

$$\begin{cases} v_x = v'_x \cos\alpha + v'_y \sin\alpha \\ v_y = -v'_x \sin\alpha + v'_y \cos\alpha \end{cases}$$

在对底盘做控制的时候，输入的变量往往是目标角速度与线速度，然后驱动每个轮子达到目标速度。这是一种逆解的过程，即已知v'_x、v'_y以及角速度 ω，求解v_a、v_b、v_c。将已知变量带入前面的方程组计算出每个轮子的目标速度。

四轮全向移动模型与三轮全向移动模型相比更为复杂，该模型一般有两种：四轮全向轮运动模型与四轮麦克纳姆轮运动模型。

四轮全向轮运动模型如图 5-13 所示。

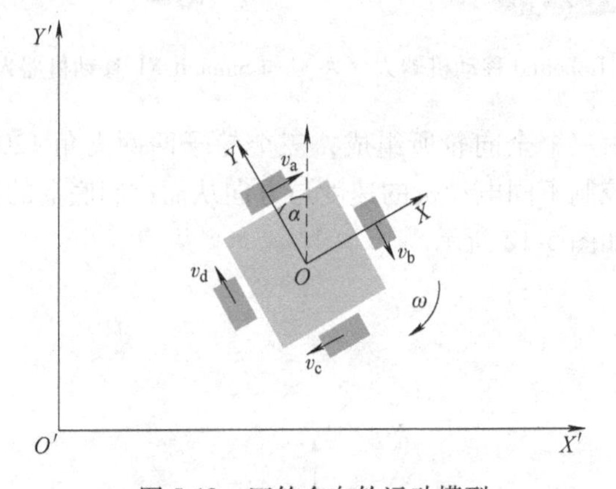

图 5-13　四轮全向轮运动模型

图 5-13 中的两个坐标系分别为世界坐标系$X'O'Y'$和底盘自身坐标系 XOY，α 为两个坐标系之间的夹角。v_a、v_b、v_c、v_d分别为四个轮子的瞬时线速度，且每个轮子的中心到底盘中心的距离为 l。底盘在自身坐标系下的分速度为v_x和v_y，绕自身转动的角速度为 ω。那么，经过简单的向量运算可以得到以下方程组：

$$\begin{cases} v_a = v_x + \omega l \\ v_b = -v_y + \omega l \\ v_c = -v_x + \omega l \\ v_d = v_y + \omega l \end{cases}$$

上面的方程组是建立在机器人自身坐标系下的，转换到世界坐标系上也跟三轮全向轮运动模型一样。假设当前机器人在世界坐标系下的速度分量为v_x'和v_y'，在已知两个坐标系之间夹角 α 的情况下，v_x'、v_y'、v_x和v_y满足以下方程组：

$$\begin{cases} v_x = v_x'\cos\alpha + v_y'\sin\alpha \\ v_y = -v_x'\sin\alpha + v_y'\cos\alpha \end{cases}$$

逆解的过程也与三轮全向轮一致。

另一种四轮麦克纳姆轮运动模型，由于麦克纳姆轮的特殊结构，一般有如图 5-14 所示的几种布局。

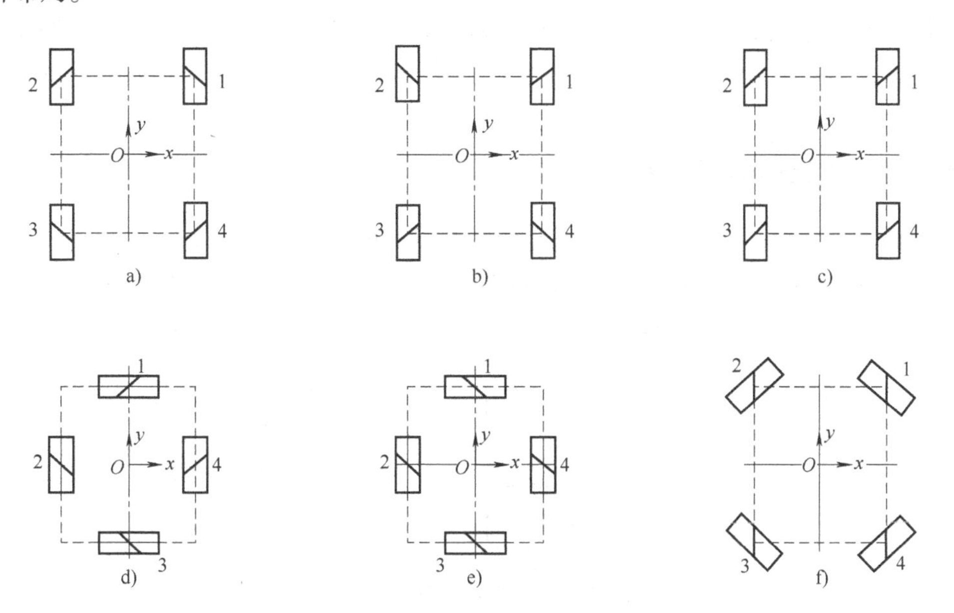

图 5-14　六种四轮麦克纳姆轮运动模型布局图

上面轮胎中的斜线代表麦克纳姆轮摆放的方向，这种摆放的位置最终会影响移动方向，所以不同布局的运动逆解过程并不完全相同。图 5-15 所示为第一种布局类型的运动图解。其运动的逆解过程略微复杂，这里不过多介绍，读者了解即可。

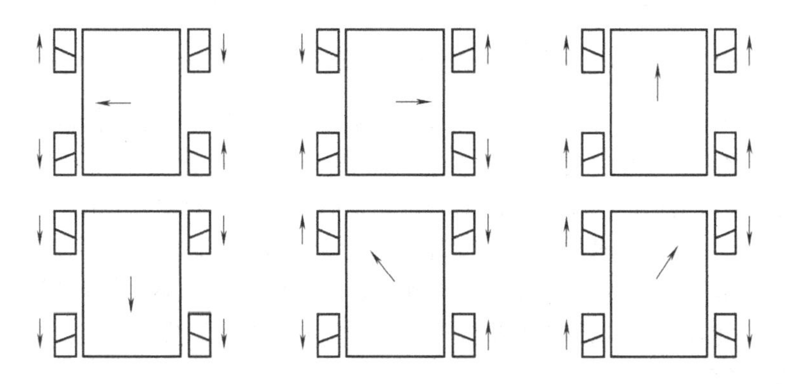

图 5-15　四轮麦克纳姆轮运动图解

注：方块内箭头代表机器人移动方向，轮子旁箭头代表轮子转动方向。

5.4 导航板与控制板通信

在实际工作环境种，只需给移动机器人一个目标点，它便可自主移动到该位置。整个过程种，机器人的控制板是如何获取到移动速度指令，以及机器人内部组件之间信息是如何传递的呢？接下来对此进行解答。

在第 3 章中，对 mRobotit 的硬件组成以及整体平台架构已经进行了介绍，还介绍了导航板（树莓派）和控制板（STM32 及 IMU 等组件）在整个平台硬件架构中扮演的角色。虽然移动机器人的种类各式各样，但是它们运动控制的流程大致相同。这里以 mRobotit 机器人平台为例，深入了解一个移动机器人从接收运动指令开始，直到驱动轮胎转动的控制过程是如何完成的。

5.4.1 导航板与控制板的数据流

图 5-16 为 mRobotit 机器人平台控制系统的数据流图，该图主要表示了 mRobotit 机器人在运行过程中各个传感器获取的数据流向以及 ROS 系统中的运动控制指令流向。总体来看，主要是导航板与控制板之间的数据交互。

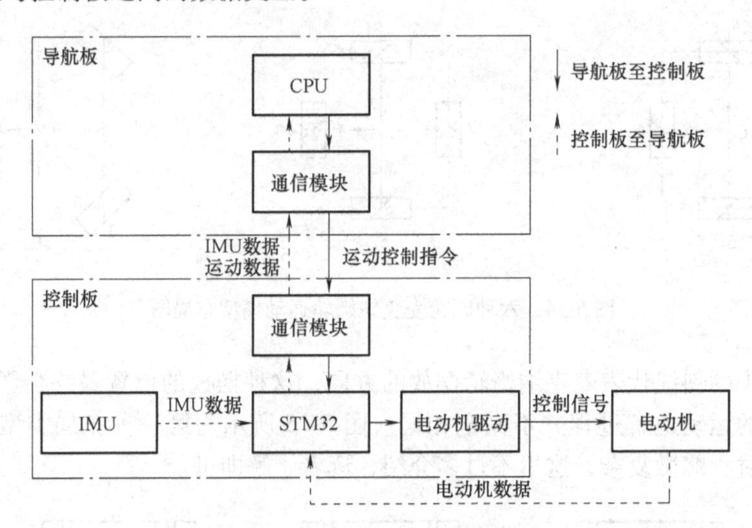

图 5-16　mRobotit 控制系统数据流图

导航板向控制板发送指令的流程为：导航板将 ROS 系统中的运动控制指令打包至导航板的串口通信程序中，并发送到串口；通过串口通信程序，控制板从串口中读取运动控制指令；根据移动机器人的运动模型，控制板将运动控制指令解算成双轮转速；得到双轮的目标速度后，STM32 使用 PID 调速算法计算双轮各自驱动电动机的 PWM 占空比（PWM 占空比即一个脉冲周期内的高电平占用整个周期的比例，输入到电动机驱动的 PWM 占空比与电动机转速成正比）；电动机驱动模块在得到 PWM 占空比信号以及控制方向信号后，发出模拟电压信号控制电动机的转动。

控制板向导航板发送消息的流程为：控制板根据移动机器人的运动模型将采集到的电动机数据计算成当前移动机器人的直行速度和转向速度；控制板将速度信息和采集到的 IMU 信息打包至控制板的串口通信程序中，并发送到串口；通过串口通信程序，导航板从串口中读取速度信息和 IMU 信息；导航板将获取到的信息转换为 ROS 系统可以接收的话题数据并发布至整个 ROS 系统。

在上述的数据交互过程中，有几个比较关键的问题：

- 什么是串口通信？通信的数据格式是怎样的？
- 什么是移动机器人的运动模型？
- 运动控制指令的解算和移动机器人的速度计算是如何进行的？
- 导航板是如何将获取到的信息转换为 ROS 系统可以接收的话题数据并发布的？

接下来将会一一解答这些问题。

5.4.2 导航板与控制板的通信方式

串口通信（Serial Communications）是指在一条信号线上将数据按照一个比特（bit）一个比特地逐位进行传输的通信方式。这种方式的传输速度较慢，发送端需要逐位发送数据，同时接收端逐位接收。例如，接收端需要将 8 位的数据如 10001111 以串口通信的方式传送到接收端，如图 5-17 所示。

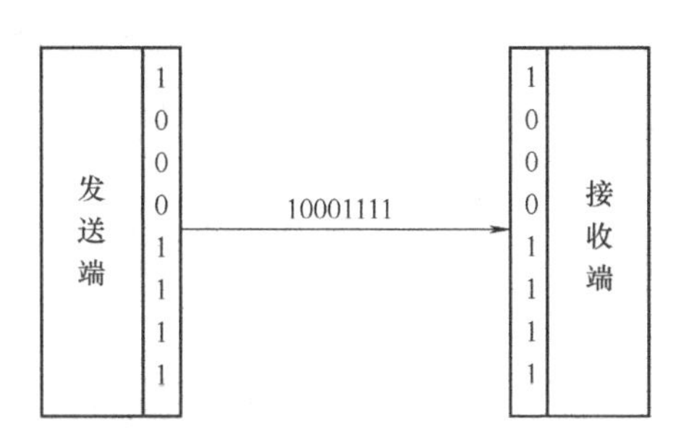

图 5-17 串口通信示例

在确定了导航板和控制板两者之间的通信方式之后，两者还需要按照特定的数据格式（通信协议）进行通信，不同的机器人平台会采用不同的协议。以 iRobot Create 为例，该平台采用 ROI（The iRobot Roomba Open Interface）协议，协议格式为 Opcode（操作码）+ Data（数据），操作码不同数据长度亦有所不同。图 5-18 所示为 ROI 的速度控制指令组成结构，它由 1B 的操作码和 4B 的数据共同组成。速度控制指令操作码固定为 137，后面 4B 数据则为 Create 平台需要达到的线速度与角速度。当 Create 平台从串口中得到该指令后，会驱动双轮转动并最终达到指令中的目标线速度与角速度。

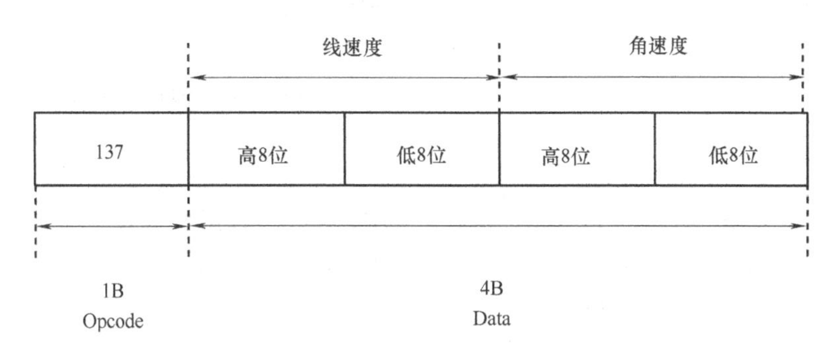

图 5-18 ROI 速度控制指令

然而，由于ROI协议主要面向iRobot旗下的Roomba系列扫地机器人，因此它较为臃肿，实现起来也较为复杂。实际上移动机器人的导航板只需要发送控制指令给控制板，而控制板只需要将IMU、速度等数据反馈给导航板，所以控制指令可以适当精简。

mRobotit机器人平台在数据交互过程中采用了两种通信协议：一种是导航板给控制板发送数据时采用的协议，协议中只包含了机器人所需的直行速度和转向速度；另一种是控制板给导航板发送数据时采用的协议，协议中包含了控制板获取到的IMU信息以及计算出的速度信息。

第一种协议的数据格式如下：

```
#pragma pack(1)                         //数据格式按照1字节对齐方式存取
typedef union                           //通信协议定义
{
    unsigned char buffer[PROTOCL_CONTROL_DATA_SIZE];//数据收发缓存区
    struct
    {
        unsigned int Header;            //数据协议的数据校验头部
        float X_speed;                  //目标速度
        float Z_speed;
        unsigned char End_flag;         //数据协议的数据校验尾部
    }Control_Info;
} Control_Data;
#pragma pack(4)                         //数据格式按照4字节对齐方式存取
```


第二种协议的数据格式如下：

```
#pragma pack(1)                         //数据格式按照1字节对齐方式存取
typedef struct
{  //IMU数据格式
    short X_data;
    short Y_data;
    short Z_data;
} Imu_Info;
typedef union                           //通信协议定义
{
    unsigned char buffer[PROTOCL_DATA_SIZE];//数据收发缓存区
    struct
    {
        unsigned int Header;            //数据协议的数据校验头部
        float X_speed;                  //基于右手坐标系的逆解速度信息  x\y\z
        float Y_speed;
        float Z_speed;
```

```
        float Adc_Voltage;              //机器人的电池电压
        Imu_Info Imu_Acc;               //IMU 三轴加速度原始数据
        Imu_Info Imu_Gyro;              //IMU 三轴角速度原始速度
        unsigned char End_flag;         //通信协议的数据校验尾部
    } Sensor_Info;
} Upload_Data;
#pragma pack(4)                         //数据格式按照 4 字节对齐方式存取
```

协议中的变量定义如下：

- Imu_Info 定义了 IMU 的陀螺仪与加速度计分别给出的三个状态值。当其用来定义陀螺仪的输出量时，这三个变量分别表示三个坐标轴的角速度；当其用来定义加速度计的输出量时，这三个变量分别表示三个坐标轴的线性加速度。
- Sensor_Info 是保存通信数据的结构体，包括该数据包的校验头部、机器人的速度信息、用 Imu_Info 定义的加速度信息、用 Imu_Info 定义的角速度信息、电池电压和该数据包的尾部校验位。

【注意】 现在市场上很多机器人平台在双向通信的过程中仅采用第二种通信协议。虽然这不会导致系统出错，但是会大大增加系统负担。因为导航板给控制板发送数据时，IMU 数据位是冗余的，所以会额外占用系统资源与通信资源。

5.4.3 里程计的计算

在 5.3 节中，学习了运动控制指令的解算和移动机器人的速度计算。接下来，将学习导航板在获取到控制板发送的机器人瞬时线速度和转向角速度之后，是如何将速度信息转换成里程计信息并发布出来的。

首先来了解一下什么是里程计（Odometry）。里程计在论文中的解释是多种多样的，有的论文介绍说里程计是移动机器人进行相对定位的传感器，有的论文介绍说里程计是衡量机器人从初始姿态到终点姿态的一种标准。通俗易懂地讲，里程计可以视作当前时刻机器人位姿相对于初始时刻机器人位姿变化的信息，主要记录了机器人的位置变化和姿态变化。下面讲解里程计具体是如何进行计算的。

以图 5-19 为例，移动机器人在上电时刻即确定了世界坐标系 X_wOY_w（世界坐标系在机器人移动的整个过程中是不会发生任何变化的），假设机器人在某个时间段内从初始位置移动到下一位置，那么机器人当前时刻在世界坐标系中的位置和航向是如何计算出来的呢？由于导航板已经接收到控制板发来的移动机器人的瞬时线速度 v 和转向角速度 ω，移动机器人在世界坐标系的位置（Pose. Xw，Pose. Yw）就可以看成是其在连续时间内的位置增量分解到 X_w 和 Y_w 方向的积分量，具体计算过程如下：

在单位时间 t（一个控制周期：$t=t_{i+1}-t_i$，通常为 10ms 或 20ms）内，移动机器人以速度 v 向前移动的距离为 $d=vt$，将此距离分解到世界坐标系 X_w、Y_w方向的结果如下：

$$\Delta X_w = d\cos\theta = vt\cos\theta$$

$$\Delta Y_w = d\sin\theta = vt\sin\theta$$

其中，θ 是移动机器人运动方向与世界坐标系X_w方向的夹角。由于控制周期时间非常短，因此在这一时间段内，机器人的运动可以看作是匀速的。因此，θ 在单位时间 t 内的变化量 $\Delta\theta$

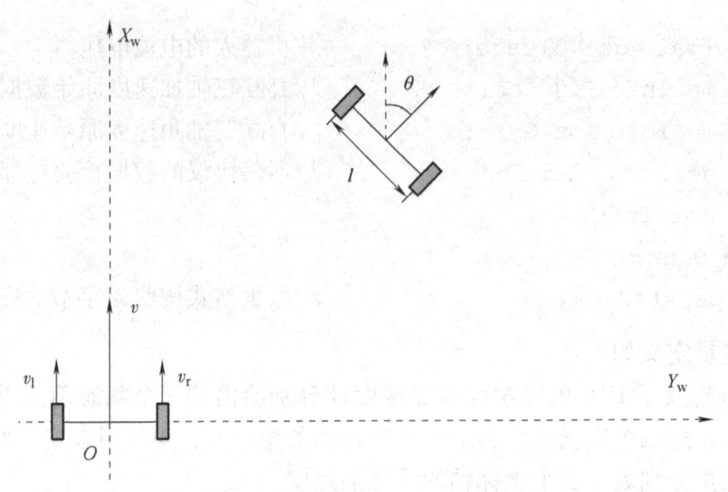

图 5-19 机器人在世界坐标系位置

可根据转向角速度 ω 求出：

$$\Delta\theta=\omega t$$

以此方式不断累积，更新 X_w、Y_w、θ 的值：

$$X_w=\Delta X_w+d\cos\theta=X_w+vt\cos\theta$$

$$Y_w=\Delta Y_w+d\sin\theta=Y_w+vt\sin\theta$$

$$\theta=\theta+\Delta\theta=\theta+\omega t$$

通过上述方式，对连续时间内的机器人移动进行积分，即计算移动机器人的里程计信息，就可以得到任意时刻移动机器人在世界坐标系中的位姿信息。

计算里程计的代码片段如下：

```
//计算 X、Y 方向上的增量
double delta_x=(vx * cos(th)-vy * sin(th)) * dt;
double delta_y=(vx * sin(th)+vy * cos(th)) * dt;
//计算角速度增量
double delta_th=vth * dt;
//计算 x、y 坐标,以及与 Xw 的夹角
x+=delta_x;
y+=delta_y;
th+=delta_th;
```

代码中的 vx、vy 表示移动机器人的瞬时线速度 v 和转向角速度 ω，delta_x、delta_y、delta_th 表示在世界坐标系 X_wOY_w 下机器人位姿信息的变化量 ΔX_w、ΔY_w、$\Delta\theta$，x、y、th 表示当前时刻机器人的位姿信息 X_w、Y_w、θ。

5.4.4 IMU 信息计算

mRobotit 机器人平台的控制板上安装的 IMU 型号是 MPU-6050，这款 IMU 包含加速度计和陀螺仪，分别用于获得三轴加速度和三轴角速度。由于加速度计的动态性很差，而陀螺仪短期角速度积分具有很高的可信度，所以在姿态求解过程中二者相辅相成，就可以得到很好

的位姿信息。

姿态求解的核心思想是通过陀螺仪的积分来获得三轴的旋转角度，然后通过加速度计的比例和积分运算来修正陀螺仪的积分结果。详细的姿态求解代码如下：

```
    void MahonyAHRSupdateIMU(float gx,float gy,float gz,float ax,float
ay,float az)
    //gx、gy、gz 分别代表陀螺仪在 X 轴、Y 轴和 Z 轴三个轴上的分量,ax、ay、az 分别代
    //表加速度计在 X 轴、Y 轴和 Z 轴三个轴上的分量
    {
        float recipNorm;
        float halfvx,halfvy,halfvz;
        float halfex,halfey,halfez;
        float qa,qb,qc;
    //要求在 xyz 三个方向的角速度不能全为 0 的时候才能做处理
        if(!((ax==0.0f)&&(ay==0.0f)&&(az==0.0f))){
    //首先把加速度计采集到的值(三维向量)转化为单位向量,即向量除以模
            recipNorm=invSqrt(ax * ax+ay * ay+az * az);
            ax * =recipNorm;
            ay * =recipNorm;
            az * =recipNorm;

    //q1、q2、q3、q4 代表当前姿态的四元数分量,用该四元数估算出
    //xyz 三个方向上的重力加速度
            halfvx=q1 * q3-q0 * q2;
            halfvy=q0 * q1+q2 * q3;
            halfvz=q0 * q0-0.5f+q3 * q3;

    //使用叉乘来计算估算的重力加速度与实际测量出的重力加速度的误差
            halfex=(ay * halfvz-az * halfvy);
            halfey=(az * halfvx-ax * halfvz);
            halfez=(ax * halfvy-ay * halfvx);

    //将上述计算得到的加速度误差进行积分运算,积分的结果加到输入
    //的重力加速度数据中,如果 twoKi 设置为 0 的话,则忽略积分计算
            if(twoKi>0.0f){
                integralFBx+=twoKi * halfex * (1.0f/sampleFreq);
                integralFBy+=twoKi * halfey * (1.0f/sampleFreq);
                integralFBz+=twoKi * halfez * (1.0f/sampleFreq);
                gx+=integralFBx;
                gy+=integralFBy;
```

```
            gz+=integralFBz;
        }
        else {
            integralFBx=0.0f;
            integralFBy=0.0f;
            integralFBz=0.0f;
        }

//将上述计算得到的重力加速度误差进行比例运算,其结果
//加到输入的重力加速度数据中
        gx+=twoKp*halfex;
        gy+=twoKp*halfey;
        gz+=twoKp*halfez;
    }

    //经过两次运算后得到了修正后的重力加速度,将修正的数据重新整合到四元数里
    gx*=(0.5f*(1.0f/sampleFreq));
    gy*=(0.5f*(1.0f/sampleFreq));
    gz*=(0.5f*(1.0f/sampleFreq));
    qa=q0;
    qb=q1;
    qc=q2;
    q0+=(-qb*gx-qc*gy-q3*gz);
    q1+=(qa*gx+qc*gz-q3*gy);
    q2+=(qa*gy-qb*gz+q3*gx);
    q3+=(qa*gz+qb*gy-qc*gx);
    //将得到的四元数归一化处理
    recipNorm=invSqrt(q0*q0+q1*q1+q2*q2+q3*q3);
    q0*=recipNorm;
    q1*=recipNorm;
    q2*=recipNorm;
    q3*=recipNorm;

    //赋值
    Mpu6050.orientation.w=q0;
    Mpu6050.orientation.x=q1;
    Mpu6050.orientation.y=q2;
    Mpu6050.orientation.z=q3;
}
```

上述代码体现了姿态的详细求解过程，程序的输入是 IMU 给出的三轴加速度和三轴角速度，输出是机器人的姿态信息，以四元数的形式存储。

5.5　ROS 实现对 mRobotit 机器人的控制

在对移动机器人的控制系统有了一定的了解之后，下面通过编写 ROS 程序来控制 mRobotit 机器人进行简单的前进和转向运动，以此来更加深入学习移动机器人从接收速度指令到开始运动的整个流程。在进行控制实验之前，需要先了解一个比较重要的数据结构：nav_msgs/Odometry，它表示的是移动机器人的里程计信息，主要包含了位移 Twist 和姿态 Pose。

Twist 是 geometry_msgs 消息程序包定义的一种消息类型，常用于传输机器人的速度指令。其数据结构如下：

```
geometry_msgs/Twist
geometry_msgs/Vector3 linear
    float64 x
    float64 y
    float64 z
geometry_msgs/Vector3 angular
    float64 x
    float64 y
    float64 z
```

其中，linear 表示机器人在世界坐标系下各个方向的运动速度。世界坐标系如图 5-20 所示，即以移动机器人启动时的位置为坐标原点，启动时移动机器人正前方为 X 轴，左侧为 Y 轴，垂直机器人顶部为 Z 轴的坐标系。一般情况下，对于本书所介绍的双轮机器人 mRobotit，在 Y 轴方向和 Z 轴方向的线速度都为 0。angular 表示机器人在世界坐标系下三个方向的转向角速度，一般情况下移动机器人都是在同一平面（水平面）内进行旋转的，即都是沿着 Z 轴方向旋转的，所以 X 轴方向和 Y 轴方向的角速度都为 0。

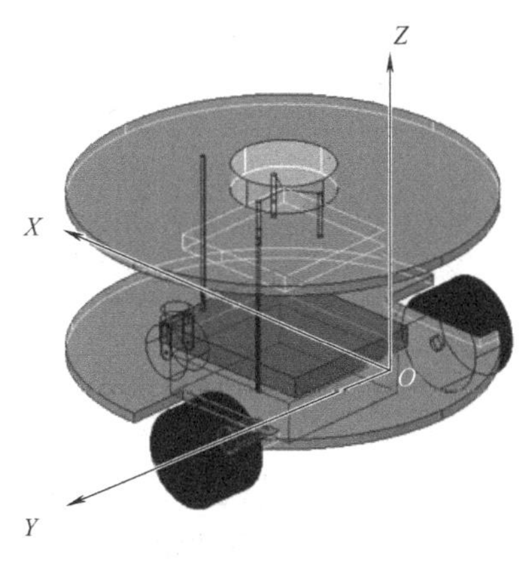

图 5-20　机器人启动时世界坐标系示意图

Pose 也是 geometry_msgs 消息程序包内定义的一种消息类型，常用于表示移动机器人当前的位姿。其数据结构如下：

```
geometry_msgs/Pose pose
geometry_msgs/Point position
float64 x
float64 y
float64 z
geometry_msgs/Quaternion orientation
float64 x
float64 y
float64 z
float64 w
float64[36]covariance
```

其中，position 记录了机器人相对于初始时刻位置的当前空间位置信息，一般移动机器人只会在水平方向进行移动，因此 Z 轴方向的位置与初始位置保持一致，一直为 0；orientation 表示机器人相对于初始时刻姿态的当前方向，该值采用四元数来表示，在实际的应用开发中需要转化成欧拉角的形式。接下来简要介绍欧拉角与四元数。

＊数学基础（选学）

欧拉角是一种立体几何变量，它包含了物体朝向的三个角度参数，这三个参数分别是绕固定坐标系的 X 轴、Y 轴和 Z 轴旋转的角度。旋转的先后顺序也可以不同，通常按照“偏航-俯仰-滚转（yaw-pitch-roll）”来描述某物体的旋转。举个例子，假设一个物体的正前方（朝向我们的方向）为 X 轴，右边为 Y 轴，上方为 Z 轴，如图 5-21 所示。那么任意一个旋转可以分解为以下三个轴上的转角：

- 绕物体的 Z 轴旋转，该旋转角称为偏航角 yaw；
- 之后绕 Y 轴旋转，该旋转角称为俯仰角 pitch；
- 之后绕 X 轴旋转，该旋转角称为滚转角 roll。

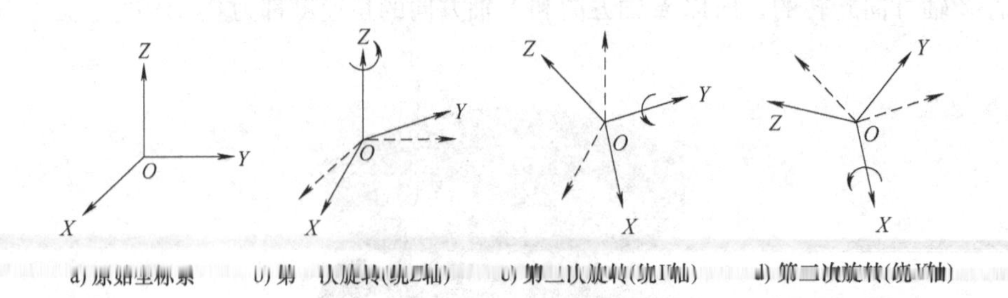

图 5-21　欧拉角旋转示意图

虽然欧拉角能够直观地反映物体的旋转情况，但是它的一个重大缺点是会碰到万向锁（Gimbal Lock）问题，如图 5-22 所示，在俯仰角为±90°时，第一次旋转和第三次旋转将使用同一个旋转轴，因此三轴旋转仅实现了两轴旋转的效果，使系统丢失了一个旋转自由度。因此，欧拉角并不适合在程序中进行插值和迭代，往往只用于人机交互中。

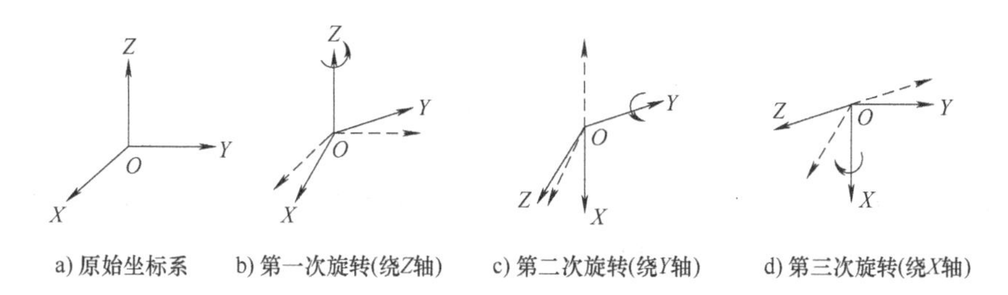

图 5-22　万向锁问题示意图

为了避免在 ROS 系统中出现上述的万向锁问题，在表达三维空间旋转时，引入类似于复数的代数：四元数（Quaternion）。四元数采取绕旋转轴旋转固定角度的方式来描述物体的旋转姿态，它既紧凑，也没有奇异性。具体来说，在三维坐标系中任意取一点 (x, y, z) 和一个旋转轴，该旋转轴与 X 轴、Y 轴、Z 轴的夹角分别为β_x、β_y、β_z，该点绕旋转轴旋转的角度为 α，如图 5-23 所示。

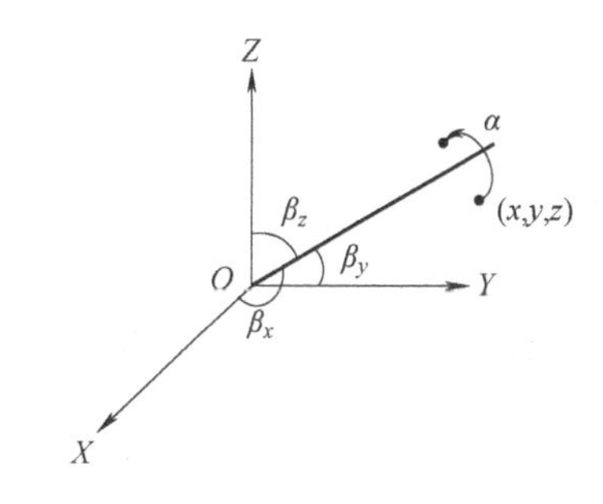

图 5-23　绕固定轴旋转示意图

可以通过下面的四元数 $\boldsymbol{q}$ 来表示该旋转：

$$\boldsymbol{q}=\begin{bmatrix} w \\ x \\ y \\ z \end{bmatrix}=\begin{bmatrix} \cos(\alpha/2) \\ \cos(\beta_x)\sin(\alpha/2) \\ \cos(\beta_y)\sin(\alpha/2) \\ \cos(\beta_z)\sin(\alpha/2) \end{bmatrix}$$

且$\sqrt{w^2+x^2+y^2+z^2}=1$。

四元数与欧拉角之间可以通过下面公式进行互相转换，具体推导过程较为烦琐不做阐述。(注意：φ、θ、ψ 为采取“偏航-俯仰-滚转”方式绕物体自身坐标系 Z 轴、Y 轴、X 轴旋转的角度)。

欧拉角转四元数公式如下：

$$\boldsymbol{q}=\begin{bmatrix} w \\ x \\ y \\ z \end{bmatrix}=\begin{bmatrix} \cos(\varphi/2)\cos(\theta/2)\cos(\psi/2)+\sin(\varphi/2)\sin(\theta/2)\sin(\psi/2) \\ \sin(\varphi/2)\cos(\theta/2)\cos(\psi/2)-\cos(\varphi/2)\sin(\theta/2)\sin(\psi/2) \\ \cos(\varphi/2)\sin(\theta/2)\cos(\psi/2)+\sin(\varphi/2)\cos(\theta/2)\sin(\psi/2) \\ \cos(\varphi/2)\cos(\theta/2)\sin(\psi/2)-\sin(\varphi/2)\sin(\theta/2)\cos(\psi/2) \end{bmatrix}$$

四元数转欧拉角公式如下：

$$\varphi=\arctan\frac{2(wx+yz)}{1-2(x^2+y^2)}$$

$$\theta=\arcsin(wy+xz)$$

$$\psi=\arctan\frac{2(wz+xy)}{1-2(y^2+z^2)}$$

接下来通过代码来控制 mRobotit 移动机器人，本节代码见 https://gitee.com/mrobotit/mrobot_book/tree/master/ch5/control_robot。

5.5.1 直行控制

本小节实现控制 mRobotit 移动机器人行走预先指定的距离。所有操作在 PC 上完成即可，具体操作步骤如下：

1）通过以下命令在 ROS 工作空间内创建 control_robot 功能包，在功能包内的 src 文件夹中创建 control_aline.cpp 文件：

```
cd~/mrobot_ws/src
//创建包
catkin_create_pkg control_robot roscpp
cd control_robot/src
//创建 control_aline.cpp 文件
touch control_aline.cpp
```


2）在 control_aline.cpp 文件中加入头文件，以及编写主程序框架：

```
#include<ros/ros.h>
#include<string>
#include<iostream>
#include<nav_msgs/Odometry.h>
#include<geometry_msgs/Twist.h>
#include<geometry_msgs/Pose.h>
int main(int argc,char ** argv){
    return 0;
}
```

3）在 main 函数中初始化 ROS 节点，声明节点对象、订阅者、发布者，这里和第 2 章程序编写过程一致，不再展开赘述：

```
ros::init(argc,argv,"control_aline");
ros::NodeHandle nh;
ros::Publisher command_pub=nh.advertise<geometry_msgs::Twist>("/
cmd_vel",10);
ros::Subscriber pose_sub=nh.subscribe("/odom",10,poseCallback);
```

4）声明需要用到的全局变量：

```
double ix,iy,px,py;  //ix,iy 用于判断是否为初始位置，
//px,py 用于返回小车当前的位置信息
double dis_long;//需要移动的距离
double robot_v;//小车默认移动速度
```

5）在 main 函数中给出输入语句，由用户自行输入需要机器人行走的距离 dis_long（单位为 m）及小车移动时的速度 robot_v（单位为 m/s）：

```
std::cout<<"Please Input distance(m):"<<std::endl;
std::cin>>dis_long;
std::cout<<"Please Input velocity(m/s):"<<std::endl;
std::cin>>robot_v;
```

6）在 main 函数前面编写回调函数来获取机器人实时的位置信息：

```
void poseCallback(const nav_msgs::Odometry &p_msg){
    px=p_msg.pose.pose.position.x;
    py=p_msg.pose.pose.position.y;
}
```

7）编写移动主逻辑，发布速度信息，这里只需要将机器人前进过程中的位置信息与初始时刻的位置信息作差，得到前进的距离，再将前进距离与目标距离做对比检测是否达到目标距离即可：

```
bool is_start=true;
double count=0;
while(ros::ok()&&count<dis_long){
    ros::spinOnce();
    if(is_start){
        ix=px;
        is_start=false;
    }
    geometry_msgs::Twist com_msg;
    com_msg.linear.x=robot_v;
    ROS_INFO("Robot velocity[%.2f m/s],Distance covered[%.2f m],
[%.2f,%.2f]",com_msg.linear.x,count,ix,px);
    command_pub.publish(com_msg);
    count=px-ix;
    }
```

8）配置 CMakeLists.txt 文件，在文件中加入以下代码，以实现程序的编译和库链接：

```
add_executable(control_aline src/control_aline.cpp)
target_link_libraries(control_aline &{catkin_LIBRARIES})
```

9）通过下面命令编译运行：

```
cd~/mrobot_ws
catkin_make
```

10）通过下面命令，使用SSH连接机器人：

```
ssh mrobotit@192.168.12.1
```

11）在SSH连接的终端中通过下面命令启动mRobotit上的机器人节点：

```
roslaunch mrobotit_start mrobotit_start.launch
```

12）重新启动一个终端执行下面的命令：

```
rosrun control_robot control_aline #直线行走节点
```

直线行走节点启动之后，需要输入机器人所要移动的距离（单位为m）和移动时的速度（单位为m/s）。

5.5.2 转向控制

本小节实现控制mRobotit移动机器人旋转预先给出的角度。所有操作在PC上完成即可，具体操作步骤如下：

1）在control_robot功能包下的src文件夹内创建rotation_test.cpp文件：

```
cd~/mrobotit_ws/src/control_robot/src
//创建rotation_test.cpp文件
touch rotation_test.cpp
```


2）在rotation_test.cpp文件中加入头文件，以及编写函数框架：

```
#include<iostream>
#include<string>
#include<ros/ros.h>
#include<geometry_msgs/Twist.h>
#include<geometry_msgs/Quaternion.h>
#include<nav_msgs/Odometry.h>
#include<tf/tf.h>
int main(int argc,char**argv){
    return 0;
}
```

3）在main函数中初始化ROS节点，声明节点对象、订阅者、发布者：

```
ros::init(argc,argv,"control_rotation");
ros::NodeHandle nh;
ros::Publisher rotation_pub=nh.advertise<geometry_msgs::Twist>("/
cmd_vel",10);
ros::Subscriber pose_sub=nh.subscribe("/odom",10,poseCallback);
```

4）在 main 函数以外声明需要用到的全局变量：

```
#define UNIT_ANGLE 180/3.1149
double rotation_angle,rotation_vel=0.5;
tf::Quaternion q_msg;
double roll,pitch,yaw,i_yaw,m_yaw=0;
```

5）在 main 函数中通过代码让用户输入要旋转的角度 rotation_ angle：

```
std::cout<<"Please Input the rotation_angle:"<<std::endl;
std::cin>>rotation_angle ;
```

6）编写回调函数来获取当前小车的角度信息：

```
void poseCallback(const nav_msgs::Odometry &odom){
    tf::quaternionMsgToTF(odom.pose.pose.orientation,q_msg);
    tf::Matrix3x3(q_msg).getRPY(roll,pitch,yaw);
}
```

该部分代码就是将姿态信息由四元数形式转变为欧拉角的形式，完整代码参考本章网站链接。

7）编写角度计算函数，计算出小车需要旋转的实际角度：

```
double T_angle(double angle){
    angle=fmod(angle,360);
    if(angle>180)angle=angle-360;
    else if(angle<-180)angle=angle+360;
    return angle;
}
```

8）编写主逻辑，计算 IMU 当前角度和开始旋转前的角度的差值（即已经转过的角度），并计算已经转过的角度与目标角度的差值，当此差值为 0 的时候，即机器人已旋转到目标角度：

```
while(ros::ok()){
    ros::spinOnce();
    if(is_start){
    i_yaw=yaw;
    is_start=false;
}
//判断是否完成旋转
if(angle*UNIT_ANGLE<abs_rotation_angle){
    ros::spinOnce();
    geometry_msgs::Twist r_vel_msgs;
    //如果倒转
    if(rotation_angle<0){
```

```
            angle=i_yaw-yaw;
            r_vel_msgs.angular.z=-rotation_vel;
            //发布旋转指令
            rotation_pub.publish(r_vel_msgs);
        }
    //如果正转
        else{
            angle=yaw-i_yaw;
            r_vel_msgs.angular.z=rotation_vel;
            //发布旋转指令
            rotation_pub.publish(r_vel_msgs);
        }
        std::cout<<"yaw:%.5f"<<yaw<<"Angle:%.2f"<<angle*UNI T_
ANGLE<<std::endl;
    }
    if(angle*UNIT_ANGLE>=abs_rotation_angle)break;
    }
```

9）配置 CMakeLists.txt 文件，在文件中加入下面代码，以实现程序的编译和库链接：

```
add_executable(rotation_test src/rotation_test.cpp)
target_link_libraries(rotation_test &{catkin_LIBRARIES})
```


10）通过下面命令编译运行：

```
cd ~/mrobotit
catkin_make
```

11）通过下面命令，使用 SSH 连接机器人：

```
ssh mrobotit@192.168.12.1
```

12）在 SSH 连接的终端中通过下面命令启动 mRobotit 上的机器人节点：

```
roslaunch mrobotit_start mrobotit_start.launch
```

13）重新启动一个终端执行下面的命令：

```
rosrun control_robot rotation_test   #旋转节点
```

旋转节点启动后，输入移动机器人需要转动的角度（单位为度（°））。例如，输入 90，表示需要移动机器人逆时针转动 90°；若输入-90，表示需要移动机器人顺时针转动 90°。

通过以上两个控制实验发现，控制机器人转向和控制机器人前进的原理类似，它们均通过订阅/odom 话题，并向/cmd_vel 话题不断发布速度指令来实现。

5.5.3 运动轨迹可视化

在实际操作机器人进行移动的时候，虽然肉眼观察机器人本身比较直观，但是无法知道机器人运动过程中的细微变化（如移动方向的抖动），那么就需要将机器人的运动轨迹用可视化软件 RViz 显示出来，以便于观察和分析。这个功能可利用 RViz 中的 Path 类型实现，只需要将机器人的位置信息以 nav_msgs/Path 类型的消息形式发布到 ROS 系统中，然后在 RViz 上订阅该类型的消息就可以显示机器人的运动轨迹了。

下面了解一下 nav_msgs/Path 类型数据的数据结构：

```
Header header
geometry_msgs/PoseStamped[]poses
Header header
    uint32 seq
    time stamp
    string frame_id
geometry_msgs/PoseStamped[]poses
    Header header
        uint32 seq
        time stamp
        string frame_id
    geometry_msgs/Pose pose
        geometry_msgs/Point position
            float64 x
            float64 y
            float64 z
        geometry_msgs/Quaternion orientation
            float64 x
            float64 y
            float64 z
            float64 w
```

从上面的数据结构中可以看出，每一个 nav_msgs/Path 的数据都是由头部 header 和位姿数组 pose 两部分组成的，其中位姿数组包含的信息就是机器人在移动过程中的每一帧的位姿信息。

接下来详细介绍想要在 RViz 中显示运动轨迹具体是如何操作的：

1）通过以下命令在 ROS 工作空间中 control_robot 功能包的 src 文件夹内创建 show_trajectory. cpp 文件：

```
cd ~/mrobotit_ws/src/control_robot/src
//创建 show_trajectory. cpp 文件
touch show_trajectory. cpp
```

2）在 show_trajectory. cpp 文件中加入头文件，以及编写主程序框架：

```
#include<ros/ros.h>
#include<string>
#include<iostream>
#include<nav_msgs/Odometry.h>
#include<nav_msgs/Path.h>
#include<geometry_msgs/Pose.h>
#include<geometry_msgs/PoseStamped.h>
int main(int argc,char ** argv){
    return 0;
}
```

3）在 main 函数中初始化 ROS 节点，声明节点对象、订阅者、发布者：

```
ros::init(argc,argv,"show_trajectory");
ros::NodeHandle nh;
ros::Publisher path_pub=nh.advertise<geometry_msgs::Path>("/traj-
ectory",10,true);
ros::Subscriber pose_sub=nh.subscribe("/odom",10,poseCallback);
```

4）声明需要用到的全局变量：

```
double ix,iy,px,py;//ix,iy 用于判断是否为初始位置,px,py 用于返回小车当
前的位置信息
```


5）在 main 函数前面编写回调函数来获取机器人实时的位置信息：

```
void poseCallback(const nav_msgs::Odometry &p_msg){
    px=p_msg.pose.pose.position.x;
    py=p_msg.pose.pose.position.y;
}
```

6）编写发布 nav_ msgs/Path 类型消息主逻辑：

```
bool is_start=true;
nav_msgs::Path path;
while(ros::ok()){
    ros::spinOnce();
    if(is_start){//记录初始时刻位置信息
        ix=px;
        iy=py;
        is_start=false;
}
    //设置消息头部信息
    path.header.stamp=ros::Time::now();
        path.header.frame_id="/odom_combined";
```

```
    //声明位姿信息类型
    geometry_msgs::PoseStamped this_pose_stamped;
    //设置位姿信息中的位置信息
    this_pose_stamped.pose.position.x=px-ix;
    this_pose_stamped.pose.position.y=py-iy;
    //设置位姿信息中的姿态信息
    this_pose_stamped.pose.orientation.x=0;
    this_pose_stamped.pose.orientation.y=0;
    this_pose_stamped.pose.orientation.z=0;
    this_pose_stamped.pose.orientation.w=1;
    设置位姿信息中的头部信息
    this_pose_stamped.header.stamp=ros::Time::now();
    this_pose_stamped.header.frame_id="/odom_combined";

    path.poses.push_back(this_pose_stamped);
    path_pub.publish(path);//将消息发布到ROS系统中
  }
```

7）配置 CMakeLists.txt 文件，在文件中加入以下代码，以实现程序的编译和库链接：

```
add_executable(show_trajectory src/show_trajectory.cpp)
target_link_libraries(show_trajectory &{catkin_LIBRARIES})
```


8）通过下面命令编译运行：

```
cd ~/mrobotit
catkin_make
```

9）通过下面命令，使用 SSH 连接机器人：

```
ssh mrobotit@192.168.12.1
```

10）在 SSH 连接的终端中通过下面命令启动 mRobotit 上的机器人节点：

```
roslaunch mrobotit_start mrobotit_start.launch
```

11）重新启动一个终端执行下面的命令：

```
rosrun control_robot show_trajectory #显示运动轨迹节点
```

12）启动 RViz，通过 Add 按钮依次添加 TF 显示和 Path 话题显示。

13）重新启动一个终端执行下面的命令。

```
rosrun control_robot control_aline #直线行走节点
```

输入前进距离 5m，移动速度 0.2m/s，即可在 RViz 中观察到小车的运动轨迹，如图 5-24所示。

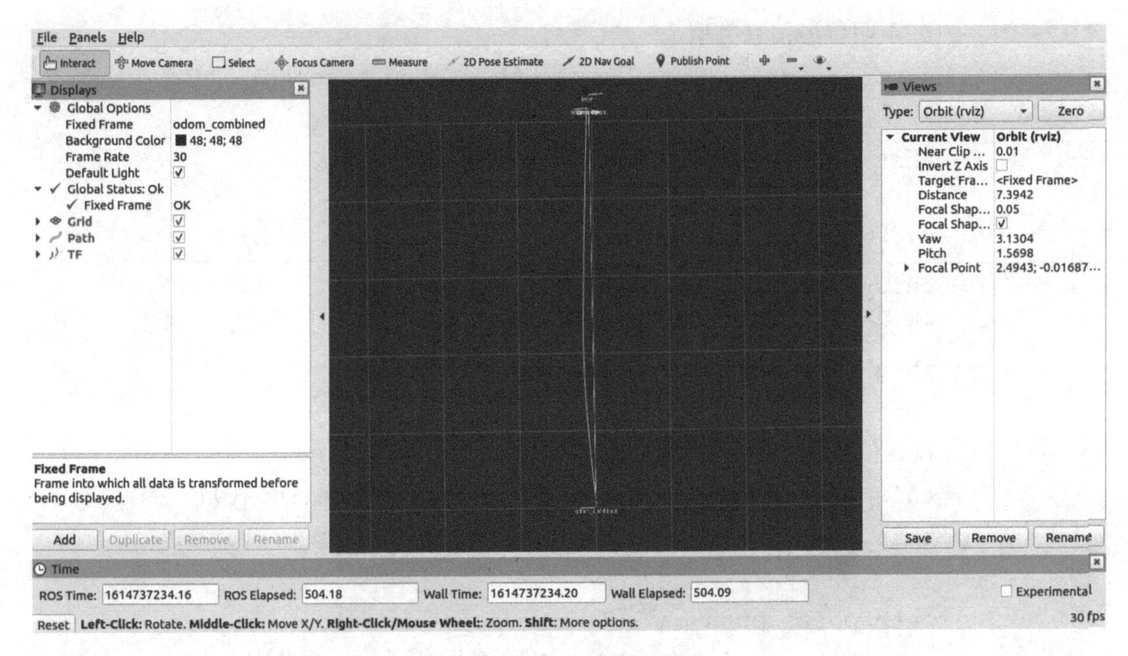

图 5-24　小车运动轨迹示意图

5.6　机器人移动误差及纠正算法

在理想情况下，移动机器人会按照指定的速度沿着一条笔直的直线行走至目标距离。但是，由于机器人自身硬件条件不足，如相同型号的电动机在接收到相同信号时产生的瞬时速度有差异，或场地不够平整，机器人前进时会有一个偏向角，而不是绝对意义上的直行。图 5-25是通过 RViz 显示出来的实际轨迹和目标位置的误差效果图，图 5-26 是经过多次实验误差的累积图。

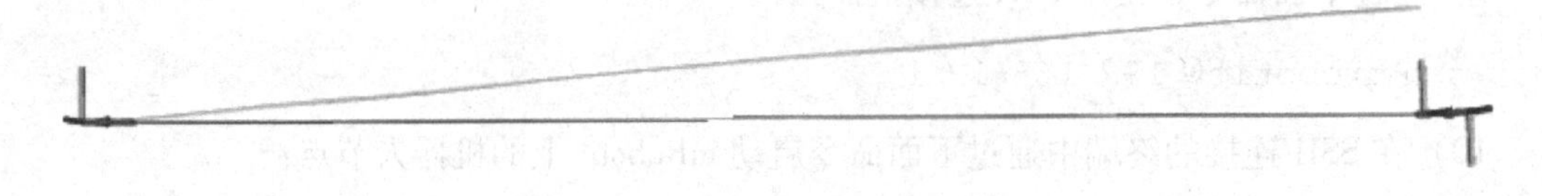

图 5-25　移动机器人偏向角示意图

想要解决该问题，让机器人按直线行走，可以从以下两方面进行考虑，这两种处理方法的控制原理一致，都是通过控制机器人的左右两电动机的转速，加速当前时刻转速更低的电动机。

1）通过调整电动机转速，使电动机转速尽可能地满足当前的转速要求，减少电动机转速对机器人行走方向的影响。

该方案是针对移动机器人底层驱动的控制。当前广泛应用于电动机控制的算法是比例积分微分（Proportion Integration Differentiation，PID）控制算法，P、I、D 分别指比例控制、积分控制和微分控制。由于其简单且可靠性高，因此广泛应用于工业过程控制，至今 90%左右的控制回路都具有 PID 结构。对于双轮移动机器人来讲，大多数的电动机速度控制和反馈系统如图 5-27 所示。

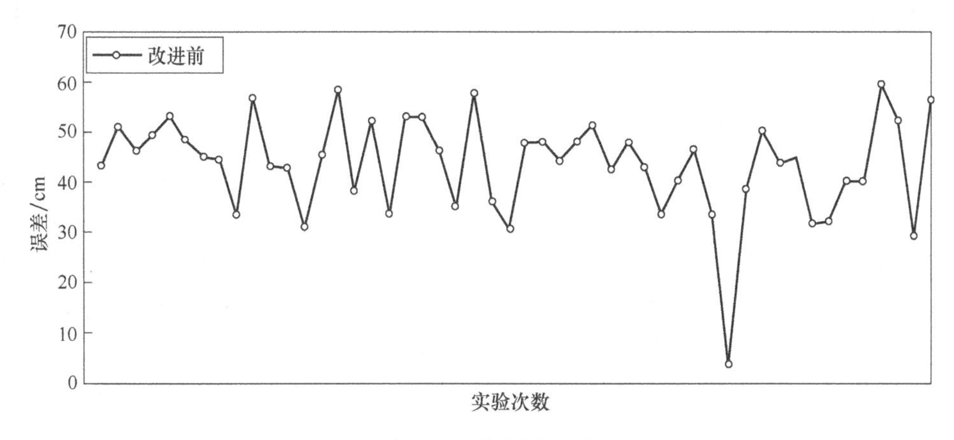

图 5-26 误差累积图

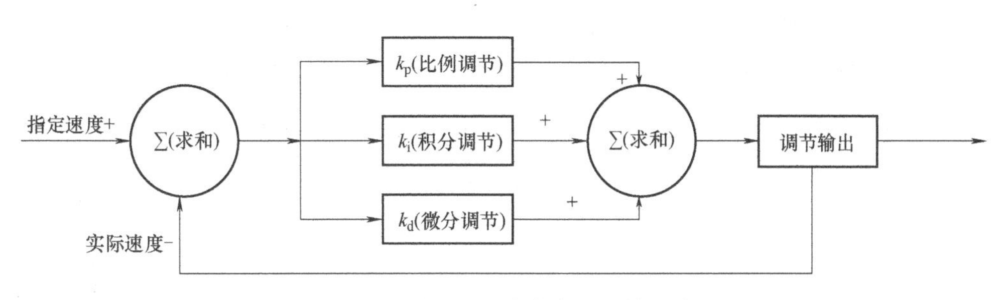

图 5-27 电动机速度控制和反馈系统

该 PID 调速系统根据指定速度和实际速度之间的速度差，将速度差按照比例、积分和微分通过线性组合构成控制量，对被控的电动机进行控制。STM32 以占空比（高电平占整个波形的比例）的方式模拟出不同的电压，继而控制电动机转速快慢。举个例子，假如电动机驱动的 PWM 引脚所使用到的定时器的周期间隔为 100 个时钟周期，STM32 会在这段周期内设置不同高电平的时间，并将该信号输出到电动机驱动。具体来说，假设该定时器的高电平占用 25 个时钟周期，且高电平为 5V，那么输出波形占空比为 25/100=25%，且电动机驱动的模拟电压为 5V×25%=1.25V。PID 调速系统输出量的绝对值表示高电平占用时间，而正输出量代表正转，负代表逆转。

【注意】 电动机的具体转速还会被电动机本身的电气特性以及外界因素（如摩擦力）所影响。

由于控制板常常以固定时间间隔对电动机进行调速控制，所以只考虑离散情况下的 PID 控制算法。离散 PID 控制算法分为位置式 PID 算法与增量式 PID 算法两种。由于增量式 PID 算法更方便使用，且具有较好的鲁棒性，所以大部分的移动机器人选择增量式 PID 算法。接下来将围绕增量式 PID 算法进行介绍。

设 t 代表时刻，$u(t)$ 代表 t 时刻输出的占空比，$\Delta u(t)$ 代表 t 时刻占空比与 $t-1$ 时刻占空比的差值；$e(t)$ 代表目标速度 v 与 t 时刻速度v_t的速度差，即 $e(t)=v-v_t$；k_p、k_i和k_d分别代表比例控制、积分控制和微分控制的系数。由于电动机无法一瞬间达到目标速度，它需要逐步调速，调速过快会降低机器人稳定性，过慢则降低机器人移动效率。增量式 PID 算法让电动机渐进式地达到指定速度，从而让机器人的移动更加稳定。该算法输入目标速度与当前速度的速度差 $e(t)$，输出需要增加的占空比 $\Delta u(t)$。其计算过程由比例控制、积分控制及微分控制三个部分组成。其中，比例控制决定速度增加的幅度，积分控制可以确保最终速度达到目标值，而微分控制减少调速过程中出现的大幅度抖动。具体公式如下：

$$\Delta u(t)=k_p[e(t)-e(t-1)]+k_i e(t)+k_d[e(t)-2e(t-1)+e(t-2)] \tag{5-1}$$

式中，$e(t)-e(t-1)$ 是比例项，即 t 时刻速度差减去 $t-1$ 时刻速度差；$e(t)$ 是积分项，即目标速度与 t 时刻速度的差值；$e(t)-2e(t-1)+e(t-2)$ 是微分项，即 t 时刻速度差减 2 倍的 $t-1$ 时刻速度差再加上 $t-2$ 时刻速度差。可以看出，增量式 PID 算法仅仅与最近三次的速度差有关联，而且输出的占空比也是增量的形式，比较适合用于移动机器人电动机的控制。

下面结合具体实例进一步了解比例控制、积分控制及微分控制的作用。设一台电动机的初始转速为 $v=20\text{r/s}$（转每秒），目标转速为 $v=100\text{r/s}$。若输出占空比与实际速度呈 1∶1 的关系，可以得到

$$\Delta v_t=\Delta u(t)=k_p[e(t)-e(t-1)]+k_i e(t)+k_d[e(t)-2e(t-1)+e(t-2)] \tag{5-2}$$

令 $k_i=0$，$k_d=0$，k_p 分别取 -0.2、-0.5 和 -0.6，式（5-2）会成为纯比例控制调速公式。用横坐标代表时刻，纵坐标代表实际速度，依据调速公式所绘制出的曲线如图 5-28 所示。

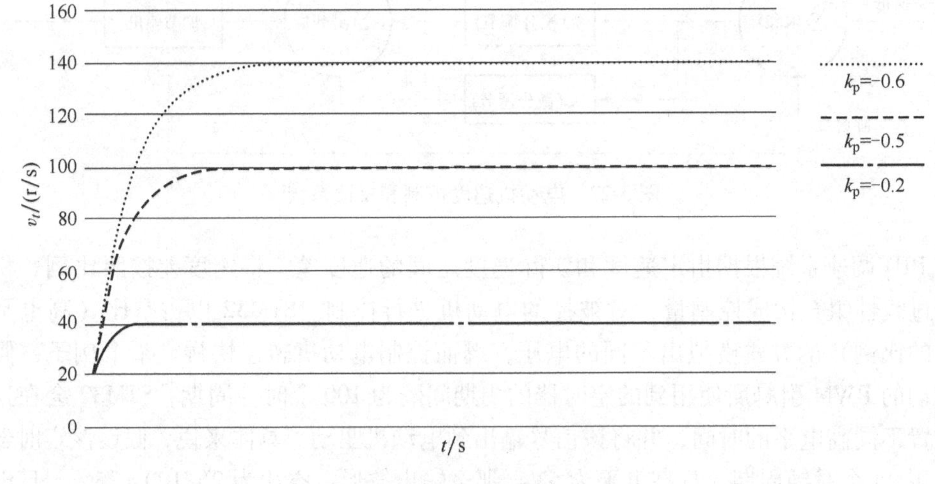

图 5-28　纯比例控制调速曲线

从图 5-28 中可以看到，当比例控制系数的绝对值越大时，曲线增长越快。比例控制系数 k_p 不同，最终速度所趋向的值也不一样，而且只有 k_p 取 -0.5 时最终速度才趋于 100r/s。这种趋向的速度值与目标速度值不一样的现象称为稳态误差。产生这种现象的原因是，当比例项 $e(t)-e(t-1)$ 趋于 0 时，速度差 $e(t)$ 有可能不为 0。

积分项的存在，便是为了能够消除稳态误差。当出现稳态误差时，即速度差 $e(t)$ 不为 0，积分项便会继续起作用，消除稳态误差。令 $k_p=-0.2$，k_i 分别取 0、0.3、0.4 和 0.5，$k_d=0$，将这些变量带入式（5-2），可以得到如图 5-29 所示的比例积分调速曲线。

从图 5-29 中可以看到，当 k_i 不为 0 时，调速曲线最终趋向于目标速度。但是，当积分系数 k_i 取 0.4 和 0.5 时调速曲线出现了波动。除了不合理的积分项会产生这种波动以外，移动机器人突然遭受外力也可能会导致巨幅波动。微分控制可以在一定程度上减少比例积分控制或者外力带来的波动。这是因为微分项 $e(t)-2e(t-1)+e(t-2)$ 与速度差的二阶导数成比例，

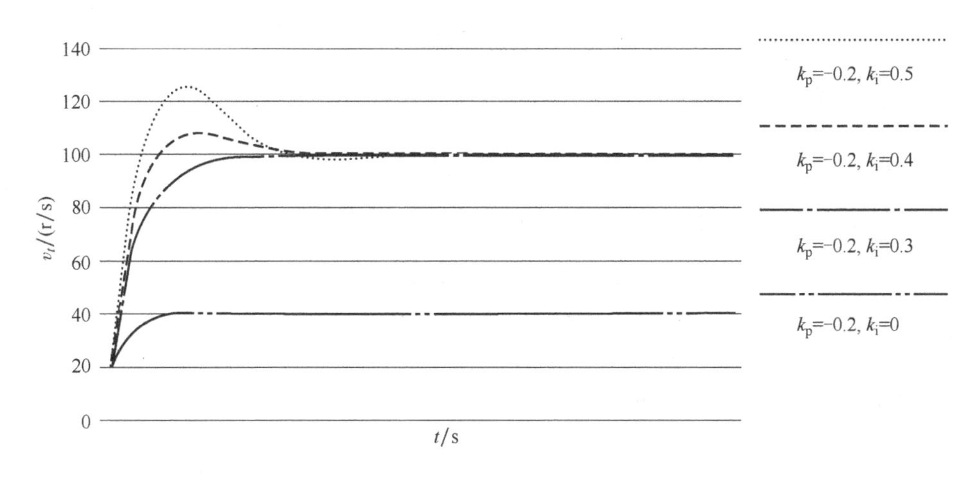

图 5-29 比例积分控制调速曲线

当速度差的变化率越来越快时，会导致微分项极剧变化。微分控制系数可以放大或减小这种变化，从而在突然发生波动的时候起到缓冲作用。令$k_p=-0.2$，$k_i=0.5$，k_d分别取 0 和 0.05，并带入式（5-2），可以绘制出如图 5-30 所示的曲线。

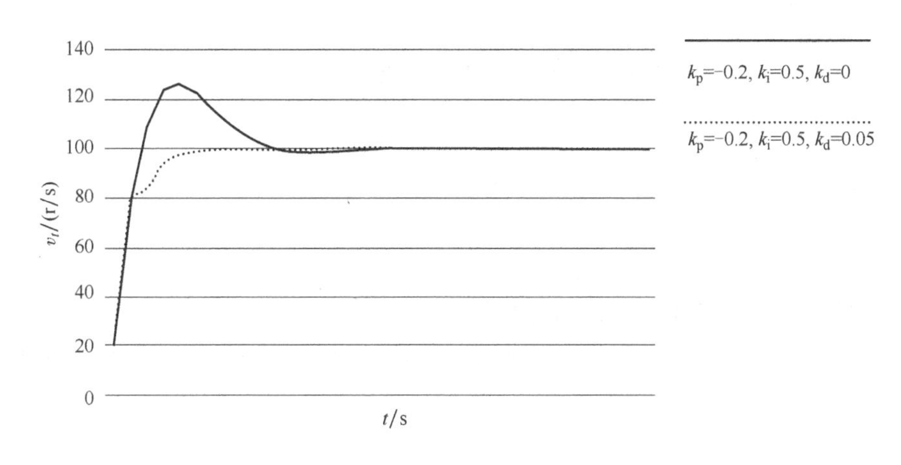

图 5-30 比例积分微分控制调速曲线

从图 5-30 中可以看出，没有微分项即$k_d=0$时的曲线，在调速过程中速度会突然超过 100r/s，随后慢慢趋于 100r/s；而拥有微分项的速度曲线，相比之下以更缓和的曲线趋向目标速度。

增量式 PID 算法具体代码可见 https://gitee.com/mrobotit/mrobot_book/tree/master/ch5。

2）通过获取的 IMU 偏向角给机器人设定角速度增量，使机器人保持直线运行。这种方法可以采用 PID 算法的思想，通过采集移动机器人当前的方向与起始时方向的误差，用比例控制、积分控制和微分控制来实时调整移动机器人的前进方向。下面介绍在控制机器人直行中如何添加控制移动机器人方向的 PID 算法（本实验是在 5.5.1 小节实验的基础上完成的）。

① 添加读取 IMU 数据所需要的头文件：

```
#include<geometry_msgs/Quaternion.h>
#include<geometry_msgs/PoseStamped.h>
#include<sensor_msgs/Imu.h>
#include<tf/tf.h>
```

② 定义读取 IMU 欧拉角的全局变量和 PID 算法的全局参数：

```
double imu_ox,imu_oy,imu_oz,imu_ix,imu_iy,imu_iz;
double y_error=0,yy_error=0;
tf::Quaternion imu_msg;
double KP=0.02,KI=0.00015,KD=0.002;
```

③ 在 mian 函数外面编写回调函数来读取 IMU 信息：

```
void ImuCallback(const sensor_msgs::Imu &imu_data){
    tf::quaternionMsgToTF(imu_data.orientation,imu_msg);
    tf::Matrix3x3(imu_msg).getRPY(imu_ox,imu_oy,imu_oz);
}
```

④ 编写 PID 算法核心：

```
double Imu_PID_set(double current_imu_oz,double aim_imu_oz){
    //变量声明
    double error=0;
    double p_error=0;
    static double i_error=0;
    double d_error=0;
    //判断是否为逆向转,如果是的话便取反
    if(fabs(current_imu_oz-aim_imu_oz)>M_PI) current_imu_oz=-
current_i mu_oz;
    //求出角度偏差
    error=-current_imu_oz+aim_imu_oz;
    p_error=error;//比例项
    i_error=p_error+i_error;//积分项
    d_error=error-y_error*2+yy_error;//微分项
ros::param::get("~KP",KP);
ROS_INFO("P_E:%f I_E:%f D_E:%f",p_error,i_error,d_error);
    //将比例、积分以及微分项分别与比例、积分以及微分系数相乘并累加
    double pub_vel_y=KP*p_error+KI*i_error+KD*d_error;
    //记录偏差,以供下一次使用
    yy_error=y_error;
    y_error=error;
    return pub_vel_y;
}
```

算法的输入是当前时刻的 IMU 偏向角 current_imu_oz 和初始时刻的 IMU 偏向角 aim_imu_oz，输出是速度信息中的 Y 轴方向的角速度 pub_vel_y。此外，参数 KP、KI、KD 需要根据机器人实际的运动状况进行调整。

⑤ 在 main 函数中声明 IMU 信息订阅者：

```
ros::Subscriber imu_sub=nh.subscribe("moblie_base/sensors/imu_da-
ta",10,ImuCallback);
```

⑥ 在机器人移动主逻辑中调用 PID 算法：

```
com_msg.linear.y=Imu_PID_set(imu_oz,imu_iz);
```

⑦ 按照 5.5.3 小节的步骤 8)～13)，查看当前机器人的运动轨迹。图 5-31 是经修正后的实际轨迹误差示意图，图 5-32 是修正后与修正前的误差对比图。

图 5-31 用 PID 算法修正后的运动轨迹

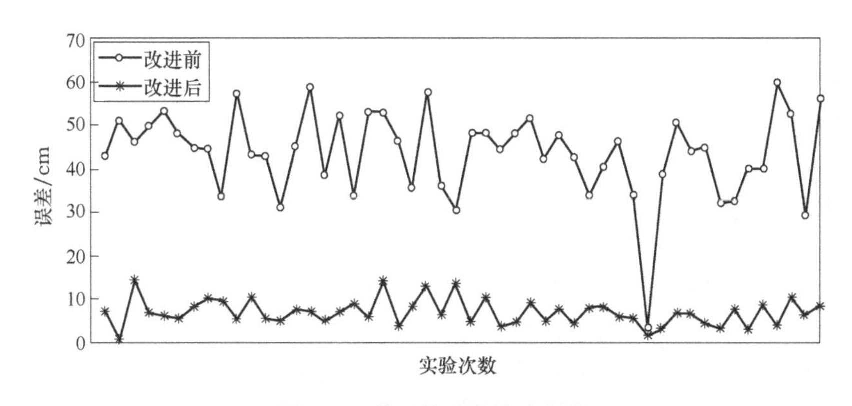

图 5-32 修正前后误差对比图

本章小结

本章介绍了移动机器人从导航板到控制板的控制流程。此外，在控制 mRobotit 移动机器人前进和旋转过程中机器人会发生偏差，本章进一步介绍了修正该偏差的原理及方法。本章所讲述内容是第 6 章激光 SLAM 与第 7 章定位与自主导航的基础。

第6章

SLAM——即时定位与建图

从前面的章节了解到了机器人是如何通过搭载的传感器获取到周围环境信息的，以及机器人在接收到控制命令后是如何控制自身进行运动的。本章将介绍机器人如何利用获取到的激光数据和自身的姿态信息来进行环境地图的搭建，同时介绍当前比较流行的激光 SLAM 算法的基本使用方法。

本章将讨论以下主题：

1）经典 SLAM 框架

2）常见 SLAM 介绍

3）TinySLAM 源代码解读

4）SLAM 建图实验

6.1 SLAM 简介

对于在移动过程中定位定向等需求，人们其实在千年前就有了。很早时期，古人就提出了夜观天象的说法，基于遥远的恒星的方位来推断自身所处的位置，进而演变出一门博大精深的学科——牵星术，可以通过牵星板测量星星来实现纬度估计。直到 1964 年，美国建立了全球定位系统 GPS，利用 RTK 的实时相位差分技术，甚至能实现厘米级的定位精度，基本解决了室外的定位问题。但是针对室内的定位就比较复杂了，为了实现室内的定位，当时涌现出了一大批技术，而 SLAM 技术就在那时脱颖而出。

同步定位与地图构建（Simultaneous Localization and Mapping，SLAM）指的是机器人从未知环境的未知地点出发，在运动过程中通过自身搭载的传感器来不断感知周围环境信息，进而确定自身的位置和姿态，同时根据自身位置构建周围环境的地图，从而达到同时定位和地图构建的目的。

通俗来讲，SLAM 为机器人回答了“我在哪儿？我的周围是什么？”这两个问题，“我在哪儿？”对应的是定位问题，“我的周围是什么？”对应的是建图问题，给出周围环境的一个描述。机器人解决了这两个问题，就完成了自身和周围环境的空间认知。

根据传感器的不同，业内将 SLAM 分为激光 SLAM 和视觉 SLAM 两大类。由于传感器种类和安装方式的不同，SLAM 在实现方式及实现难度上也会有所差异，就目前而言，激光 SLAM 技术相对更为成熟，落地应用场景也更为丰富。

激光 SLAM 采用单线或多线激光雷达。单线激光雷达主要用于室内机器人上，如常见的家庭扫地机器人以及商用场景中的服务型机器人等，多线激光雷达常用于无人驾驶领域。激光 SLAM 通过对不同时刻的两片点云进行匹配与比对，计算激光雷达相对运动的距离和姿态的改变，从而完成机器人自身的定位。

视觉 SLAM 主要采用深度摄像机。基于单目、双目、鱼眼摄像机的视觉 SLAM 方案利用多帧图像来估计自身的位姿变化，再通过累积位姿变化来计算物体的距离，并进行定位与地图构建。视觉 SLAM 可以从环境中获取海量的纹理信息，拥有超强的场景辨识能力。早期的视觉 SLAM 基于滤波理论，其非线性的误差模型和较大的计算量阻碍了它的使用。近年来，随着具有稀疏性的非线性优化理论以及摄像机技术、计算性能的进步，实时运行的视觉 SLAM 已应用于商业场景中。

目前，激光 SLAM 和视觉 SLAM 都在不断地发展和优化，在多个领域都有所应用。在机器人定位导航领域，SLAM 可以辅助机器人执行路径规划、自主探索、导航等任务。国内的科沃斯和石头科技都采用了 SLAM 集合激光雷达或者摄像头的方法，让扫地机器人高效地绘制室内地图，智能分析和规划扫地环境，从而成功让自己步入智能导航的阵营。图 6-1 即石头世纪的米家扫地机器人。

图 6-1　米家扫地机器人

在无人驾驶领域，通过 SLAM 提供视觉里程计功能，再跟其他的定位方式融合，可以满足无人驾驶精准定位的需求，基于激光雷达技术的 Google 无人驾驶车（见图 6-2）以及牛津大学移动机器人团队（Mobile Robotics Group）2011 年改装的无人驾驶汽车野猫（Wildcat）均已成功路测。

图 6-2　Google 无人驾驶车

在 AR/VR 领域，SLAM 技术能够构建视觉效果更为真实的地图，从而针对当前视角渲染虚拟物体的叠加效果，使之更真实且没有违和感。在 AGV 领域，将 SLAM 技术用于 AGV 物流小车上，可以不用预先铺设任何轨道，方便工厂生产线的升级改造和导航路线变更，进行实时避障，同时更好地实现多 AGV 小车的协调控制。

6.2 经典 SLAM 框架

从工程实现上说，SLAM 是一个非常复杂的系统，因此需要一个良好的框架，最大程度地利用各个传感器特性，来完成地图的构建与机器人位姿的估计。经过研究者的不断努力，已经发展出了一套非常成熟的 SLAM 框架，且在工程实践过程中证明了该框架的有效性。

图 6-3 所示为经典的二维激光 SLAM 框架，包括以下几个模块：

1）传感器信息读取。在移动机器人中的二维激光 SLAM 主要负责读取和预处理 IMU、二轮编码器和激光雷达等传感器的信息，由于每个传感器数据的生成频率是不同的，因此还负责将所有传感器的数据进行时间同步。

2）前端里程计。前端里程计的任务是根据相邻帧的 IMU、二轮编码器和激光雷达数据，联合估计机器人的运动，并同时绘制栅格地图。

3）回环检测。回环检测用于判断机器人是否到达先前经过的位置，如果检测到回环，它会把信息提供给后端进行后端优化。

4）后端优化。后端接收不同时刻前端里程计估计的机器人位姿，以及回环检测的信息，进行全局一致的轨迹优化和地图纠正。

5）建图。根据估计的轨迹和激光雷达数据进行栅格地图的绘制。

经过十几年的发展，该框架的鲁棒性逐渐被验证，其本身以及包含的算法也基本定型，并在 ROS 社区中全部开源提供。

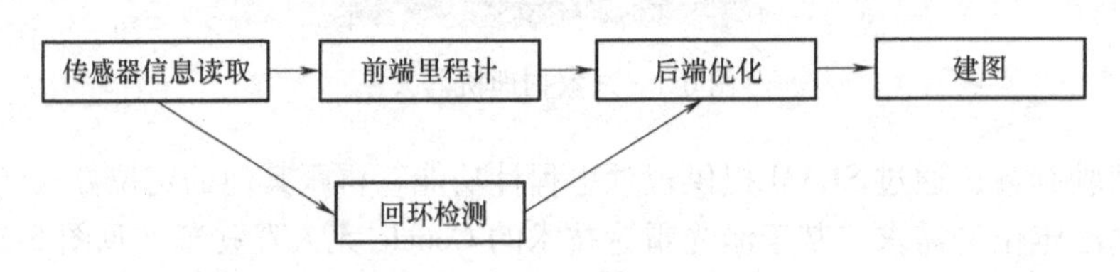

图 6-3　经典的二维激光 SLAM 框架

下面来详细介绍各个模块的具体任务，要想深入理解其工作原理还需要一些数学知识，本书不介绍过多的数学知识，感兴趣的读者可自行查阅相关文献资料。

6.2.1 前端里程计

前端里程计的作用是计算相邻时刻的机器人运动。实际上，IMU、二轮编码器和激光雷达都可用来单独完成机器人位姿的估计，但是单一传感器的数据误差较大，因此采用多个传感器，从多种不同的数据中对周围环境进行检测。也就是说，综合 IMU、二轮编码器和激光雷达三者的“意见”，得到一个相对最好的答案，从而最大程度减小机器人位姿估计的误差。

但是，即便采用了多传感器融合的前端里程计来进行机器人的位姿估计，累积漂移（Accumulating Drift）也依旧是无法避免的。这是由于前端里程计在进行机器人位姿估计时，只是在局部地图中进行了位姿计算，每次的估计都存在一定的误差，经过长时间运行后，累积误差越来越大，因此估计的位姿信息也将不再准确。

像图 6-4 中灰底图的漂移现象将导致无法精确地建立地图，而这样的地图是无法为导航提供支持的，因此还需要后端优化和回环检测两种技术来解决这个漂移问题。

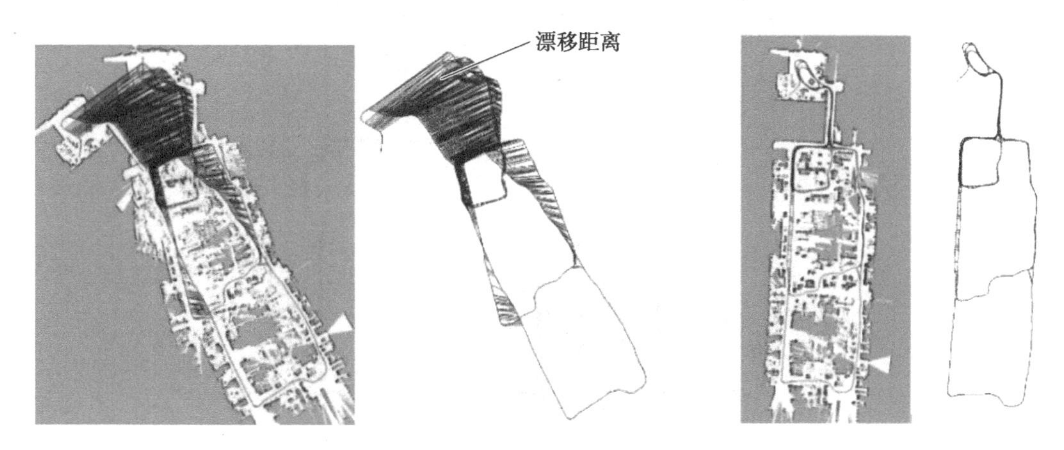

图 6-4　轨迹漂移对比（灰底图为漂移图示）

6.2.2　后端优化

后端优化是从全局的角度抑制 SLAM 过程中产生的噪声。虽然我们很希望所有的数据都是准确无误的，但在现实中，即使是昂贵的传感器也无法避免存在噪声的问题。后端从前端得到一组带有噪声的数据（包括机器人的轨迹、稀疏的环境特征点）。之后，就要通过最大后验概率估计（Maximum-a-Posteriori，MAP）来计算这些带有噪声的数据，从而估计整个系统的状态（状态包括机器人自身位姿以及地图），以及这个状态估计的不确定性有多大。

6.2.3　回环检测

回环检测又称闭环检测，主要解决位置估计随时间漂移的问题，实现了让机器人能够识别去过的场景。一旦检测到回环的发生，后端优化将能够显著地减小累积误差。但需要注意的是，基于激光雷达点云的回环检测算法可能产生误检，如两个距离间隔相同的走廊，其激光点云往往完全相同。若产生误检测，整个 SLAM 的建图过程便会失效。

在检测到回环之后，会把“回环已发生”这一信息告知后端优化算法。后端优化算法将根据一系列的数据，消除轨迹的累积误差，最终得到全局一致的轨迹和地图。

6.2.4　建图

建图是指构建地图的过程。地图是对环境的描述，在移动机器人中常见的地图主要有三种：尺度地图、拓扑地图和语义地图。

尺度地图具有真实的物理尺寸，如栅格地图、特征地图和点云地图，常用于地图的构建、定位、SLAM 和小规模路径规划。拓扑地图不具备真实的物理尺寸，只表示不同地点的连通关系和距离，如铁路网，常用于超大规模的机器人路径规划。语义地图是加标签的尺度地图，是公认的 SLAM 未来——SLAM 和深度学习的结合，常用于人机交互。

栅格地图就是将地图进行栅格化，每一个栅格的值为可行域、不可达区域、未知区域三种之一，可行域即机器人可以行走的区域，不可达区域即障碍物，未知区域即机器人还未感知的环境，如图 6-5 所示。

在绘制栅格地图时，由于二维激光雷达的每一帧激光数据都返回了机器人到障碍物的距

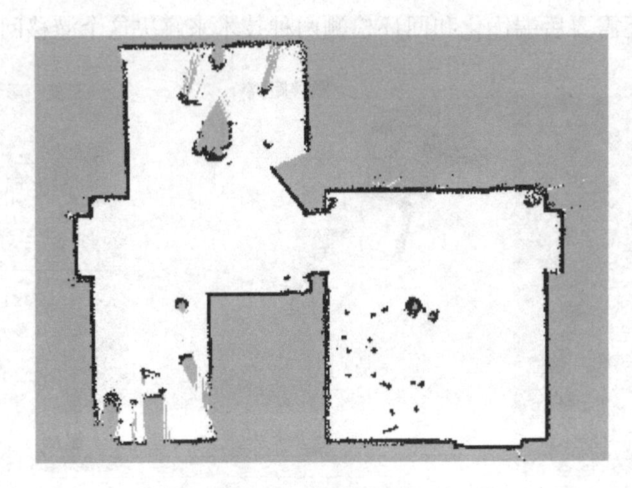

图 6-5　栅格地图

离，所以只需将激光点云在栅格地图中设置为障碍物区域，然后将机器人当前坐标点（计算求得）与障碍物点之间连线所穿过的栅格标注为可行域，连线可通过 Bresenham 算法来实现，读者可在搜索引擎中搜索关键字来了解算法细节。

图 6-6 所示为一帧激光数据中的一束激光进行地图绘制的过程，将障碍物所处的栅格标记为不可达区域，将该激光束穿过的栅格标记为可行域，如此即可绘制出机器人当前的局部地图，随着机器人在场景中的不断运动，局部地图逐步累积为一个完整的栅格地图。

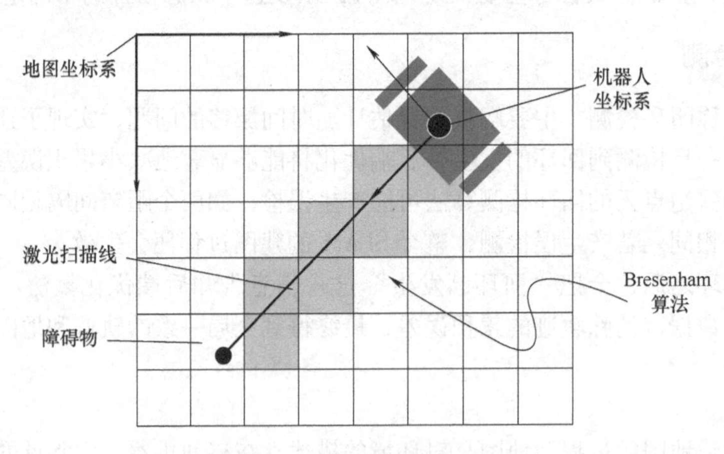

图 6-6　栅格地图绘制过程

6.3 常见 SLAM 介绍

根据所采用的数学优化框架，激光 SLAM 可以分为基于滤波器的激光 SLAM 和基于图优化的激光 SLAM 两大类。

基于滤波器的激光 SLAM 主要是基于粒子滤波（Particle Filter）算法来进行定位与建图。粒子滤波的核心思想是随机采样，主要分为初始化、搜索、决策和重采样四个阶段，如图 6-7 所示。其中，初始化阶段对移动机器人的位姿进行初始化；搜索阶段随机发布粒子，随后获得反馈的目标相似度信息；决策阶段利用一系列随机样本的加权和近似后验概率密度函数，通过求和来获得近似积分，再进行粒子的权值计算，为选择性的重采样做准备；重采样阶段则按照粒子权值在整体粒子权值中的占比复制粒子，有目的地重新分布粒子。粒子滤波不断重复以上过程，最终进行地图估计。其中比较有代表性的是 GMapping 算法。

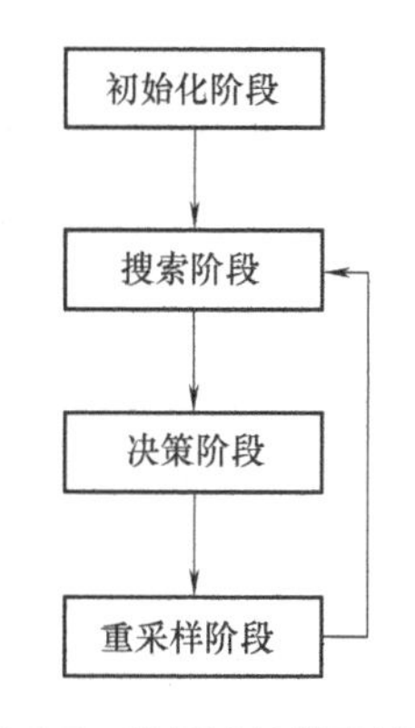

图 6-7 粒子滤波算法流程

基于图优化的 SLAM 的核心思想是在移动机器人建图过程中实时构建位姿图，以机器人的位姿作为节点，各个环节之间的转换关系作为边。与基于滤波方法的 SLAM 不同的是，基于图优化的 SLAM 分为前端和后端两个模块，后端引入了闭环检测环节，因此相比于粒子滤波类算法，图优化类算法可以适应面积较大的场景，利用闭环检测可以消除误差，避免误差累积造成建图的不准确。其中比较有代表性的是 Cartographer、Hector_slam 和 Karto_slam 算法。

6.3.1 GMapping

GMapping 是一个基于粒子滤波算法的二维激光 SLAM 算法，目前常用于对室内环境进行二维的定位与建图。相比于基础的粒子滤波算法，GMapping 算法更多地使用了统计方法。粒子滤波算法主要根据建立环境地图所需的粒子数来衡量算法的复杂度，因此使用较少的粒子构建较为精确的地图是该算法的重中之重。为了降低粒子数，GMapping 算法做了提议分布和选择性重采样两方面的改进，其中改进提议分布的作用是降低粒子数，选择性重采样则解决了重复采样引发的粒子耗散问题。

GMapping 算法适用于室内小场景和低特征环境下的定位与建图，在构建小场景地图时所需的计算量较小且精度较高。同时，GMapping 有效利用了机器人里程计的信息，由于里程计可以提供机器人的位姿先验，因此 GMapping 对激光雷达的扫描频率要求较低。但是随着场景增大，其所需的粒子数就会更多，导致内存需求和计算量剧增，而且也没有回环检测支持，因此在大场景建图中进行回环闭合时可能会出现地图错位。

在 ROS 系统中提供了 GMapping 算法功能包，这大大降低了开发者使用该算法的难度。可通过下面命令以二进制形式安装 GMapping 算法：

```
sudo apt-get install ros-melodic-gmapping
```

如果想查看 GMapping 算法的源代码，可通过下面命令下载源代码：

```
git clone https://github.com/ros-perception/slam_gmapping.git
```

GMapping 算法对应的 ROS 话题和服务如表 6-1 所示。

表 6-1 GMapping 算法话题和服务

话题和服务	名　称	类　型	描　述
Topic 订阅	tf	tf/tfMessage	用于激光雷达坐标系、基坐标系、里程计坐标系之间的变换
	scan	sensor_msgs/LaserScan	激光雷达扫描数据

（续）

话题和服务	名　　称	类　　型	描　　述
Topic 发布	map_metadata	nav_msgs/MapMetaData	发布地图 Meta 数据
	map	nav_msgs/OccupancyGrid	发布地图栅格数据
	~entropy	std_msgs/Float64	发布机器人姿态分布熵的估计
Service	dynamic_map	nav_msgs/GetMap	获取地图数据

从表 6-1 中可以看出，GMapping 算法需要订阅机器人关节坐标变换话题/tf 和激光雷达扫描数据话题/scan，并会发布地图栅格数据话题/map。其中/tf 变换如表 6-2 所示。

表 6-2　GMapping 中的/tf 变换

/tf 变换	描　　述
laser_link→base_link	激光雷达坐标系与基坐标系之间的变换
base_link→odom	基坐标系与里程计坐标系之间的变换
map→odom	地图坐标系与机器人里程计坐标系之间的变换，估计机器人在地图中的位姿

6.3.2　Cartographer

Cartographer 算法是谷歌公司开发的基于图优化的开源 SLAM 算法，其框架主要分为前端和后端两个部分。与其他 SLAM 算法相比，Cartographer 算法的前端引入了子图的概念进行数据提取和数据关联，激光雷达每扫描一次都会形成一个子图，每次扫描而得的数据帧会与上一次得到的子图进行对比，并且插入到上一次得到的子图中，子图的更新优化依赖于数据帧的不断插入，当没有数据帧插入时则形成完整优化的子图，如此反复即可获得若干个子图（即局部地图）；后端首先进行闭环检测，再对前端获得的若干个子图进行优化，通过全局计算得到优化后的位姿，可以用来消除累积误差，得到最优的全局地图。Cartographer 工作流程如图 6-8 所示。

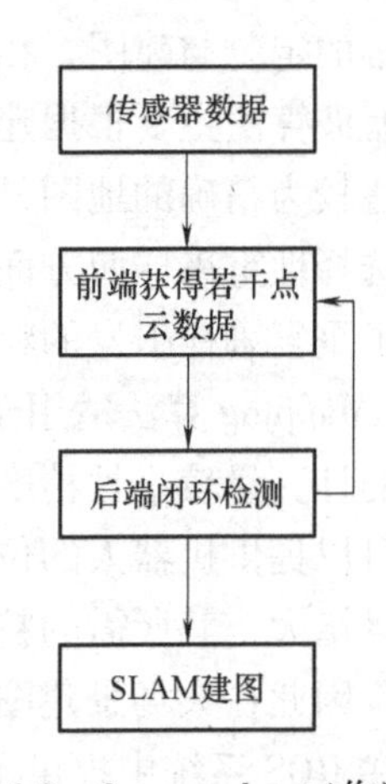

图 6-8　Cartographer 工作流程

在实际应用中，Cartographer 算法对激光雷达的硬件要求不高，在室内场景下还可以实现手持激光雷达建图，因此在操作难易程度上具有一定的优势，同时硬件水平的提高还会改善 Cartographer 算法的建图性能。

Cartographer 功能包也集成进了 ROS 系统，因此也可直接通过下面命令行以二进制形式进行功能包的安装：

```
sudo apt-get install ros-melodic-cartographer-ros
```

如果想查看该算法的源代码，可通过下面命令下载源代码：

```
git clone https://github.com/googlecartographer/cartographer.git
```

Cartographer 的内容比较庞大，这里不做过多展示，读者若想深入了解可查阅网址

https://google-cartographer-ros.readthedocs.io/en/latest/index.html，其对应的 ROS 话题如表 6-3所示。

表 6-3　Cartographer 算法话题

话　题	名　称	类　型	描　述
Topic 订阅	scan	sensor_msgs/LaserScan	激光雷达扫描的深度数据
	imu	sensor_msgs/Imu	IMU 获取的六轴速度信息
	odom	nav_msgs/Odometry	里程计信息
Topic 发布	map	nav_msgs/OccupancyGrid	发布地图栅格数据
	tf	tf/StempedTransform	TF 坐标变换

6.3.3　Hector_slam

Hector_slam 算法也是基于图优化的 SLAM 算法。与 Cartographer 算法流程类似，Hector_slam 算法也分为前端和后端，前端负责对机器人的运动进行估计，后端对位姿进行优化，但后端缺少了闭环检测环节。在建图过程中，前端进行激光扫描，获得栅格地图，每当激光雷达获得新的数据时，将其与上一时刻的地图进行匹配。为使激光雷达数据映射到栅格地图中，采用双线性插值的方法来获得连续的栅格地图。后端采用高斯-牛顿法对临近帧进行匹配，使地图数据误差最小，得到优化的地图。

同样，在 ROS 系统中也已经集成了 Hector_slam 功能包，可通过下面的命令以二进制形式安装：

```
sudo apt-get install ros-melodic-hector-slam
```

如果想查看该算法的源代码，可通过下面命令下载源代码：

```
git clone https://github.com/tu-darmstadt-ros-pkg/hector_slam.git
```

Hector_slam 算法话题和服务如表 6-4 所示。

表 6-4　Hector_slam 算法话题和服务

话题和服务	名　称	类　型	描　述
Topic 订阅	scan	sensor_msgs/LaserScan	激光雷达扫描的深度数据
	syscommand	std_msgs/String	系统命令。如果字符串等于“reset”，地图和机器人姿态重置为初始状态
Topic 发布	map_metadata	nav_msgs/MapMetaData	发布地图 Meta 数据
	map	nav_msgs/OccupancyGrid	发布地图栅格数据
	slam_out_pose	geometry_msgs/PoseStamped	估计的机器人位姿
	poseupdate	geometry_msgs/PoseWithCovarianceStamped	估计的机器人位姿
Service	dynamic_map	nav_msgs/GetMap	获取地图数据

Hector_slam 的核心节点是 hector_mapping，它订阅“/scan”话题以及获取 SLAM 所需的激光雷达数据。与 GMapping 相同的是，hector_mapping 节点也会发布/map 话题，来提供已

构建的地图信息；不同的是，hector_mapping 节点还会发布 slam_out_pose 和 poseupdate 这两个话题来提供当前估计的机器人位姿信息。Hector_slam 中的坐标变换主要有两个，如表 6-5 所示。

表 6-5 Hector_slam 中的/tf 变换

/tf 变换	描　述
laser_link→base_link	激光雷达坐标系和基坐标系之间的变换
map→odom	地图坐标系与机器人里程计坐标系之间的变换，估计机器人在地图中的位姿

在算法实现过程中，Hector_slam 算法与 Cartographer 算法大致相同，而与 GMapping、Cartographer 算法不同的是，Hector_slam 算法不需要里程计，但对激光雷达的精度要求较高，精度至少要达到 40Hz 的帧率。Hector_slam 算法对硬件要求较高的特点使其在室内场景应用时存在局限性，但 Hector_slam 算法可以估计 6 个自由度的位姿，可以胜任在崎岖不平路面或空中环境下的定位与建图工作，也可应用于无人机室内导航。

6.3.4 Karto_slam

Karto_slam 算法也是基于图优化的 SLAM 算法，用高度优化和非迭代 cholesky 分解进行稀疏系统解耦作为解，利用非线性最小二乘进行全局矫正，并且进行回环检测。该算法的不足之处是每次局部子图匹配之前都要构建子图，耗费时间长，其全局匹配方法在搜索范围扩大时匹配速度也会变慢。

同样，在 ROS 系统中也已经集成了 Karto_slam 功能包，可通过下面的命令以二进制形式安装：

```
sudo apt-get install ros-melodic-karto-slam
```

如果想查看该算法的源代码，可通过下面命令下载源代码：

```
git clone https://github.com/ros-perception/slam_karto.git
```

Karto_slam 算法话题和服务如表 6-6 所示。

表 6-6 Karto_slam 算法话题和服务

话题和服务	名　称	类　型	描　述
Topic 订阅	scan	sensor_msgs/LaserScan	激光雷达扫描的深度数据
	tf	tf/tfMessage	用于激光雷达坐标系、基坐标系、里程计坐标系之间的变换
Topic 发布	map_metadata	nav_msgs/MapMetaData	发布地图 Meta 数据
	map	nav_msgs/OccupancyGrid	发布地图栅格数据
	visualization_marker_array	visualization_msgs/MarkerArray	发布位姿图信息
Service	dynamic_map	nav_msgs/GetMap	获取地图数据

Karto_slam 和 GMapping 所订阅和发布的话题基本一样，唯一的不同点是 GMapping 通过/~entropy 话题来发布机器人姿态分布熵的估计，而 Karto_slam 通过/visualization_marker_ array 话题来发布位姿图信息。Karto_slam 中的/tf 变换也跟 GMapping 中的/tf 变换一样，如表 6-7 所示。

表 6-7　Karto_slam 中的/tf 变换

/tf 变换	描　述
laser_link→base_link	激光雷达坐标系与基坐标系之间的变换
base_link→odom	基坐标系与里程计坐标系之间的变换
map→odom	地图坐标系与机器人里程计坐标系之间的变换，估计机器人在地图中的位姿

*6.4　TinySLAM 解读

TinySLAM 是实现最为简单的 SLAM 方法，其核心代码不超过 200 行，非常适合新手作为 SLAM 入门来学习，可以通过 TinySLAM 深入理解 SLAM 的工作原理。下面介绍 TinySLAM 的核心代码。TinySLAM 源代码的下载地址为 https://github.com/OpenSLAM-org/openslam_tinyslam。

6.4.1　基本数据结构

TinySLAM 中的数据结构定义在 CoreSLAM.h 文件中。在了解数据结构之前，先了解一下单帧传感器数据。在二维激光雷达 SLAM 中，单帧传感器数据主要包括当前的时间戳、左右轮编码、当前机器人的位姿和激光雷达的深度信息。但在实际的运行过程中，这些数据的更新频率并不一致，如机器人的里程计数据更新频率远远大于激光雷达数据更新频率，所以在实际项目中都要进行人工的时间戳对齐。最简单的解决方案就是将离激光雷达数据时间戳最近的里程计数据绑定到同一个数据结构内：

```
typedef struct {
    unsigned int timestamp;               //时间戳
    int q1,q2;                            //里程计数据
    double v,psidot;                      //用于解决机器人移动过快产生
    //的误差,暂时可以忽略
    ts_position_t position[3];            /机器人的位姿
    int d[TS_SCAN_SIZE];                  //原始激光雷达数据,将由 scan 转换
成点云数据
} ts_sensor_data_t;
```

其中机器人位姿的数据结构如下：

```
typedef struct{
    double x,y;             //in mm
    double theta;           //in degrees
} ts_position_t;
```

激光雷达数据是在激光雷达自身坐标系下，将周围障碍物距离雷达本身的距离信息，根

据激光雷达旋转角度计算出的在地图坐标系下的坐标值，其数据结构如下：

```
typedef struct {
    //转换后激光雷达点的 x、y 坐标
    double x[TS_SCAN_SIZE],y[TS_SCAN_SIZE];
    //标记为障碍物点/非障碍物点
    int value[TS_SCAN_SIZE];
    //激光雷达点数
    int nb_points;
} ts_scan_t;
```

由于不同的激光雷达起始点的角度、采样度数间隔不一致，SLAM 算法还需要有相应数据结构用于存储激光雷达参数：

```
typedef struct {
    double offset;              //雷达相对于旋转中心的偏移量
    int scan_size;              //一帧激光雷达的雷达束数量
    int angle_min;              //激光雷达开始扫描的角度(一般在 0°附近)
    int angle_max;              //激光雷达结束扫描的角度(一般在 360°附近)
    int detection_margin;       //激光雷达最大探测距离,超过该距离的
                                //激光束返回深度为 0
double distance_no_detection;
} ts_laser_parameters_t;
```

二轮里程计数据中保存了轮子半径的大小、左右轮之间的距离、电动机编码信息及左右轮大小比例，其数据结构如下：


```
typedef struct {
    double r;           //轮子的半径
    double R;           //轴距
    int inc;            //每编码前进多少米
    double ratio;       //左右轮大小比例
} ts_robot_parameters_t;
```

6.4.2 TinySLAM 基本流程

TinySLAM 的主流程代码集成在 test_lab_reverse.c 文件中，部分函数实现在 CoreSLAM.c 文件中，其整个流程框架如图 6-9 所示。

read_sensor_data 函数功能是将传感器数据转为 scan 点集数据，用单帧数据结构中的相应数据结构缓存起来。

ts_map_init 函数功能是初始化 map 数据结构，map 数据结构实际上是一个 TS_MAP_SIZE * TS_MAP_SIZE 的数组，初始化的值设为（TS_OBSTACLE+TS_NO_OBSTACLE）/2。

在进行点集匹配（蒙特卡洛定位）之前，需要先根据读取到的二轮编码器的信息计算出里程计信息，得到一个粗略的位姿估计，其代码实现如下：

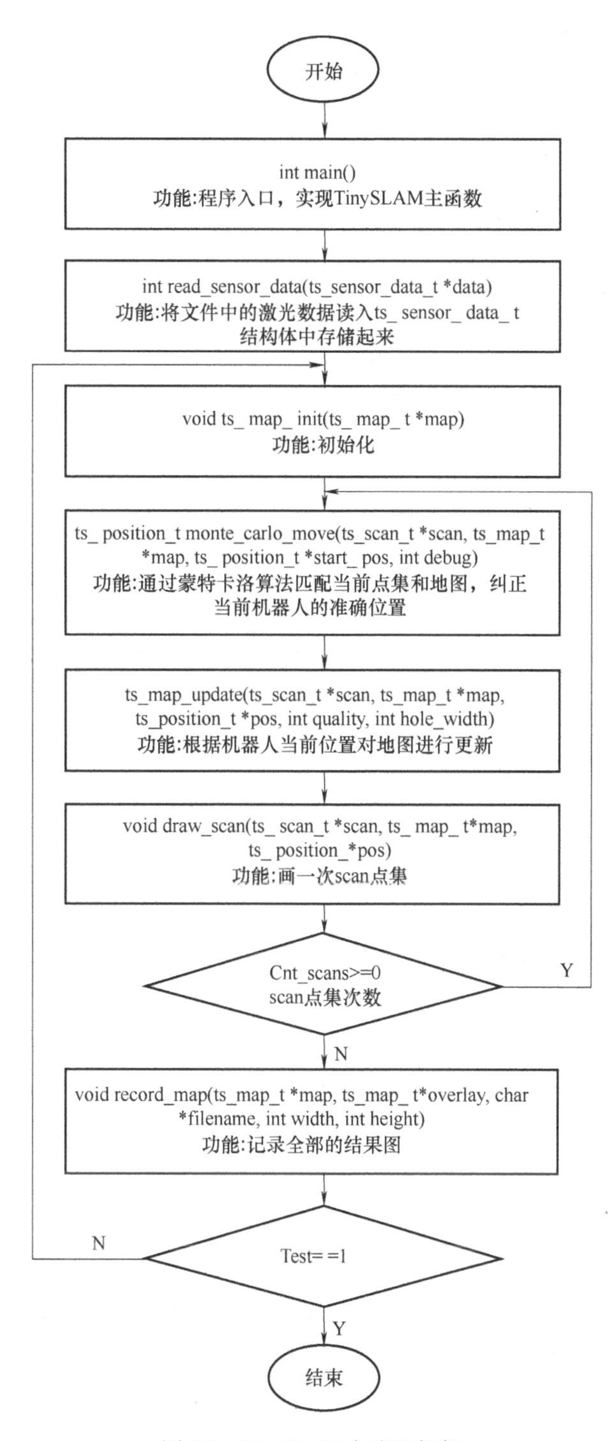

图 6-9　TinySLAM 主流程框架

```
if(state->timestamp! =0){
m=state->params.r*M_PI/state->params.inc;

//由里程计计算速度
```

```
    v=m*(sd->q1-state->q1+(sd->q2-state->q2)*state->params.ratio);

    //转换成弧度
    thetarad=state->position.theta*M_PI/180;
    position=state->position;

    //计算下一时刻的位置
    position.x+=v*1000*cos(thetarad);
    position.y+=v*1000*sin(thetarad);

    //计算航向角的变化量,并转换成角度
    psidot=(m*((sd->q2-state->q2)*state->params.ratio-sd->q1+state->
q1)/state->params.R)*180/M_PI;
    position.theta+=psidot;
    v*=1000000.0/(sd->timestamp-state->timestamp);
    psidot*=1000000.0/(sd->timestamp-state->timestamp);
    } else {
    //第一帧的情况,直接设置
    state->psidot=psidot=0;
    state->v=v=0;
    position=state->position;
    thetarad=state->position.theta*M_PI/180;
    }
```


monte_carlo_move 函数是点集匹配的函数，采用蒙特卡洛随机算法来找最佳位置，返回的是最佳的匹配位置。该函数的流程如图 6-10 所示。

具体函数实现如下：

```
    ts_position_t monte_carlo_move(ts_scan_t*scan,ts_map_t*map,ts_
position_t*start_pos,int debug)
    {
    ts_position_t cpp,currentpos,bestpos,lastbestpos;
    int currentdist;
    int bestdist,lastbestdist;
    int counter=0;
    //计算最开始的坐标与已知地图的重合度,作为初始数值
    currentpos=bestpos=lastbestpos=*start_pos;
    //重合度计算,将该点云与 map 中障碍物点重合的 value 加起来求平均值
    currentdist=ts_distance_scan_to_map(scan,map,&currentpos);
    bestdist=lastbestdist=currentdist;
```

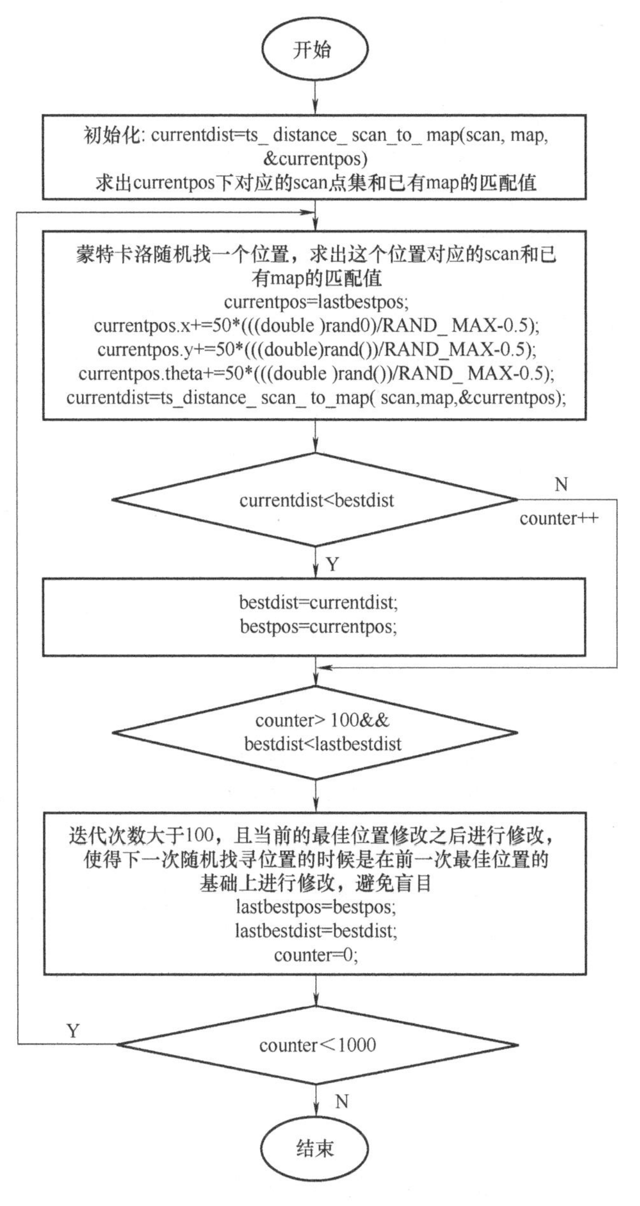

图 6-10 蒙特卡洛算法流程

```
//不断寻找当前的最佳位置
do {
    currentpos=lastbestpos;
    currentpos.x+=50*(((double)rand())/RAND_MAX-0.5);
    currentpos.y+=50*(((double)rand())/RAND_MAX-0.5);
    currentpos.theta+=50*(((double)rand())/RAND_MAX-0.5);
    currentdist=ts_distance_scan_to_map(scan,map, &currentpos);
    if(currentdist<bestdist){
```

```
            bestdist=currentdist;
            bestpos=currentpos;
            if(debug)printf("Monte carlo! %lg %lg %lg %d(count=%d)\
n",bestpos.x,bestpos.y,bestpos.theta,bestdist,counter);
            } else {
                counter++;
            }
            if(counter>100){//如果多次查找失败,则缩小搜索范围
              if(bestdist<lastbestdist){
                    lastbestpos=bestpos;
                    lastbestdist=bestdist;
                    counter=0;
                }
            }
        } while(counter<1000);
        return bestpos;
    }
```

ts_map_update 是更新地图函数，实质上是更改地图上的值，然后使用 Bresenham 算法绘制地图，里面比较重要的是更新地图值的过程。该函数流程如图 6-11 所示。

具体函数实现如下：

```
    void ts_map_update(ts_scan_t * scan,ts_map_t * map,ts_position_t *
pos,int quality,int hole_width)
    {
    double c,s;
    double x2p,y2p;
    int i,x1,y1,x2,y2,xp,yp,value,q;
    double add,dist;
    //计算机器人的位姿以及机器人在栅格地图中的坐标
    c=cos(pos->theta * M_PI/180);
    s=sin(pos->theta * M_PI/180);
    x1=(int)floor(pos->x * TS_MAP_SCALE+0.5);
    y1=(int)floor(pos->y * TS_MAP_SCALE+0.5);
    //将机器人坐标系下的 scan 转换到地图坐标系中
    for(i=0;i! =scan->nb_points;i++){
    //旋转的雷达点云数据
        x2p=c * scan->x[i]-s * scan->y[i];
        y2p=s * scan->x[i]+c * scan->y[i];
        //雷达点云在栅格地图中的坐标
```

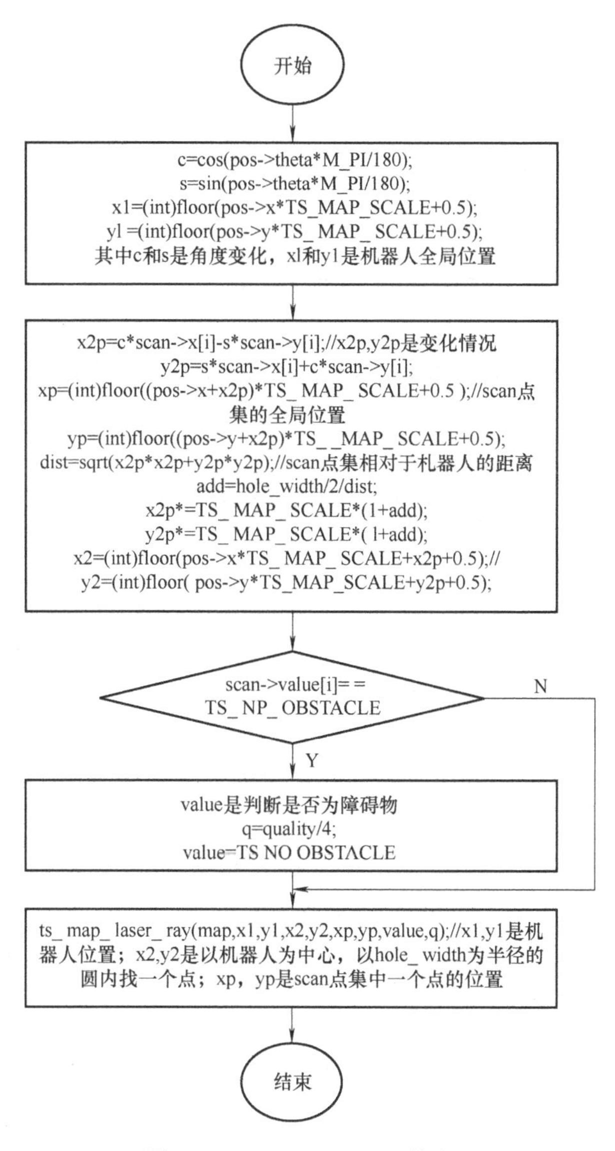

图 6-11 ts_map_update 函数流程

```
xp=(int)floor((pos->x+x2p)*TS_MAP_SCALE+0.5);
yp=(int)floor((pos->y+y2p)*TS_MAP_SCALE+0.5);
//原始激光束的长度
dist=sqrt(x2p*x2p+y2p*y2p);
add=hole_width/2/dist;
x2p*=TS_MAP_SCALE*(1+add);
y2p*=TS_MAP_SCALE*(1+add);
x2=(int)floor(pos->x*TS_MAP_SCALE+x2p+0.5);
y2=(int)floor(pos->y*TS_MAP_SCALE+y2p+0.5);
if(scan->value[i]==TS_NO_OBSTACLE){
```

```
        q=quality/4;
        value=TS_NO_OBSTACLE;
    } else {
        q=quality;
        value=TS_OBSTACLE;
    }
    //printf("%d %d %d %d %d %d %d\n",i,x1,y1,x2,y2,xp,yp);
    //Bresenham 算法
    ts_map_laser_ray(map,x1,y1,x2,y2,xp,yp,value,q);
  }
  }
```

draw_scan 函数主要的任务是绘制激光雷达点云数据，跟 ts_map_update 函数中处理激光雷达点云数据过程类似，函数实现如下：

```
  void draw_scan(ts_scan_t * scan,ts_map_t * map,ts_position_t * pos)
  {
  double c,s;
  double x2p,y2p;
  int i,x1,y1,x2,y2;
  c=cos(pos->theta * M_PI/180);
  s=sin(pos->theta * M_PI/180);
  x1=(int)floor(pos->x * TS_MAP_SCALE+0.5);
  y1=(int)floor(pos->y * TS_MAP_SCALE+0.5);
  //Translate and rotate scan to robot position
  for(i=0;i! =scan->nb_points;i++){
  if(scan->value[i]! =TS_NO_OBSTACLE){
          x2p=c * scan->x[i]-s * scan->y[i];
          y2p=s * scan->x[i]+c * scan->y[i];
          x2p * =TS_MAP_SCALE;
          y2p * =TS_MAP_SCALE;
          x2=(int)floor(pos->x * TS_MAP_SCALE+x2p+0.5);
          y2=(int)floor(pos->y * TS_MAP_SCALE+y2p+0.5);
          if(x2>=0 && y2>=0 && x2<TS_MAP_SIZE && y2<TS_MAP_SIZE)
map->map[y2 * TS_MAP_SIZE+x2]=0;
      }
  }
  }
```

record_map 函数的任务是记录全部的结果图，函数输入是地图结构体原图和匹配结果图，函数输出是整个地图信息。具体函数实现如下：

```
void record_map(ts_map_t * map,ts_map_t * overlay,char * filename,
int width,int height)
{
int x,y,xp,yp;
FILE * output;
output=fopen(filename,"wt");
fprintf(output,"P2\n%d %d 255\n",width,height);
y=(TS_MAP_SIZE-height)/2;
for(yp=0;yp<height;y++,yp++){
    x=(TS_MAP_SIZE-width)/2;
    for(xp=0;xp<width;x++,xp++){
        if(overlay->map[(TS_MAP_SIZE-1-y) * TS_MAP_SIZE+x]==0)
            fprintf(output,"0");
        else
            fprintf(output,"%d",(int)(map->map[(TS_MAP_SIZE-1-y) *
TS_MAP_SIZE+x])>>8);
}
fprintf(output,"\n");
}
fclose(output);
}
```

主要函数逻辑如上，具体代码细节请读者自行阅读 TinySLAM 源代码。

6.5 SLAM 实验

在学习了激光 SLAM 的基本框架之后，相信读者对激光 SLAM 有了一定的了解，下面通过运用 SLAM 建图的实验来加深对激光 SLAM 的了解。该部分实验代码以及所使用到的脚本文件位于 https://gitee.com/mrobotit/mrobot_book/tree/master/ch6。

6.5.1 实验一：SLAM 离线实验

在通过移动机器人设备实际运行 SLAM 前，首先在公开数据集上来运行二维激光雷达 SLAM，并介绍验证 SLAM 算法精度的测量方法与工具。在 SLAM 算法实际应用时，利用公开数据集进行算法评估是重要的一个环节。本部分代码位于 https://gitee.com/mrobotit/mrobot_book/tree/master/ch6/ros_data。

本实验使用二维激光雷达 SLAM 公开数据集（http://ais.informatik.uni-freiburg.de/slamevaluation/datasets.php）中的 Intel Research Lab 数据集，如图 6-12 所示。

通过图 6-12 中的“download log file”下载离线数据集，但下载的数据集是“.clf”格式，因此需要使用 Python 脚本 clf_intel_to_bag.py 把下载好的数据集转换成 rosbag 文件 intel.bag，作为 SLAM 算法的离线输入数据。

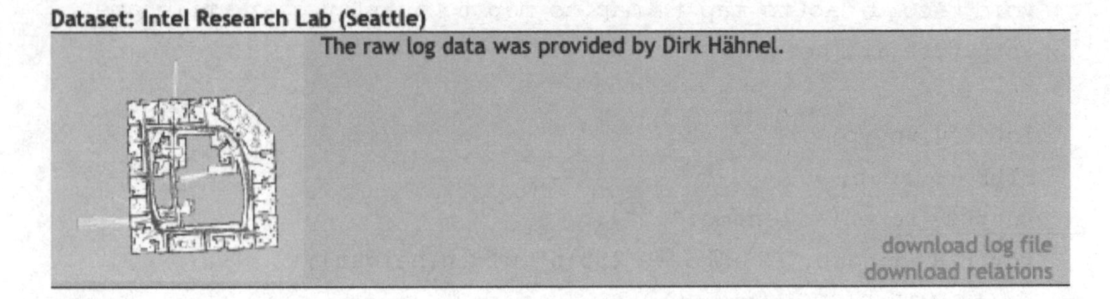

图 6-12　Intel Research Lab 数据集示意图

```
python clf_intel_to_bag.py intel.clf intel.bag
```

然后分别运行两种 SLAM 算法进行实验对比。GMapping 实验结果如图 6-13 所示，Karto_slam 实验结果如图 6-14 所示。

```
rosrun gmapping slam_gmapping
rosbag play intel.bag
rosrun slam_karto slam_karto
rosbag play intel.bag
```

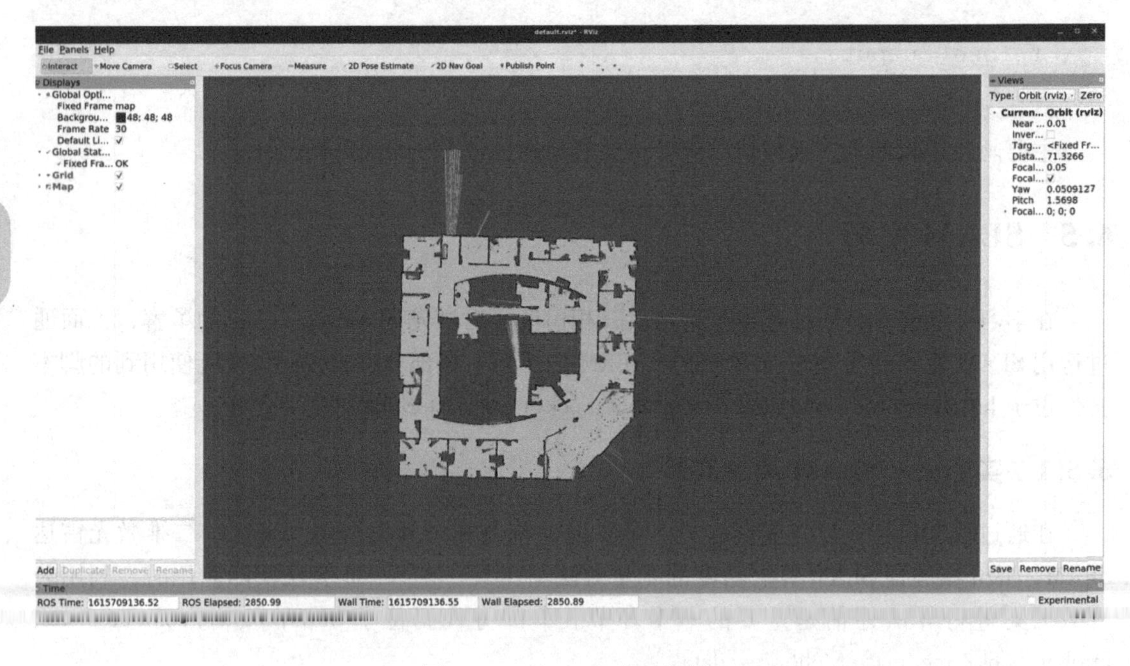

图 6-13　GMapping 实验结果

最后把两种 SLAM 输出的轨迹位姿用 txt 格式记录下来，分别记为 gmapping.txt、karto.txt，一同记录的还有原始的里程计数据 odom_origin.txt。把三种轨迹使用 evo 工具进行对比验证。

evo 可以使用 pip 指令方便地进行安装：

图 6-14　Karto_slam 实验结果

```
pip install evo--upgrade--no-binary evo
```

【注意】 安装完成后使用 evo 命令时可能会出现“not found evo”问题，只需要重启一下计算机即可。

显示轨迹则可以使用以下指令：

```
evo_traj tum gmapping.txt karto.txt odom_origin.txt -p
```

如图 6-15 所示，GMapping 和 Karto 两种 SLAM 的轨迹几乎重合，都相对精确，而使用原始的里程计数据则显得十分“不靠谱”。但两种 SLAM 的优劣现在还只是能够定性地从感官上说 Karto 要优于 GMapping，而更为精确地定量实验则需要使用公开数据集中的 ground_truth（真值）。在下载离线数据集的地方单击“download relations”下载 intel.relations，该真值记录了部分位姿的变换关系 T_{ij}，gmapping.txt 和 karto.txt 则记录了 SLAM 输出的轨迹，需要将后者进行匹配转换，得到相应时间戳的 T_{ij}^*，并计算它们的差值$T_{ij} \ominus T_{ij}^*$。

运行脚本文件 calculate_delta.py，通过计算两种 SLAM 与 ground_truth 的差值，可以得到图 6-16，鉴于该图横向过长，所以只截取了一部分。可以看到图中 Karto_slam 在位姿变换 T_{ij}上与真值之间的差值要小于 GMapping，由此能够定量地比较两种 SLAM 方法的优劣。

```
python3 calculate_delta.py gmapping.txt intel.relations
```

6.5.2　实验二：SLAM 建图实验

在进行实际场地的 SLAM 实验之前，首先要搭建一个用于实验的标准场地，在该场地中测试 SLAM 算法的可靠性。需要的材料有以下几种：

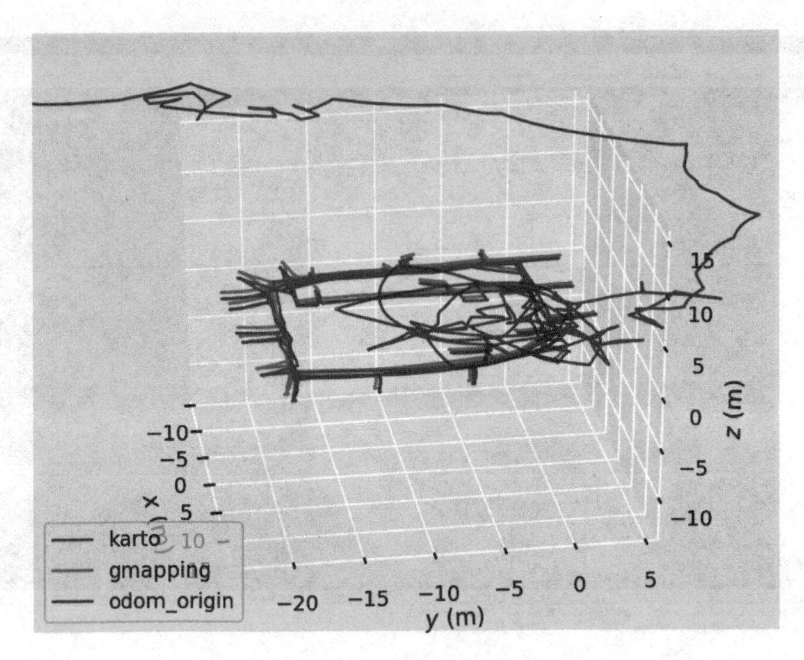

图 6-15　离线 SLAM 实验对比图（一）

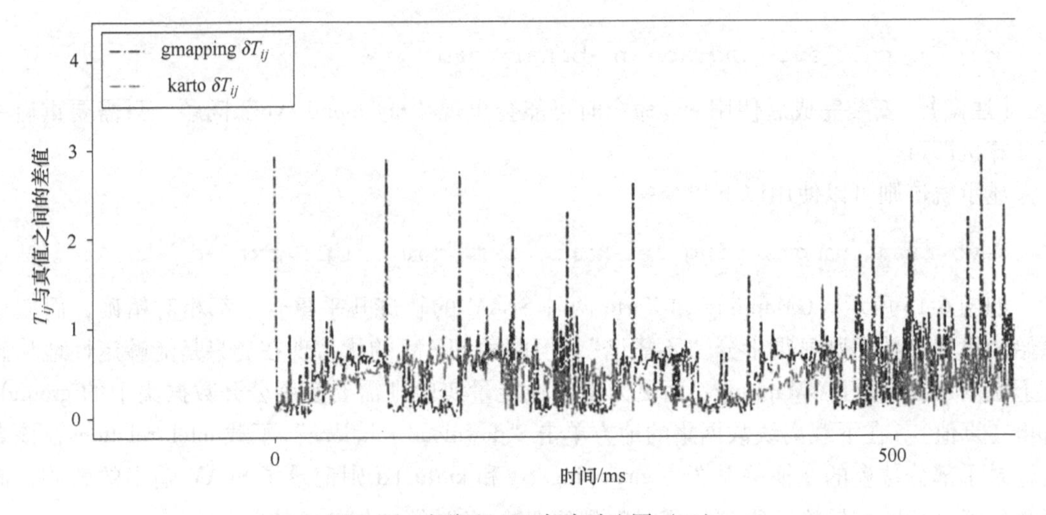

图 6-16　离线 SLAM 实验对比图（二）

- 45cm×35cm 非透明隔板若干（需要满足非透明，且不易形变的特性）；
- 卡扣若干（用于固定非透明隔板）；
- 黑色胶带（用于标记机器人起始点）。

在准备好材料之后，在一块较为平整的地面上搭建出如图 6-17 所示的一个场地。该场地中有三个区域，它们分别被隔板隔开。

接下来介绍小车在实验场地中建图的过程，主要介绍比较常用的 GMapping 和 Karto_slam 两种方式。Karto_slam 的实验步骤如下：

1）使用下面命令检查机器人中是否已安装 Karto：

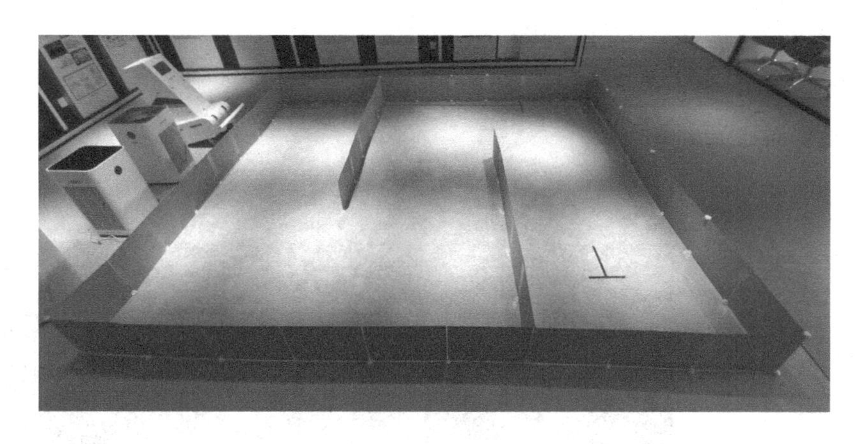

图 6-17 实验场地

```
rosecd slam_karto
```

【注意】 如果显示找不到文件夹，可使用下面的命令自行安装 Karto_slam：

```
sudo apt-get install ros-melodic-slam-karto
```

2）编写 Karto_slam 的启动文件 karto_slam. launch，并将文件放到工作目录下的 launch 文件夹中：

```
<launch>
<node pkg = " slam _ karto " type = " slam _ karto " name = " slam _ karto "
output="screen">
    <remap from="scan"to="scan"/>
    <param name="odom_frame"value="odom_combined"/>
    <param name="map_update_interval"value="25"/>
    <param name="resolution"value="0.025"/>
</node>
</launch>
```

3）为了地图可视化方便，在 karto_slam. launch 文件中加入 RViz 启动节点：

```
<node name="rviz"pkg="rviz"type="rviz"
    args ="-d $ ( find mrobotit )/rviz/karto _ slam.rviz " required =
"true">
</node>
```

【注意】 首次运行该 launch 文件时，控制台可能会给出找不到 karto_slam. rviz 文件的错误。这是由于本机目录下不存在当前的文件，解决方法如下：

打开终端输入 rviz 启动 RViz，手动在 RViz 中添加自己需要的配置，然后单击“保存”按钮，保存路径为 ROS 工作空间中的 rviz 文件夹，其中 mrobotit 是自己创建的功能包的名称。

4）将小车放到实验场地内，分别启动小车和 Karto_slam 的节点：

```
roslaunch mrobotit robot_start.launch
roslaunch mrobotit karto_slam.launch
```

启动成功界面如图 6-18 所示。

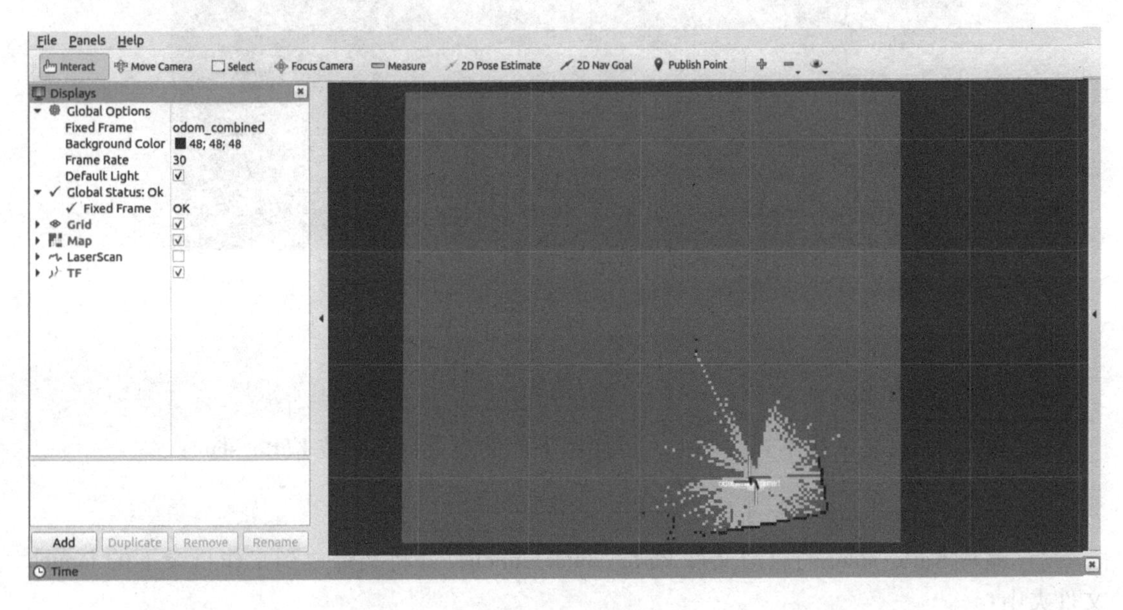

图 6-18 启动成功界面

5）用户启动键盘控制节点，控制小车在场地内移动，使小车在场地内行走一周回到出发点，最终地图效果如图 6-19 所示。

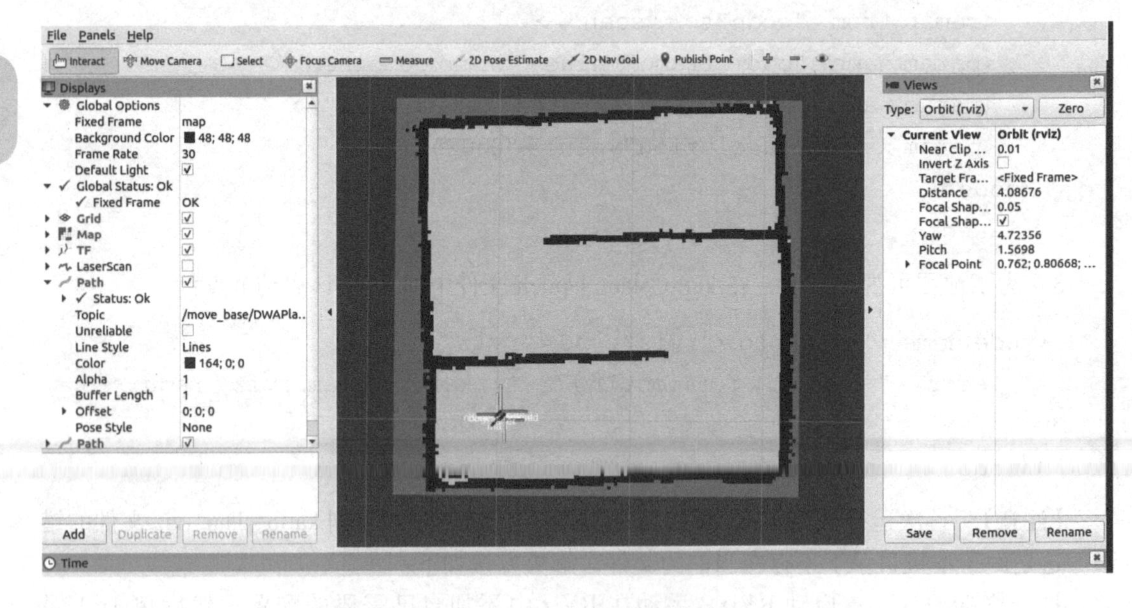

图 6-19 地图创建结束效果

6）切换到地图保存目录下，使用 map_server 把地图保存下来：

```
cd mrobotit/map
rosrun map_server map_saver -f test_map
```

7）至此，完成了使用 Karto_slam 对标准场地的建图，如图 6-20 所示。建图完成后，可在 mrobotit/map 目录下生成 test_map. pgm 和 test_map. taml 两个文件。test_map. pgm 文件是地图的图片格式文件（见图 6-20），test_map. yaml 是地图的配置文件。

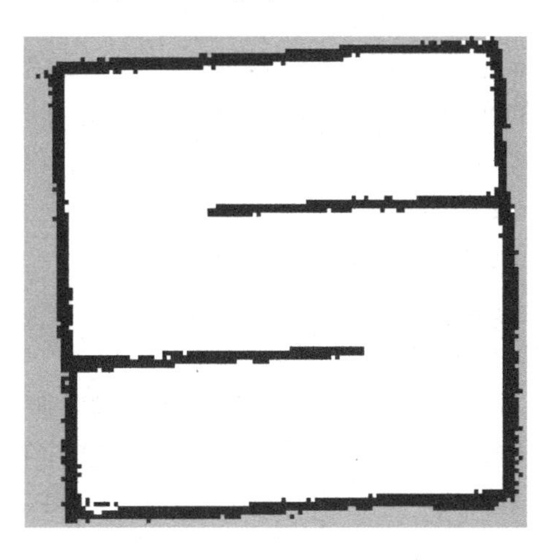

图 6-20 test_map. pgm 文件

test_map. yaml 文件内容如下：

```
image: test_map.pgm
resolution: 0.025000
origin: [-0.793355,-0.556260,0.000000]
negate: 0
occupied_thresh: 0.65
free_thresh: 0.196
```


文件中每个参数的含义如下：

image：地图文件的路径，可以是绝对路径，也可以是相对路径。

resolution：地图的分辨率，米/像素。

origin：地图左下角的 2D 位姿（x，y，yaw），这里的 yaw 是逆时针方向旋转的（yaw=0 表示没有旋转）。目前系统中的很多部分会忽略 yaw 值。

negate：是否置换白/黑、自由/占用的意义（阈值的解释不受影响）。

occupied_thresh：占用概率大于这个阈值的像素，会被认为是完全占用。

free_thresh：占用概率小于这个阈值的像素，会被认为是完全自由。

使用 GMapping 建图和 Karto_slam 建图的操作过程基本类似，主要是 launch 文件内容不同。使用 GMapping 建图时的 launch 文件如下：

```
<launch>
<arg name="scan_topic"default="scan"/>//激光的 Topic 相对应
```

```
<arg name="base_frame"default="base_footprint"/>//机器人的坐标系
<arg name="odom_frame"default="odom_combined"/>//机器人原点
<node pkg="gmapping"type="slam_gmapping"name="slam_gmapping"
output="screen">
    <param name="base_frame"value="$(arg base_frame)"/>
    <param name="odom_frame"value="$(arg odom_frame)"/>
    <param name="map_update_interval"value="0.01"/>//地图更新的时
间间隔,两次 scanmatch 的间隔,地图更新也受 scanmatch 的影响,如果 scanmatch 没
有成功,是不会更新地图的
    <param name="maxUrange"value="4.0"/>
    <param name="maxRange"value="5.0"/>
    <param name="sigma"value="0.05"/>
    <param name="kernelSize"value="3"/>
    <param name="lstep"value="0.05"/>//optimize 机器人移动的初始值
    <param name="astep"value="0.05"/>//optimize 机器人移动的初始值
    <param name="iterations"value="5"/>//icp 的迭代次数
    <param name="lsigma"value="0.075"/>
    <param name="ogain"value="3.0"/>
    <param name="lskip"value="0"/>//值为 0 表示所有激光都要处理
    <param name="minimumScore"value="30"/>//判断 scanmatch 是否成功
的阈值
    <param name="srr"value="0.01"/>//运动模型的噪声参数
    <param name="srt"value="0.02"/>
    <param name="str"value="0.01"/>
    <param name="stt"value="0.02"/>-->
    <param name="linearUpdate"value="0.05"/>//机器人移动 linearUp-
date 距离
    <param name="angularUpdate"value="0.0436"/>//机器人选装 angu-
larUpdate 角度
    <param name="temporalUpdate"value="-1.0"/>
    <param name="resampleThreshold"value="0.5"/>
    <param name="particles"value="8"/>//粒子个数
    <param name="xmin"value="-1.0"/>//map 初始化大小
    <param name="ymin"value="-1.0"/>
    <param name="xmax"value="1.0"/>
    <param name="ymax"value="1.0"/>
    <param name="delta"value="0.05"/>
    <param name="llsamplerange"value="0.01"/>
    <param name="llsamplestep"value="0.01"/>
```

```
    <param name="lasamplerange"value="0.005"/>
    <param name="lasamplestep"value="0.005"/>
    <remap from="scan"to="$(arg scan_topic)"/>
</node>
</launch>
```

同样，Hector 算法建图的 launch 文件如下：

```
<launch>
<node pkg="hector_mapping"type="hector_mapping"name="hector_mapping"output="screen">
    <param name="pub_map_odom_transform"value="true"/>
    <param name="map_frame"value="map"/>//map 坐标系
    <param name="base_frame"value="base_footprint"/>  //机器人基坐标系
    <param name="odom_frame"value="odom_combined"/>   //里程计坐标系
    <! --Map size/start point-->//地图参数设置以及原点位置
    <param name="map_resolution"value="0.050"/>
    <param name="map_size"value="1048"/>
    <param name="map_start_x"value="0.5"/>
    <param name="map_start_y"value="0.5"/>
    <param name="map_multi_res_levels"value="2"/>
    <! --Map update parameters-->//地图更新参数
    <param name="update_factor_free"value="0.4"/>
    <param name="update_factor_occupied"value="0.9"/>
    <param name="map_update_distance_thresh"value="0.4"/>
    <param name="map_update_angle_thresh"value="0.06"/>
    <param name="laser_z_min_value"value="-1.0"/>
    <param name="laser_z_max_value"value="1.0"/>
</node>
<arg name="trajectory_source_frame_name"value="scanmatcher_frame"/>
<arg name="trajectory_update_rate"default="4"/>
<arg name="trajectory_publish_rate"default="0.25"/>
<node pkg="hector_trajectory_server"type="hector_trajectory_server"name="hector_trajectory_server"output="screen">
    <param name="target_frame_name"type="string"value="/map"/>
    <param name="source_frame_name"type="string"value="$(arg trajectory_source_frame_name)"/>
```

```
        <param name="trajectory_update_rate" type="double" value=
"$(arg trajectory_update_rate)"/>
        <param name="trajectory_publish_rate" type="double" value=
"$(arg trajectory_publish_rate)"/>
    </node>
    <node pkg="hector_geotiff" type="geotiff_node" name="hector_
geotiff_node" output="screen" launch-prefix="nice -n 15">
    <remap from="map" to="/dynamic_map"/>
        <param name="map_file_path" type="string" value="$(find
hector_geotiff)/maps"/>
        <param name="map_file_base_name" type="string" value="uprobot-
ics"/>
        <param name="geotiff_save_period" type="double" value="0"/>
        <param name="draw_background_checkerboard" type="bool" value=
"true"/>
        <param name="draw_free_space_grid" type="bool" value="true"/>
    </node>
    </launch>
```

6.5.3 实验三：Cartographer 实验

如果读者想通过源代码安装 cartographer_ros 的脚本，可以通过下面的步骤进行安装，或者直接通过“./install.sh”运行 https://gitee.com/mrobotit/mrobot_book/tree/master/ch6/cartographer_installation 中的 install.sh 脚本文件进行安装。


```
sudo apt update
sudo apt install -y python-wstool python-rosdep ninja-build
mkdir -p ~/cartographer_ws/src
cp .rosinstall ~/cartographer_ws/src/
cd ~/cartographer_ws
wstool update -t src
git clone https://gitee.com/WLwindlinfeng/protobuf.git
cd protobuf
git checkout tags/${VERSION}
mkdir build
cd build
cmake -G Ninja\
  -DCMAKE_POSITION_INDEPENDENT_CODE=ON\
  -DCMAKE_BUILD_TYPE=Release\
  -Dprotobuf_BUILD_TESTS=OFF\
```

```
    ../cmake
    ninja
    sudo ninja install
    cd ~/cartographer_ws
    rosdep install --from-paths src --ignore-src --rosdistro=${ROS_DIS-
TRO} -y
    catkin_make_isolated --install --use-ninja
```

安装完成后下载官方数据包测试一下：

```
    wget-P ~/Downloads https://storage.googleapis.com/cartographer-pub-
lic-data/bags/backpack_2d/cartographer_paper_deutsches_museum.bag
    roslaunch cartographer_ros demo_backpack_2d.launch bag_filename:=
${HOME}/Downloads/cartographer_paper_deutsches_museum.bag
```

在运行 Cartographer 的时候可能会遇到“The plugin for class‘Submaps’failed to load”错误，解决方法是安装“cartographer-rviz”：

```
    sudo apt-get install ros-melodic-cartographer-rviz
```

运行结果如图 6-21 所示。

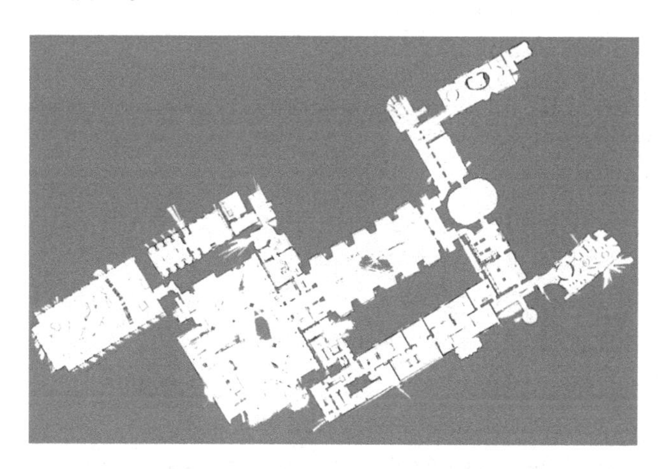

图 6-21　Cartographer 官方数据包

如果想要通过自己的移动机器人来进行 Cartographer 建图实验，首先需要创建一个配置文件 mrobotit_mapbuild.lua，由于需要采用激光雷达信息、IMU 信息和里程计信息进行融合建图，所以 tracking_frame、published_frame 这两个参数一定要设置正确，文件具体内容如下：

```
    include"map_builder.lua"
    include"trajectory_builder.lua"
    options={
    map_builder=MAP_BUILDER,
    trajectory_builder=TRAJECTORY_BUILDER,
    map_frame="map",
```

```
  tracking_frame="gyro_link",
  published_frame="odom",
  odom_frame="odom",
  provide_odom_frame=true,
  publish_frame_projected_to_2d=false,
  use_odometry=true,
  use_nav_sat=false,
  use_landmarks=false,
  num_laser_scans=1,
  num_multi_echo_laser_scans=0,
  num_subdivisions_per_laser_scan=1,
  num_point_clouds=0,
  lookup_transform_timeout_sec=0.2,
  submap_publish_period_sec=0.3,
  pose_publish_period_sec=5e-3,
  trajectory_publish_period_sec=30e-3,
  rangefinder_sampling_ratio=1.,
  odometry_sampling_ratio=1.,
  fixed_frame_pose_sampling_ratio=1.,
  imu_sampling_ratio=1.,
  landmarks_sampling_ratio=1.,
  }
  MAP_BUILDER.use_trajectory_builder_2d=true
  TRAJECTORY_BUILDER_2D.submaps.num_range_data=35
  TRAJECTORY_BUILDER_2D.min_range=0.3
  TRAJECTORY_BUILDER_2D.max_range=8.
  TRAJECTORY_BUILDER_2D.missing_data_ray_length=1.
  TRAJECTORY_BUILDER_2D.use_imu_data=true
  TRAJECTORY_BUILDER_2D.use_online_correlative_scan_matching=true
  TRAJECTORY_BUILDER_2D.real_time_correlative_scan_matcher.linear_
search_window=0.1
  TRAJECTORY _ BUILDER _ 2D.real _ time _ correlative _ scan _ matc-
her.translation delta cost weight=10.
  TRAJECTORY_BUILDER_2D.real_time_correlative_scan_matcher.rotation_
delta_cost_weight=1e-1
  POSE_GRAPH.optimization_problem.huber_scale=1e2
  POSE_GRAPH.optimize_every_n_nodes=35
  POSE_GRAPH.constraint_builder.min_score=0.65
  return options
```

配置完 mrobotit_mapbuild. lua 文件之后就需要编写 mrobotit_ mapbuild. launch 文件了，文件具体内容如下：

```
<launch>
<node pkg ="cartographer_ros"type ="cartographer_node"name ="cartographer_node"args ="
-configuration_directory $(find control_test)/cfg
-configuration_basename mrobotit_mapbuild. lua"output ="screen">
<remap from="scan"to="/scan"/>
<remap from="imu"to="/imu"/>
<remap from="odom"to="/odom"/>
</node>
<node pkg ="cartographer_ros"type ="cartographer_occupancy_grid_node"name ="cartographer_occupancy_grid_node"args ="-resolution 0.05-publish_period_sec 1.0"/>
</launch>
```

mrobotit_mapbuild. launch 文件中主要包含了两个启动项，一个是启动 cartographer_node 建图节点，这个是 Cartographer 建图的主节点，将建立的配置文件 mrobotit_mapbuild. lua 载入，这里要注意一下文件路径，同时可以对建图输入数据进行名称的重映射；另一个是启动 cartographer_occupancy_grid_node 地图格式转换节点，这是由于 cartographer_node 建图节点提供的地图是 submapList 格式的，需要转换成 GridMap 格式才能在 ROS 中显示和使用，这里可以用 resolution 参数来设置 GridMap 地图的分辨率，用 publish_period_sec 来设置 GridMap 地图的发布频率。

最后启动小车和建图节点即可使用 Cartographer 进行建图，并通过 RViz 查看：

```
roslaunch mrobotit robot_start. launch
roslaunch mrobotit mrobotit_mapbuild. launch
```


本章小结

本章主要介绍了以下内容：

1）什么是 SLAM，SLAM 的经典框架是什么；

2）常见 SLAM 的基本介绍、安装方法，以及提供的话题和服务；

3）简易 SLAM——TinySLAM 源代码解读；

4）SLAM 离线实验和 SLAM 建图实验。

希望读者通过对本章的学习，掌握机器人是如何将从传感器获取到的数据转换成环境地图的，以及熟练掌握 SLAM 建图的方法。

第 7 章

定位与自主导航

在第 6 章中介绍了机器人如何通过传感器信息实现对环境地图的搭建，本章将进一步介绍移动机器人如何在已知环境中进行导航，从而实现机器人的自主移动。

本章将讨论以下主题：

1）常见重定位技术

2）自适应蒙特卡洛定位

3）常见导航技术

4）move_base

5）定点导航实验

7.1 定位与导航概述

上一章讲解了同步定位与地图的创建方法——激光 SLAM。但是，为了让机器人拥有自主移动的能力，本章将会讲解机器人如何在已构建好的地图上进行定位、自主路径规划和导航。具体来说，在给定某目标位置时，机器人完成自主导航需要以下三个步骤：

1）重新确定自己在地图中的位置；

2）计算出一条由当前位姿到给定目标位置的路径，这一过程称为全局路径规划；

3）驱动自身抵达目标点，这一过程称为局部路径规划，同时还需考虑避障。

在以上三个步骤中，步骤 1）需要对机器人的位姿进行估计，纠正机器人错误的位姿；步骤 2）需要通过全局路径规划算法计算出最优的机器人可行路径；步骤 3 需要通过局部路径规划算法让机器人避开周围的障碍物并最终抵达目标点。目前 ROS 系统已经有很完善的功能包可以直接完成以上步骤。图 7-1 是 ROS 官方给出的导航程序结构图。

由自主导航的工作框架可以看出，通过利用已有的地图数据作为输入，使用 map_server 功能包将地图转换成路径规划算法可用的栅格地图，同时使用 amcl 功能包来实现机器人在地图中的重定位，最后通过 move_base 功能包来实现已知地图中的全局路径规划和局部路径规划，并实时将机器人速度和方向指令发送给控制板，控制机器人到达指定位置。为了让读者更加全面地了解导航模块中所有的功能包，将功能包及其对应的功能整理如表 7-1 所示。

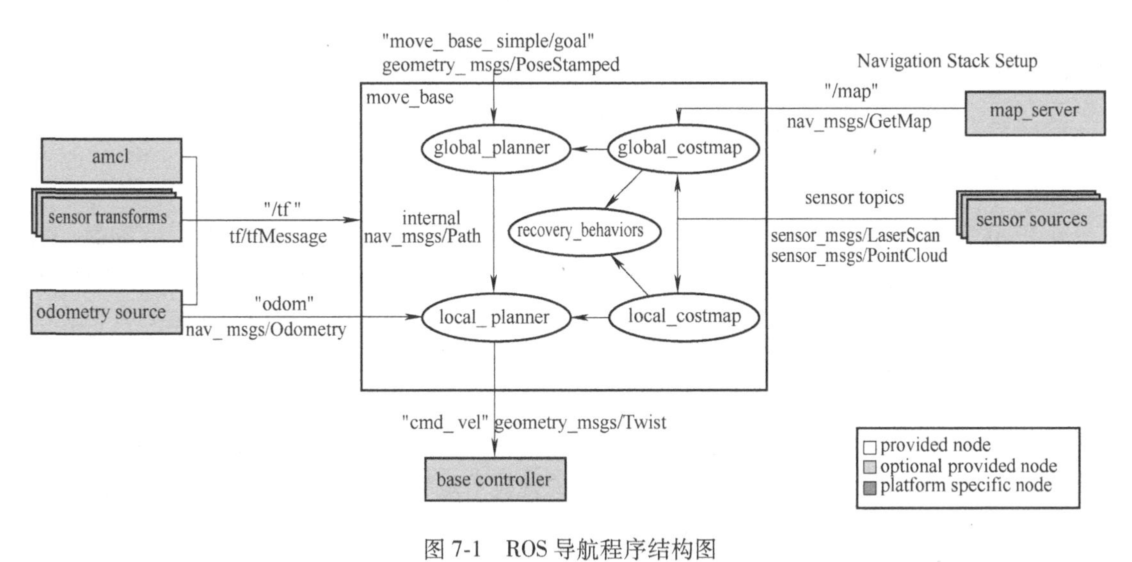

图 7-1 ROS 导航程序结构图

表 7-1 导航功能包

ROS 功能包	功 能
amcl	定位
fake_localization	定位
map_server	提供地图
move_base	路径规划节点
nav_core	路径规划接口类
base_local_planner	实现了 Trajectory Rollout 和 Dynamic Window Approach（DWA）局部规划算法
dwa_local_planner	重新实现了 DWA 局部规划算法
parrot_planner	实现了较简单的全局规划算法
Navfn	实现了 Dijkstra 和 A* 全局规划算法
golbal_planner	重新实现了 Dijkstra 和 A* 全局规划算法
clear_costmap_recovery	实现了清除代价地图的恢复行为
rotate_recovery	实现了旋转的恢复行为
move_slow_and_clear	路径规划接口类
costmap_2d	2D 代价地图
voxel_grid	三维小方块
robot_pose_ekf	机器人位姿的卡尔曼滤波

接下来将对机器人自主导航算法步骤进行逐一讲解和实现。

7.2 重定位

7.2.1 常见重定位技术

在实际应用中，移动机器人可以安装多种用于定位的传感器，如里程计、罗盘、陀螺仪、摄像头、激光雷达等。大多数的移动机器人并不会只安装一种可以用于定位的传感器，传感器的不同组合方式对应着不同的定位方式。目前比较常见的定位技术主要有轨迹推演定位、地图定位、信标定位和视觉定位等。

1. 轨迹推演定位

轨迹推演定位方式是目前使用最为广泛的定位方式，它不需要任何外部传感器来进行辅助，而且能够提供精度非常高的短期定位。其关键技术是能测量出移动机器人单位时间间隔内走过的距离，以及在这段时间内移动机器人航向的变化。

轨迹推演定位的基本原理是利用陀螺仪和加速度计测出旋转速度和加速度，再对测量结果进行积分，从而求解出移动机器人移动的距离以及航向的变化，然后根据轨迹推演算法求得机器人的位置以及姿态。但是，这种方法随着时间的增长误差会无限增长，因此不适合于精确定位。

2. 地图定位

地图定位方式的前提是通过 SLAM 构建出一个精确的环境地图，机器人通过传感器对观测到的环境信息与地图进行配准从而计算出机器人的位置。在该方法中，有两个比较著名的算法，一个是基于卡尔曼滤波技术的定位算法，另一个是基于栅格地图的蒙特卡洛定位算法，本章后面将重点讲解蒙特卡洛定位。

3. 信标定位

信标是指机器人能够通过传感器读取信息的标识物，通常的信标有二维码、条形码和 RFID 码等。一般情况下，每个信标都会有自己固定的位置和已知的位置信息，机器人会存储每个信标的信息。信标定位就是机器人通过识别信标，获取到信标的位置信息，从而计算出机器人本身的位置。

4. 视觉定位

视觉定位方法是机器人利用视觉传感器可以获取到丰富的环境信息，通过计算机视觉技术实现对环境信息的理解，从而获得机器人自身所处的位置信息。目前的视觉定位方法主要分为基于立体视觉的方法、基于全方位视觉传感器的方法和基于单目视觉的方法等。

7.2.2 自适应蒙特卡洛定位

自适应蒙特卡洛定位（Adaptive Monte Carlo Localization，AMCL），字母 A 也可以理解为 Augmented（增强的），是机器人在移动过程中的概率定位系统，它采用粒子滤波器来跟踪已构建的栅格地图中机器人的位姿。该算法可以应对机器人在大范围场景中的局部定位问题，这点非常关键，因为如果没有正确的机器人位置，那么基于错误的位置来进行路径规划将无法到达目的地。

蒙特卡洛方法也称为统计模拟方法、统计试验法，是 20 世纪 40 年代中期由于科学技术的发展和电子计算机的发明而提出的一种以概率统计理论为指导的数值计算方法。通常的蒙特卡洛方法可以粗略地分成两类：一类是所求解的问题本身具有内在的随机性，借助计算机的运算能力可以直接模拟这种随机的过程；另一类是所求解的问题可以转化为某种随机分布的特征数。

蒙特卡洛方法的基本思想是建立一个概率模型或随机过程，使它的参数或数字特征等于问题的解，然后通过对模型或过程的观察或抽样来计算这些参数或数字特征，最后给出所求解的近似值。

例如，可以通过蒙特卡洛方法计算圆周率 π：

如图 7-2a 所示，在一个边长为 $2r$ 的正方形内存在一个半径为 r 的内切圆，那么内切圆面积和正方形面积之比为

$$\frac{S_{圆}}{S_{正方形}}=\frac{\pi r^2}{(2r)^2}=\frac{\pi}{4}$$

接下来如图 7-2b 所示，在整个正方形内部随机生成 10000 个点，并计算出每个点到中心点的距离，从而判断是否落在圆内。如果这些点是均匀分布的，那么落在圆内的点的个数比上点的总数就等于$\frac{\pi}{4}$，因此只要将该比值乘以 4，就可以得到 π 的值。当随机点数量达到 30000 时，π 的估算值和真实值就仅仅相差 0.07%。

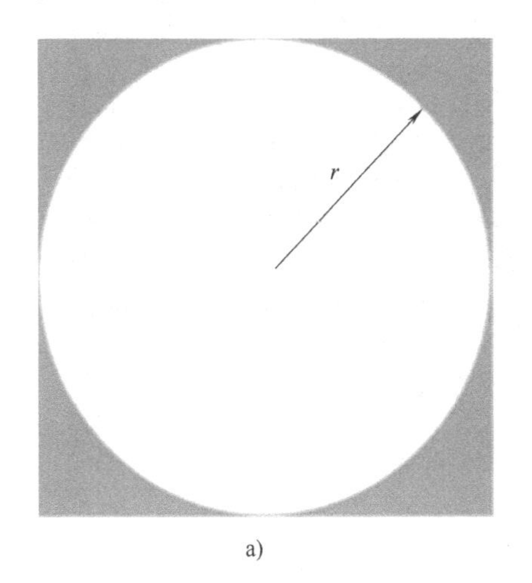

a)

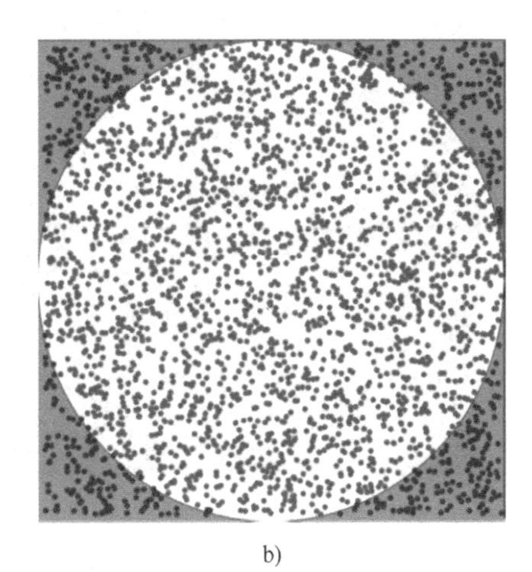

b)

图 7-2　圆周率计算

在机器人中运用得比较多的是蒙特卡洛定位（Monte Carlo Localization，MCL）算法，而蒙特卡洛定位实际就是人们常说的粒子滤波定位，它们的本质是使用一组有限的加权随机样本（粒子）来近似表征任意状态的后验概率。图 7-3 所示为蒙特卡洛定位（粒子滤波定位）算法流程。该算法具体步骤如下：

1）在已建好地图里随机生成粒子，每个粒子包含着位姿信息以及权重。初始化时，所有粒子拥有相同的权重，即所有粒子是机器人正确位姿的概率相同。

2）在下一时刻，遍历当前所有粒子，根据运动参数（里程计变化），更新每个粒子的位置，从而得到一个新的粒子集合。

3）根据传感器（如激光雷达）的测量数据，计算出上一步得到的每个新粒子的权值。

4）更新所有粒子的权重后，算法进行重采样。即根据新的权重值按概率筛选出权重更高的粒子，但同时，权重低的粒子也有一定概率会被保留。

5）在筛选得到新的粒子集合后，预估机器人可能的位姿，可选择相关算法预估位姿，如选择粒子集合中心作为预估位姿，或者粒子簇中心作为预估位姿。

随着机器人不断的运动，机器人在第2）、3）、4）和5）步反复循环，粒子会聚集在机器人周围，从而预测出更接近真实情况的机器人位姿。如在图7-4中，图a代表着初始时粒子分布，随着机器人运动，越来越多的粒子开始向机器人周围聚集，最终如图d大部分粒子都聚集在一起，聚集的位置就代表机器人当前位置。

综上所述，基本的MCL算法步骤如图7-5所示。

在伪代码中，第4行表示运动模型采样过程，第5行是使用测量模型修正粒子权值过程，第8～11行则表示粒子重采样过程。

可以看出，MCL算法不仅适用于多种真实场景，对机器人运动过程中产生的运动噪声也有较好的鲁棒性。

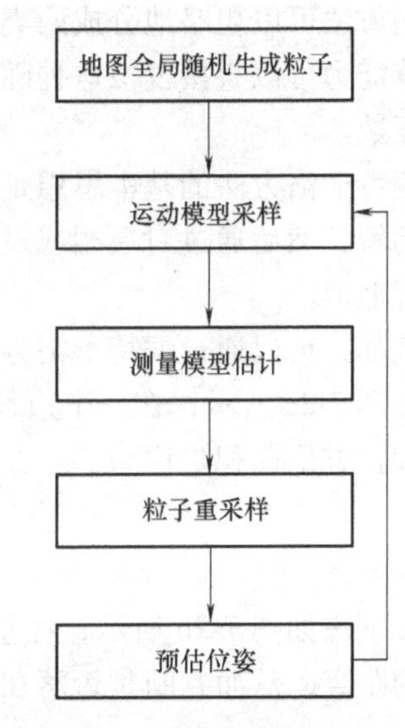

图7-3　蒙特卡洛定位算法流程

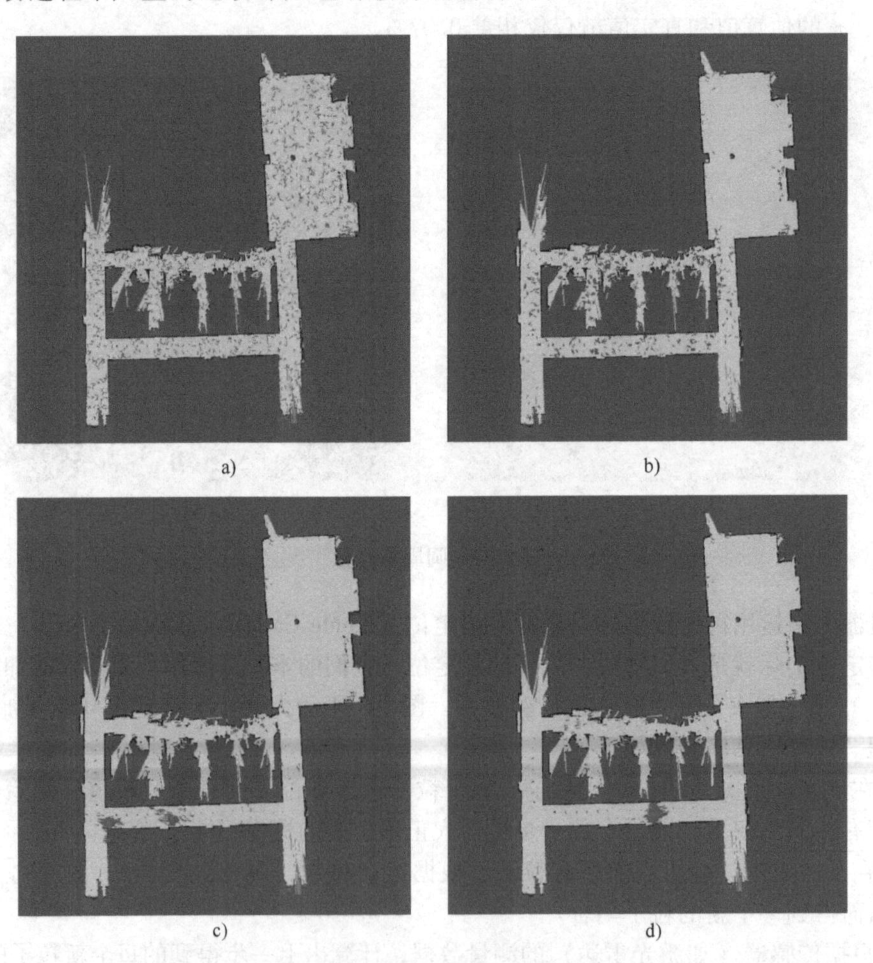

图7-4　MCL定位过程

```
1:   Algorithm MCL(𝒳_{t-1}, u_t, z_t, m):
2:       X̄_t = 𝒳_t = ∅
3:       for m = 1 to M do
4:           x_t^[m] = sample_motion_model(u_t, x_{t-1}^[m])
5:           w_t^[m] = measurement_model(z_t, x_t^[m], m)
6:           X̄_t = X̄_t + ⟨x_t^[m], w_t^[m]⟩
7:       endfor
8:       for m = 1 to M do
9:           draw i with probability ∝ w_t^[i]
10:          add x_t^[i] to 𝒳_t
11:      endfor
12:      return 𝒳_t
```

图 7-5 MCL 算法伪代码

通过增加粒子总数，可以提高近似位姿的精度。但是，粒子的数目需要与机器人的算力所匹配，过高的粒子数也会严重影响效率，而过低又会影响精度。

虽然 MCL 算法能够应对大部分的情况，但是针对机器人绑架问题的处理略有不足。机器人绑架是指突然人为移动机器人或者突然对场景做出较大改动。其原因是 MCL 算法在运动中会逐渐抛弃权重值比较低的粒子，当机器人瞬间移动到某个位置后，由于该位置可能缺少粒子，导致机器人无法从运动失效中恢复出来。针对机器人绑架可能遇到的运动失效，研究人员提出了通过有条件增加粒子的方法解决定位失效问题，这种方法称为自适应蒙特卡洛定位（AMCL）算法，算法步骤如图 7-6 所示。

```
1:   Algorithm Augmented_MCL(𝒳_{t-1}, u_t, z_t, m):
2:       static w_slow, w_fast
3:       X̄_t = 𝒳_t = ∅
4:       for m = 1 to M do
5:           x_t^[m] = sample_motion_model(u_t, x_{t-1}^[m])
6:           w_t^[m] = measurement_model(z_t, x_t^[m], m)
7:           X̄_t = X̄_t + ⟨x_t^[m], w_t^[m]⟩
8:           w_avg = w_avg + (1/M) w_t^[m]
9:       endfor
10:      w_slow = w_slow + α_slow(w_avg − w_slow)
11:      w_fast = w_fast + α_fast(w_avg − w_fast)
12:      for m = 1 to M do
13:          with probability max(0.0, 1.0 − w_fast/w_slow) do
14:              add random pose to 𝒳_t
15:          else
16:              draw i ∈ {1, ..., N} with probability ∝ w_t^[i]
17:              add x_t^[i] to 𝒳_t
18:          endwith
19:      endfor
20:      return 𝒳_t
```

图 7-6 AMCL 算法伪代码

AMCL 和 MCL 的主要不同之处是，AMCL 引入了两个衰减参数 ω_{slow} 和 ω_{fast}（$0<\omega_{slow}<<\omega_{fast}<1$），在未发生机器人绑架的情况下，$\omega_{slow}$ 的值会小于 ω_{fast}，从而 $\max(0.0,\ 1.0-\omega_{fast}/\omega_{slow})=0$，这样在重采样阶段会继续执行 MCL 的步骤。但是，当系统出现机器人绑架问题

时，粒子的平均权重 ω_{avg} 会开始下降。此时，随着机器人的运动以及粒子不断的更新，粒子平均权重将会保持在某一低位，使 ω_{slow} 大于 ω_{fast}，进而使 $\max(0.0, 1.0-\omega_{fast}/\omega_{slow})>0$。在这种情况下，算法按照一定概率往粒子集里面注入新的随机粒子，防止粒子枯竭。反之，当 $\omega_{fast}>\omega_{slow}$ 时，随机粒子不再添加，只从原先的粒子中筛选。

总的来说，自适应蒙特卡洛定位算法的自适应主要体现在以下两个方面：

1）解决了机器人绑架问题，它会在发现粒子的平均权重突然降低，如某个位置正确的粒子在某次迭代中被抛弃时，在全局重新随机生成一些粒子；

2）解决了粒子数固定的问题，因为当机器人定位较为精准后，大部分粒子集中在一起，维持剩下的粒子数反而增加了冗余计算，此时算法可以适当地减少粒子数，降低运算量。

AMCL 算法成功地让机器人知道了“我在哪？”的答案，那么当机器人获得目标位置之后是如何前进到该位置的呢？下面继续讲解 move_base，它会告诉机器人“如何去？”的答案。

7.3 导航

7.3.1 常见导航技术

常见导航技术包括磁导航、惯性导航、卫星导航和传感器数据导航等。

1. 磁导航技术

磁导航技术的主要应用形式是通过在行进线路之下埋设可以产生磁场的设备，如能够通电的导线或磁铁，之后在机器人身上安装磁传感器，通过检测磁场的形式来引导机器人根据预定轨道进行运动。该方法的抗干扰能力较强，不会受环境等因素的影响，精度较好。但是其成本较高，可变性较差，而且不能及时对障碍物进行避障。

2. 惯性导航技术

惯性导航系统主要有平台式惯导系统和捷联式惯导导航系统两种，平台式惯导系统包括物理平台，而惯性元件就安装在物理平台之上；捷联式惯导系统是运用数字式平台来代替传统的物理平台，把惯性元件直接固定在载体之上。这两种导航系统都是通过测量机器人自身的加速度和角速度，结合初始条件，结合积分和运算得出机器人当前的速度、位置以及姿态等信息，从而满足机器人导航的要求。

3. 卫星导航技术

卫星导航技术是通过在机器人上安装相应的卫星信号接收系统，并借助全球导航卫星系统来为机器人提供更加精准的位置、速度、时间等信息，以此来完成最终的导航工作。

4. 传感器数据导航技术

传感器数据导航技术主要是以非视觉传感器来进行定位导航，比较常见的包括红外导航、超声波导航、激光导航及毫米波导航等。红外导航是使用红外传感器来进行距离的测量，从而判断机器人在不同环境下的具体位置；超声波导航是以超声波传感器来进行距离的测量，进而完成导航工作；激光导航是以激光传感器来进行距离的测量，但是其测量距离更远、分辨率更高、精度更高；毫米波导航又称毫米波制导，是用毫米波雷达或毫米波辐射计作为目标捕获、定位和跟踪手段的制导技术，毫米波制导的精度高且抗干扰能力强，但受天气影响较大，因此毫米波制导的作用距离较近。

下面详细讲解结合激光 SLAM 使用的激光导航。

7.3.2　Costmap 代价地图

在介绍结合 SLAM 的激光导航（包括全局路径规划和局部路径规划）之前，首先阐述一个容易产生疑惑的点——Costmap 代价地图。

简单来说，Costmap 就是为方便路径规划，通过在 SLAM 生成地图的基础上进行各种加工而得到的新地图。Costmap 在 ROS 中使用 costmap_2d 这个软件包来实现，该软件包在原始地图上实现了两张新的地图，一个是 local_costmap，另一个是 global_costmap，它们分别是为局部路径规划和全局路径规划准备的，且都可以配置多个图层，包括下面几种：

1）Static Map Layer：静态地图层，基本上不变的地图层，通常是 SLAM 建立完成的静态地图；

2）Obstacle Map Layer：障碍地图层，用于动态地记录传感器感知到的障碍物信息；

3）Inflation Layer：膨胀层，在以上两层地图上进行膨胀（向外扩张），以避免机器人撞上障碍物；

4）Other Layers：通过插件形式自己实现 Costmap，目前已有 Social Costmap Layer、Range Sensor Layer 等开源插件。

具体来说，Costmap 的初始化流程如下：

1）首先获得全局坐标系和机器人坐标系的转换；

2）加载各个 Layer，如 StaticLayer、ObstacleLayer、InflationLayer；

3）设置机器人的轮廓；

4）实例化 costmap2DPublisher 来发布可视化数据；

5）通过 movementCB 函数不断检测机器人是否在运动；

6）开启动态参数配置服务，服务启动更新地图的线程。

图 7-7 展示了 Costmap 在初始化过程中各层加载的调用过程。其中，StaticLayer 主要处理 GMapping 或者 AMCL 产生的静态地图；ObstacleLayer 主要处理机器人移动过程中产生的障碍物信息；InflationLayer 主要处理机器人导航地图上的障碍物膨胀信息，尽可能地让机器人更安全的移动。

7.3.3　move_base 简介

move_base 是 ROS 导航中的核心节点，它在导航任务中处于支配地位，提供了 ROS 导航的配置、运行和交互接口，它的主要功能是让移动机器人自主导航至用户设定的目标点。图 7-8 是 move_base 节点组合图。

由图 7-9 可以看出，move_base 插件主要包括以下三个部分：

1）全局路径规划部分（Base Global Planner）。全局路径规划部分根据给定的目标位置进行总体路径规划，躲避场景中墙壁等静态障碍物。负责这项功能的有 carrot_planner、navfn 和 global_planner 插件，carrot_planner 实现了较简单的全局规划算法，navfn 实现了 Dijkstra和 A* 全局规划算法，global_planner 可以看作 navfn 的改进版。

2）局部路径规划部分（Base Local Planner）。局部路径规划部分根据机器人视野中的障碍物规划躲避线路，躲避移动中的障碍物，负责具体的运动细节，因此这一过程也称为动态

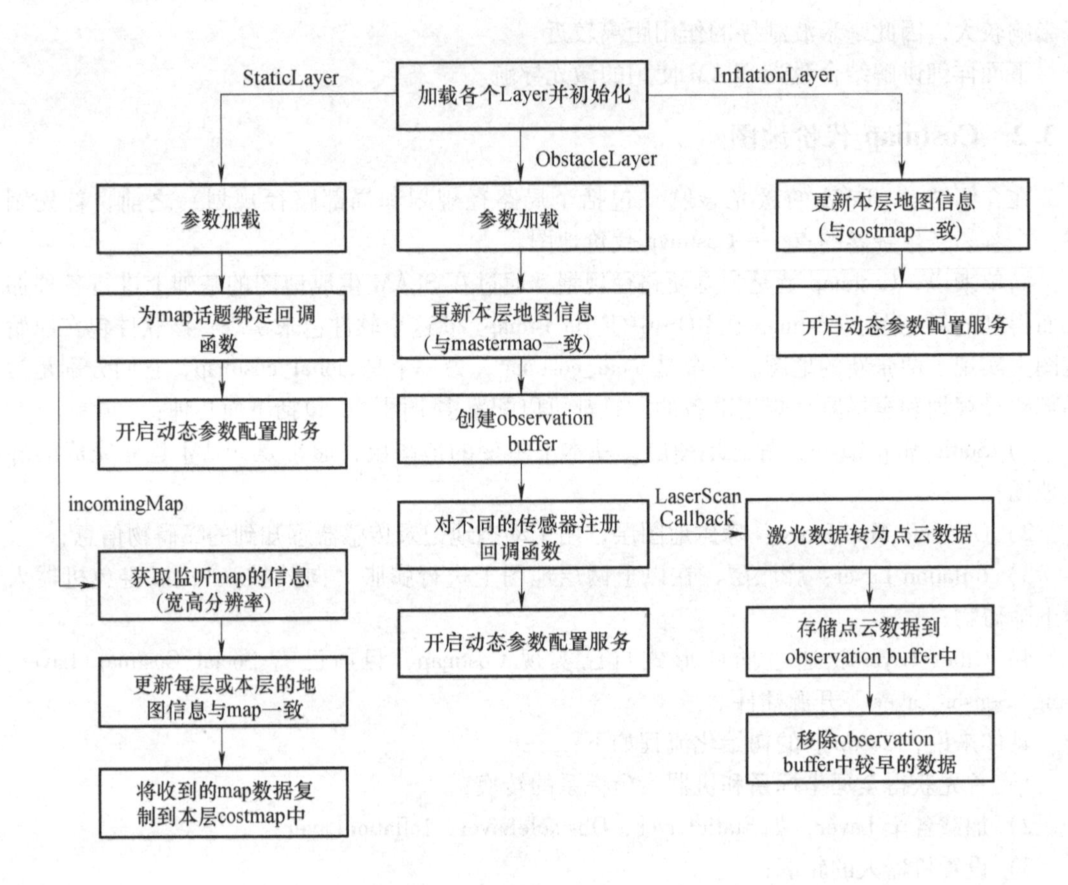

图 7-7　Costmap 初始化流程

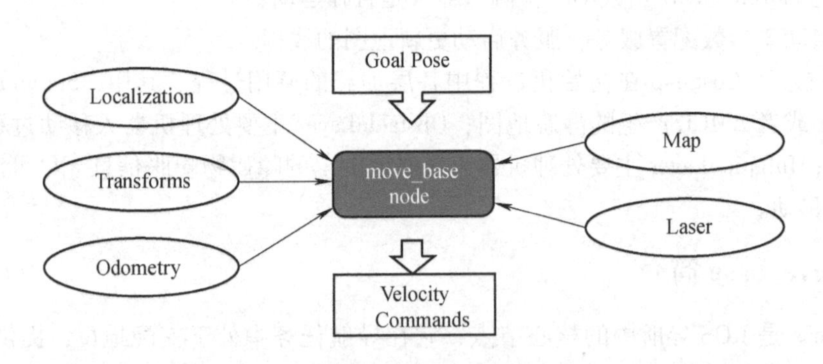

图 7-8　move_base 节点组合图

避障。负责这项功能的有 base_local_planner 和 dwa_local_planner 插件，base_local_planner 实现了 Trajectory Rollout 和 DWA 两种局部规划算法，dwa_local_planner 可以看作 base_local_planner 的改进版。

3）恢复行为部分（Recovery Behavior）。在路径规划的时候，如果规划失败就会进入恢复行为。负责这项功能的有 clear_costmap_recovery、rotate_recovery 和 move_slow_and_clear 插件，clear_costmap_recovery 实现了清除代价地图的恢复行为，rotate_recovery 实现了旋转的恢复行为，move_slow_and_clear 实现了缓慢移动的恢复行为。

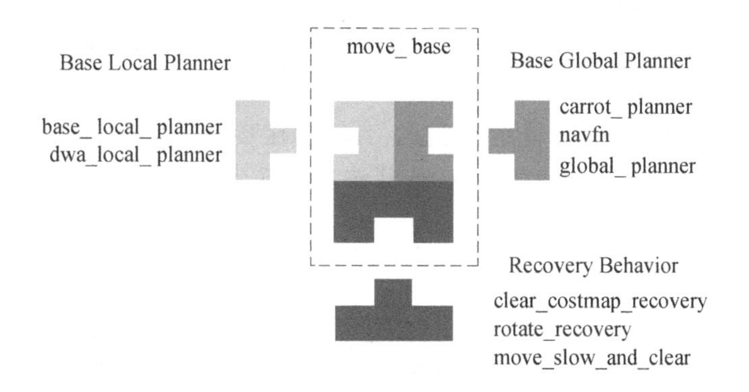

图 7-9　move_base 功能模块示意图

move_base 主线程的工作流程如图 7-10 所示。

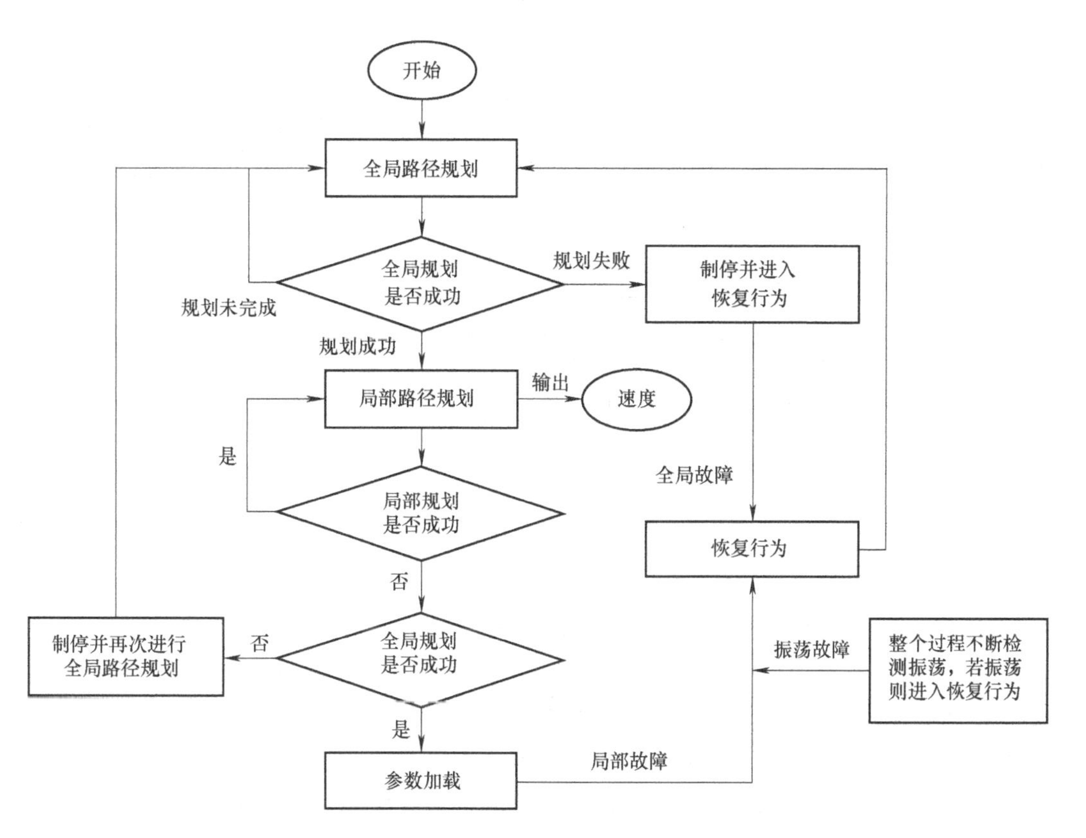

图 7-10　move_base 主线程的工作流程

接下来的三个小节将根据 move_base 的主体流程介绍移动机器人的导航过程，详细内容请查看 ROS_WIKI：http://wiki. ros. org/move_base/。

7. 3. 4　全局路径规划

在 ROS 导航包提供的导航功能中，首先规划全局路径，计算出机器人从当前位置到目标位置的线路。全局路径规划一般由 navfn 或者 global_planner 插件来实现。其输入为目标位置和 global_costmap 的信息，输出为全局路径，结果保存在一个数据格式为地图坐标的 vector 容器中。该全局路径作为 local_planner 的输入内容，为局部路径规划提供大体方向。

navfn 插件实现了 Dijkstra 最短路径算法，计算出在 Costmap 上的最小花费路径，即全局路径。此外，也可以用 A* 算法代替 Dijkstra 算法。navfn 具体流程如图 7-11 所示。

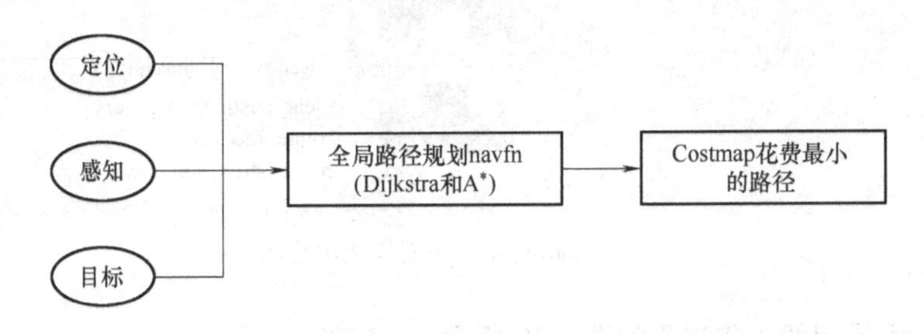

图 7-11　navfn 流程

global_planner 插件根据给定目标位置进行总体路径规划，它为导航提供了一种快速的、内插值的全局规划器，即 nav_core 包中的 nav_core::BaseGlobalPlanner 接口。该实现方法比 navfn 更加灵活，但是在算法上仍然使用的是 Dijkstra 算法和 A* 算法，具体流程如图 7-12 所示。

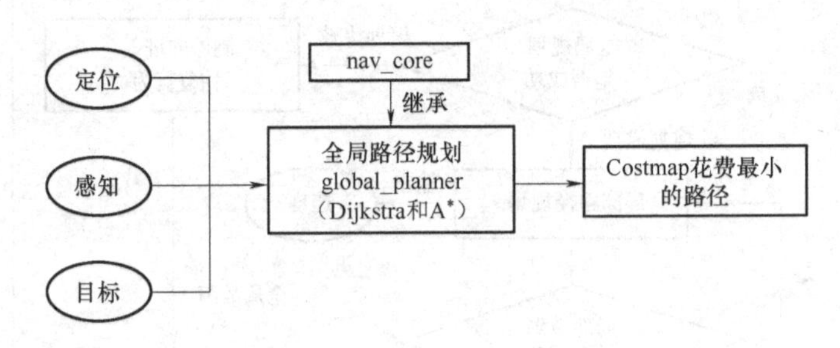

图 7-12　global_planner 流程

接下来介绍这些全局路径规划方法都在使用的 Dijkstra（迪杰斯特拉）算法。Dijkstra 算法是典型的单源最短路径算法，用于计算赋权有向图或无向图的单源最短路径问题，算法最终得到一个最短路径树。下面通过一个问题来具体介绍 Dijkstra 算法。

问题描述：

在无向图 $G=(V, E)$ 中，假设每条边 $E[i]$ 的长度为 $w[i]$，找到由顶点 V_0 到其余各点的最短路径。

算法思想：

设 $G=(V, E)$ 是一个带权有向图，把图中顶点集合 V 分成两组，第一组为已求出最短路径的顶点集合（用 S 表示，初始时 S 中只有一个源点，以后每求得一条最短路径，就将其加入到集合 S 中，直到所有的顶点都加入到 S 中，算法就结束了），第二组为其余未确定最短路径的顶点集合（用 U 表示），按最短路径长度的递增次序依次把第二组的顶点加入到 S 中。在加入过程中，总保持从源点 v 到 S 中各顶点的最短路径长度不大于源点 v 到 U 中任何顶点的最短路径长度。

算法描述：

1）初始时，顶点集合 S 只包含起点 s；集合 U 包含除 s 外的其他顶点，且 U 中顶点的距离为“起点 s 到该顶点的距离”。

2）从 U 中选出到顶点集合 S 任意点距离最短的顶点 k，并将顶点 k 加入到 S 中；同时，从 U 中移除顶点 k。

3）更新 U 中各个顶点到起始点 s 的距离。之所以更新 U 中顶点的距离，是由于上一步中确定了 k 是求出最短路径的顶点，从而可以利用 k 来更新其他顶点的距离。

重复步骤 2）和 3)，直到遍历完所有的顶点。

7.3.5 局部路径规划

完成全局路径规划之后，需要进行局部路径规划。局部路径规划一般由 base_local_planner 插件实现，使用了 Trajectory Rollout 和 Dynamic Window Approaches（DWA）算法，根据地图数据，通过算法搜索到达目标的多条路径，利用撞击障碍物概率、耗时等多种评价标准选取最优路径，并且计算所需要的实时速度和角度。

local_planner 的输入包括来自 global_planner 的全局规划路径、里程计信息及 local_costmap 的信息，输出是速度控制指令，从而对移动机器人进行速度控制。

DWA 算法的原理主要是在已知移动机器人运动模型的基础上，在速度空间（v，ω）（其中 v 表示线速度，ω 表示角速度）中采样多组速度，并模拟这些速度在一定时间内的运动轨迹，再通过一个评价函数对这些轨迹打分，选择最优的速度发送给控制板。DWA 算法示意图如图 7-13 所示，灰色多边形表示机器人，黑色长条表示障碍物，机器人前方的多条虚线表示备选的路线，可以通过设置参数来调整虚线的数量和长度，虚线越多越长对计算资源的消耗就越多，但也会得到更为精确的结果。DWA 算法具体流程如图 7-14 所示。

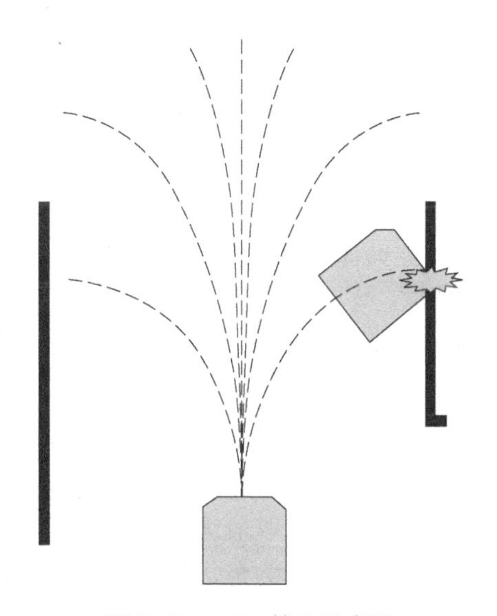

图 7-13 DWA 算法示意图

移动机器人的运动模型在前面已经进行了详细介绍，运动模型在局部路径规划部分的作用主要是根据速度采样获取的速度推算出移动轨迹。这里比较重要的是如何进行速度采样和

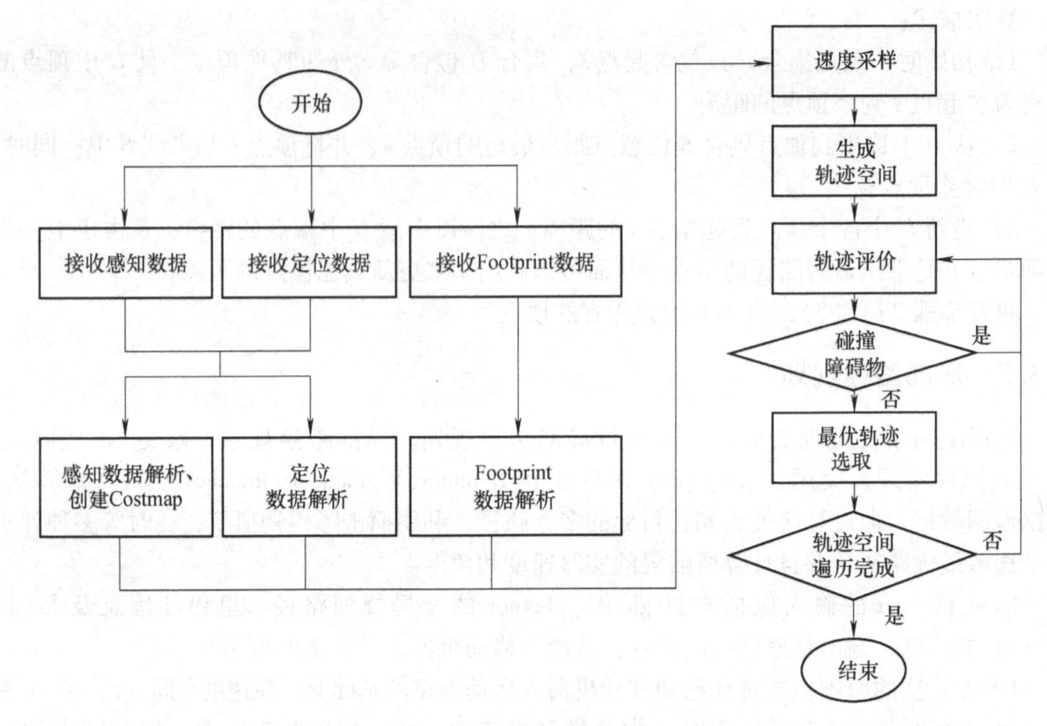

图 7-14　DWA 算法流程

轨迹评价。

在速度（v, ω）的二维空间中，v 代表移动速度，ω 代表旋转速度，存在着无穷多组组合，不可能完全的随机采样，因此需要根据机器人本身的限制和环境限制将采样速度控制在一定的范围内，具体使用下面三条限制：

1）移动机器人的速度受到最大速度和最小速度的限制：

$$V_m = \{v \in [v_{min}, v_{max}], \omega \in [\omega_{min}, \omega_{max}]\}$$

2）受机器人电动机性能的影响，由于电动机转矩有限，机器人的加速度在某区间内。因此，移动机器人轨迹的速度受到加速度限制，存在一个动态窗口，在该窗口内的速度是机器人能够实际达到的速度：

$$V_d = \{(v,\omega) \mid v \in [v_c - v_b \Delta t, v_c + v_a \Delta t] \wedge \omega \in [\omega_c - \omega_b \Delta t, \omega_c + \omega_a \Delta t]\}$$

其中，v_c、ω_c 是机器人的当前速度，v_a、ω_a 是最大加速度，v_b、ω_b 是最大减速度。

3）基于移动机器人自身安全考虑，为了能够让移动机器人再碰到障碍物之前停下来，需要设置机器人的最大减速度，因此速度受到最大减速度的影响：

$$V_a = \left\{(v,\omega) \mid v \leqslant \sqrt{2\mathrm{dist}(v,\omega) v_b} \wedge \omega \leqslant \sqrt{2\mathrm{dist}(v,\omega)\omega_b}\right\}$$

其中，$\mathrm{dist}(v, \omega)$ 是速度（v, ω）对应轨迹上离障碍物最近的距离。

接下来，算法从采样的若干速度组中选取最优组合，进行轨迹评价，得到每条轨迹的得分 Score。最后，选取 Score 最大的速度组作为最优选择。评价函数如下：

$$\mathrm{Score} = \alpha \times \mathrm{Costs}_{\mathrm{Obstacle}} + \beta \times \mathrm{Costs}_{\mathrm{Path}} + \gamma \times \mathrm{Costs}_{\mathrm{Goal}}$$

其中，$\mathrm{Costs}_{\mathrm{Obstacle}}$ 是评价轨迹上是否存在障碍物以及距离障碍物的距离，$\mathrm{Costs}_{\mathrm{Path}}$ 是评价轨迹上点距离局部参考路径的最近距离，$\mathrm{Costs}_{\mathrm{Goal}}$ 是评价轨迹上点距离局部参考路径终点的最近距离，α、β、γ 分别是各个评分标准的权重值。全局路径规划产生的全局路径在上面轨迹评价函数中进行体现，评价函数中的局部参考路径就是全局路径在当前采样窗口中的部分。

7.3.6　恢复行为

move_base 节点会控制机器人在误差允许的范围内移动到指定的位置。但是，在机器人被卡住或被人为抱起时，move_base 节点会返回一个失败信号，触发 recovery 恢复行为。

当机器人全局路径规划失败、机器人振荡、局部路径规划失败时都会进入到恢复行为中，图 7-15 是恢复行为的主要流程。

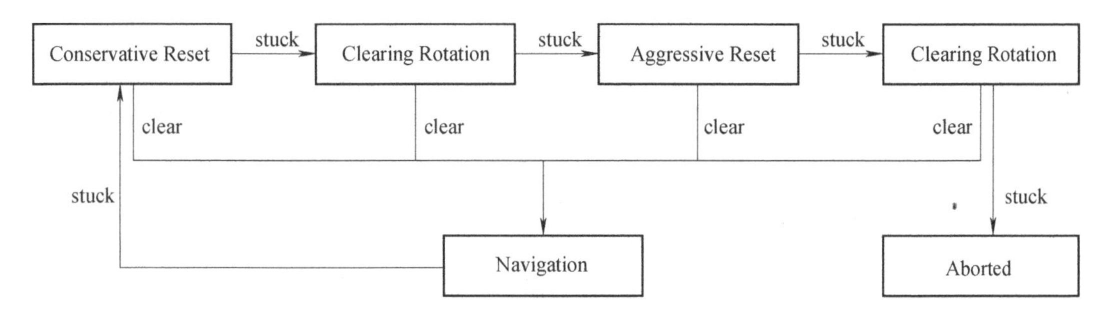

图 7-15　恢复行为流程

在默认情况下，move_base 节点将按照以下流程来清除地图空间：首先，将用户指定区域以外的障碍物从地图上清除。接下来，机器人原地旋转，获取局部的场景信息，如果此时机器人依旧无法获取当前位置，那么机器人将更积极地清除地图，清除机器人可以原地旋转的矩形区域之外的所有障碍，之后进行下一次原地旋转。如果机器人在完成上述过程之后仍然没有搞清自己的位置，机器人将认为它的目标是不可到达的，并通知用户机器人导航失败。在 move_base 功能包中，可以使用 recovery_behaviour 参数配置恢复行为，并使用 recovery_behacior_enabled 参数禁用这些恢复行为。恢复行为在 move_base 中的调用逻辑如下：

```
    /* 在 move_base 的构造函数中,可以从参数服务器上加载恢复行为列表,当参数服务器上不存在时,调用 loadDefaultRecoveryBehaviors 函数加载默认的恢复行为列表* /
    if(!loadRecoveryBehaviors(private_nh)){
        loadDefaultRecoveryBehaviors();
    }

    void MoveBase::loadDefaultRecoveryBehaviors(){
        recovery_behaviors_.clear();
        try{
            ros::NodeHandle n("~");
            n.setParam("conservative_reset/reset_distance",conservative_
reset_dist_);
    n.setParam("aggressive_reset/reset_distance",circumscribed_radius_
 *4);
```

```
    //加载清理代价地图的恢复行为
        boost::shared_ptr<nav_core::RecoveryBehavior>cons_clear(re-
covery_loader_.createInstance("clear_costmap_recovery/ClearCostmapRe-
covery"));
        cons_clear->initialize("conservative_reset", &tf_,planner_
costmap_ros_,controller_costmap_ros_);
        recovery_behaviors_.push_back(cons_clear);

    //加载原地自转的恢复行为
        boost::shared_ptr<nav_core::RecoveryBehavior>rotate(recov-
ery_loader_.createInstance("rotate_recovery/RotateRecovery"));
        if(clearing_rotation_allowed_){
            rotate->initialize("rotate_recovery", &tf_,planner_
costmap_ros_,controller_costmap_ros_);
          recovery_behaviors_.push_back(rotate);
    }

        //接下来,加载一个恢复行为,自动更新 costmap
        boost::shared_ptr<nav_core::RecoveryBehavior>ags_clear(re-
covery_loader_.createInstance("clear_costmap_recovery/ClearCostma-
pRecovery"));
         ags_clear->initialize("aggressive_reset", &tf_,planner_
costmap_ros_,controller_costmap_ros_);
        recovery_behaviors_.push_back(ags_clear);
        //再旋转一次
        if(clearing_rotation_allowed_)
          recovery_behaviors_.push_back(rotate);
      }
      catch(pluginlib::PluginlibException & ex){
        ROS_FATAL("Failed to load a plugin. This should not happen on
default recovery behaviors. Error:%s",ex.what());
      }
    return;
    }
```


7.4 定点导航实验

进行本实验的前提条件是完成第 6 章 SLAM 建图实验，并将建好的地图加载到本实验中。此外，由于 ROS 系统中已经集成了导航功能包，所以需要进行的工作就是编写 launch

文件和各个参数配置文件。

下面介绍导航节点 launch 文件的编写过程，并在其间穿插参数讲解，具体代码可在 https://gitee.com/mrobotit/mrobot_book/tree/master/ch7 下载。

1）在 ROS 工作空间中的 launch 文件夹下创建 navigation.launch 文件。

2）编写 launch 文件的主架构和默认参数：

```
<launch>
<arg name="map_file"default="$(find mrobotit)/map/test_map.yaml"/>
<arg name="use_map_topic"default="false"/>
<arg name="scan_topic"default="scan"/>
</launch>
```

3）编写地图读取节点，用 map_ server 将前面实验创建好的地图加载进来：

```
<node name="map_server_for_test"
pkg="map_server"type="map_server"args="$(arg map_file)">
</node>
```

4）编写 AMCL 节点，并将 AMCL 算法的参数配置加入：

```
<node pkg="amcl"type="amcl"name="amcl"clear_params="true">
    <param name="use_map_topic"value="$(arg use_map_topic)"/>
    <! --Publish scans from best pose at a max of 10 Hz-->
    <param name="odom_model_type"value="diff"/>
    <param name="odom_alpha5"value="0.1"/>
    <param name="gui_publish_rate"value="10.0"/>
    <param name="laser_max_beams"value="60"/>
    <param name="laser_max_range"value="12.0"/>
    <param name="min_particles"value="500"/>
    <param name="max_particles"value="2000"/>
    <param name="kld_err"value="0.05"/>
    <param name="kld_z"value="0.99"/>
    <param name="odom_alpha1"value="0.2"/>
    <param name="odom_alpha2"value="0.2"/>
    <! --translation std dev,m-->
    <param name="odom_alpha3"value="0.2"/>
    <param name="odom_alpha4"value="0.2"/>
    <param name="laser_z_hit"value="0.5"/>
    <param name="laser_z_short"value="0.05"/>
    <param name="laser_z_max"value="0.05"/>
    <param name="laser_z_rand"value="0.5"/>
    <param name="laser_sigma_hit"value="0.2"/>
    <param name="laser_lambda_short"value="0.1"/>
```

```
        <param name="laser_model_type"value="likelihood_field"/>
        <!--<param name="laser_model_type"value="beam"/>-->
        <param name="laser_likelihood_max_dist"value="2.0"/>
        <param name="update_min_d"value="0.25"/>
        <param name="update_min_a"value="0.2"/>
        <param name="odom_frame_id"value="odom_combined"/>
        <param name="resample_interval"value="1"/>
        <!--Increase tolerance because the computer can get quite busy-->
        <param name="transform_tolerance"value="1.0"/>
        <param name="recovery_alpha_slow"value="0.0"/>
        <param name="recovery_alpha_fast"value="0.0"/>
        <remap from="scan"to="$(arg scan_topic)"/>
    </node>
```

AMCL 主要参数的作用如下：

odom_model_type：里程计模型，一般选择 diff（二轮差速）或者 omni（全向轮）；

odom_alpha5：里程计运动模型噪声，只对全向轮运动模型有用，此处无用；

gui_publish_rate：扫描和路径发布到可视化软件的最大频率，设置参数为-1.0 意为失能此功能，默认-1.0；

min_particles：允许的粒子数量的最小值，默认 100；

max_particles：允许的粒子数量的最大值，默认 5000；

kld_err：真实分布和估计分布之间的最大误差，默认 0.01；

kld_z：标准正态分位数（1-p），其中 p 是估计分布上误差小于 kld_err 的概率，默认 0.99；

odom_alpha1：指定由机器人运动部分的旋转分量估计的里程计旋转的期望噪声，默认 0.2；

odom_alpha2：指定由机器人运动部分的平移分量估计的里程计旋转的期望噪声，默认 0.2；

odom_alpha3：指定由机器人运动部分的平移分量估计的里程计平移的期望噪声，默认 0.2；

odom_alpha4：指定由机器人运动部分的旋转分量估计的里程计平移的期望噪声，默认 0.2；

laser_z_hit：模型的 z_hit 部分的最大权值，默认 0.95；

laser_z_short：模型的 z_short 部分的最大权值，默认 0.1；

laser_z_max：模型的 z_max 部分的最大权值，默认 0.05；

laser_z_rand：模型的 z_rand 部分的最大权值，默认 0.05；

laser_sigma_hit：用在模型的 z_hit 部分的高斯模型的标准差，默认 0.2；

laser_lambda_short：模型 z_short 部分的指数衰减参数，默认 0.1；

laser_model_type：模型选择使用，可以是 beam、likehood_field、likehood_field_prob（和 likehood_field 一样但是融合了 beamskip 特征），默认是 likehood_field；

laser_likehood_max_dist：地图上做障碍物膨胀的最大距离，用作 likehood_field 模型；

update_min_d：执行滤波更新前平移运动的距离，默认 0.2m；

update_min_a：执行滤波更新前旋转的角度，默认 pi/6 rad；

odom_frame_id：里程计默认使用的坐标系；

resample_interval：重采样前需要的滤波更新的次数，默认 2；

transform_tolerance：TF 变换发布推迟的时间，为了说明 TF 变换在未来时间内是可用的；

recovery_alpha_slow：慢速的平均权重滤波的指数衰减频率，用作决定什么时候通过增加随机位姿来 recovery，默认 0（disable），可能 0.001 是一个不错的值；

recovery_alpha_fast：快速的平均权重滤波的指数衰减频率，用作决定什么时候通过增加随机位姿来 recovery，默认 0（disable），可能 0.1 是个不错的值。

5）编写 move_base 节点：

```
<node pkg="move_base"type="move_base"
      respawn="false"name="move_base"output="screen">
     <rosparam file="$(find mrobotit)/param/costmap_common_params.yaml"
        command="load"ns="global_costmap"/>
     <rosparam file="$(find mrobotit)/param/costmap_common_params.yaml"
        command="load"ns="local_costmap"/>
     <rosparam file="$(find mrobotit)/param/local_costmap_params.yaml"
        command="load"/>
     <rosparam file="$(find mrobotit)/param/global_costmap_params.yaml"
        command="load"/>
     <rosparam file="$(find mrobotit)/param/move_base_params.yaml"
        command="load"/>
     <rosparam file="$(find mrobotit)/param/dwa_local_planner_params.yaml"
        command="load"/>
</node>
```

在启动 move_base 节点时，首先加载 costmap_common_params.yaml 文件到 global_costmap 和 local_costmap 两个命名空间，因为该配置文件是一个通用的代价地图配置参数，即 global_costmap 和 local_costmap 都需要配置的参数。随后加载 local_costmap_params.yaml 和 global_costmap_params.yaml 文件，它们分别保存了局部代价地图配置参数和全局代价地图配置参数。除了以上文件之外，move_base 节点运行的时候还需要加载 move_base_param.yaml 文件，因为在进行局部路径规划时用了 DWA 算法，所以还需要加载 dwa_local_planner_params.yaml 文件。

各文件及参数解释如下：

① costmap_common_params. yaml 文件：

```
robot_radius: 0.15
obstacle_layer:
  enabled: true
  max_obstacle_height: 2.0
  min_obstacle_height: 0.0
  combination_method: 1
  track_unknown_space: true
  obstacle_range: 2.0
  raytrace_range: 5.0
  publish_voxel_map: false
  observation_sources: scan
  scan:
    data_type: LaserScan
    topic: "/scan"
    marking: true
    clearing: true
    expected_update_rate: 0
inflation_layer:
    enabled: true
    cost_scaling_factor: 10.0
  inflation_radius: 0.15
static_layer:
  enabled: true
  map_topic: "/map"
```

部分参数的意义如下：

robot_radius：设置机器人半径，单位为 m。

obstacle_layer：配置障碍物图层。

enabled：是否启用该层。

combination_method：只能设置为 0 或 1，用来更新地图上的代价值，一般设置为 1；

track_unknown_space：如果设置为 false，那么地图上代价值就只分为致命碰撞和自由区域两种；如果设置为 true，那么地图上代价值就分为致命碰撞、自由区域和未知区域三种。

obstacle_range：设置机器人检测障碍物的最大范围。路径规划时，机器人会忽略超过该范围的障碍物，并将范围内障碍物考虑到路径规划中。

raytrace_range：在机器人移动过程中，实时清除代价地图上障碍物的最大范围，更新可自由移动的空间数据。具体来说，设该值为 3m，机器人在上一帧观测到在 3m 内存在障碍物，但是在第二帧中未观测到障碍物，机器人需要更新代价地图，将原先存在障碍物的栅格修改为可以自由移动的空间。

observation_sources：设置导航中所使用的传感器，这里可以用逗号形式来区分开很多个传感器，如激光雷达、碰撞传感器、超声波传感器等，这里只设置了激光雷达。

scan：添加的激光雷达传感器。

data_type：激光雷达数据类型。

topic：激光雷达发布的话题名。

marking：是否可以使用该传感器来标记障碍物。

clearing：是否可以使用该传感器来清除障碍物标记为自由空间。

inflation_layer：膨胀层，用于在障碍物外标记一层危险区域，在路径规划时需要避开该危险区域。

enabled：是否启用该层。

cost_scaling_factor：膨胀过程中应用到代价值的比例因子。

inflation_radius：膨胀半径，膨胀层会把障碍物代价膨胀直到该半径为止，一般将该值设置为机器人底盘的直径大小。如果机器人经常撞到障碍物就需要增大该值，若经常无法通过狭窄地方就减小该值。

static_layer：静态地图层，即 SLAM 中构建的地图层。

enabled：是否启用该地图层。

② global_costmap_params. yaml 文件：

```
global_costmap:
    global_frame: map
    robot_base_frame: base_footprint
    update_frequency: 1.0
    publish_frequency: 0.5
    static_map: true
    transform_tolerance: 0.5
    plugins:
      -{name: static_layer,    type: "costmap_2d::StaticLayer"}
      -{name: obstacle_layer,  type: "costmap_2d::VoxelLayer"}
      -{name: inflation_layer, type: "costmap_2d::InflationLayer"}
```

部分参数的意义如下：

global_frame：全局代价地图需要在哪个坐标系下运行。

robot_base_frame：在全局代价地图中机器人本体的基坐标系，就是机器人上的根坐标系。通过 global_frame 和 robot_base_frame 就可以计算两个坐标系之间的变换，得知机器人在全局坐标系中的坐标了。

update_frequency：全局代价地图更新频率，一般全局代价地图更新频率设置得比较小。

static_map：配置是否使用 map_server 提供的地图来初始化，一般全局地图都是静态的，需要设置为 true。

transform_tolerance：坐标系间转换可以忍受的最大延时。

plugins：在 global_costmap 中使用 static_layer、obstacle_layer 和 inflation_layer 三个插件来融合三个不同图层，合成一个 master_layer 来进行全局路径规划。

③ local_costmap_params. yaml 文件：

```
local_costmap:
    global_frame: odom_combined
    robot_base_frame: base_footprint
    update_frequency: 3.0
    publish_frequency: 1.0
    static_map: false
    rolling_window: true
    width: 2.0
    height: 2.0
    resolution: 0.05
    transform_tolerance: 0.5
    plugins:
    -{name: obstacle_layer,    type: "costmap_2d::ObstacleLayer"}
    -{name: inflation_layer,   type: "costmap_2d::InflationLayer"}
```

部分参数的意义如下：

global_frame：在局部代价地图中的全局坐标系，一般需要设置为 odom_frame；

robot_base_frame：机器人本体基坐标系；

update_frequency：局部代价地图更新频率；

publish_frequency：局部代价地图发布频率；

static_map：局部代价地图一般不设置为静态地图，因为需要检测是否在机器人附近有新增的动态障碍物；

rolling_window：使用滚动窗口，始终保持机器人在当前局部地图的中心位置；

width：滚动窗口宽度，单位是 m；

height：滚动窗口高度，单位是 m；

resolution：地图分辨率，该分辨率可以从加载的地图相对应的配置文件中获取到；

transform_tolerance：局部代价地图中的坐标系之间转换的最大可忍受延时；

plugins：在局部代价地图中，不需要静态地图层，因为使用滚动窗口来不断地扫描障碍物，所以只需融合两层地图（inflation_layer 和 obstacle_layer）即可，融合后的地图用于进行局部路径规划。

④ move_base_param. yaml 文件：

```
shutdown_costmaps: false
controller_frequency: 3.0
controller_patience: 3.0
planner_frequency: 1.0
planner_patience: 5.0
oscillation_timeout: 10.0
oscillation_distance: 0.2
```

```
base_local_planner: "dwa_local_planner/DWAPlannerROS"
base_global_planner: "navfn/NavfnROS"
```

部分参数的意义如下：

shutdown_costmaps：当 move_base 在不活动状态时，是否关掉 costmap；

controller_frequency：向底盘控制移动话题 cmd_vel 发送命令的频率；

controller_patience：在空间清理操作执行前，控制器花多长时间等待有效控制下发；

planner_frequency：全局规划操作的执行频率如果设置为 0.0，则全局规划器仅在接收到新的目标点或者局部规划器报告路径堵塞时才会重新执行规划操作；

planner_patience：在空间清理操作执行前，留给规划器多长时间来找出一条有效规划；

oscillation_timeout：执行修复机制前，允许振荡的时长；

oscillation_distance：来回运动在多大距离以上不会被认为是振荡；

base_local_planner：指定用于 move_base 的局部规划器名称；

base_global_planner：指定用于 move_base 的全局规划器插件名称。

⑤ dwa_local_planner_params. yaml 文件：

```
DWAPlannerROS:
# Robot Configuration Parameters-Kobuki
  max_vel_x: 0.25          # 0.55
  min_vel_x: 0.0
max_vel_y: 0.0             # diff drive robot
  min_vel_y: 0.0           # diff drive robot
max_trans_vel: 0.5        # choose slightly less than the base's capa-
                            bility
  min_trans_vel: 0.1       # this is the min trans velocity when there
                             is negligible rotational velocity
  trans_stopped_vel: 0.1
max_rot_vel: 0.7           # choose slightly less than the base's capa-
                            bility
  min_rot_vel: 0.3         # this is the min angular velocity when there
                            is negligible translational velocity
  rot_stopped_vel: 0.4
  acc_lim_x: 0.8           # maximum is theoretically 2.0,but we
  acc_lim_theta: 3.5
  acc_lim_y: 0.0           # diff drive robot
                           # Goal Tolerance Parameters
  yaw_goal_tolerance: 0.1 # 0.05
  xy_goal_tolerance: 0.1# 0.10
                           # latch_xy_goal_tolerance:false
                           # Forward Simulation Parameters
```

```
sim_time: 1.8                # 1.7
vx_samples: 6                # 3
vy_samples: 1                # diff drive robot,there is only one sample
vtheta_samples: 20           # 20
                             # Trajectory Scoring Parameters
path_distance_bias: 64.0     # 32.0
goal_distance_bias: 24.0     # 24.0
occdist_scale: 0.5           # 0.01
forward_point_distance: 0.325  # 0.325
stop_time_buffer: 0.2        # 0.2
scaling_speed: 0.25          # 0.25
max_scaling_factor: 0.2      # 0.2
                             # Oscillation Prevention Parameters
oscillation_reset_dist: 0.05 # 0.05、
                             # Debugging
publish_traj_pc: true
publish_cost_grid_pc: true
global_frame_id: odom_combined
```

部分参数的意义如下：

acc_lim_x：x 方向加速度的绝对值；

acc_lim_y：y 方向加速度的绝对值，该值只有全向移动的机器人才需配置；

acc_lim_theta：旋转加速度的绝对值；

max_trans_vel：平移速度最大值的绝对值；

min_trans_vel：平移速度最小值的绝对值；

max_vel_x：x 方向最大速度的绝对值；

min_vel_x：x 方向最小速度的绝对值；

max_vel_y：y 方向最大速度的绝对值；

min_vel_y：y 方向最小速度的绝对值；

max_rot_vel：最大旋转速度的绝对值；

min_rot_vel：最小旋转速度的绝对值；

yaw_goal_tolerance：到达目标点时偏航角允许的误差，单位为 rad；

xy_goal_tolerance：到达目标点时，在 xy 平面内与目标点的距离误差；

latch_xy_goal_tolerance：设置为 true，如果到达容错距离内，机器人就会原地旋转，即使转动时会跑出容错距离外；

sim_time：向前仿真轨迹的时间；

vx_samples：x 方向速度空间的采样点数；

vy_samples：y 方向速度空间的采样点数；

vtheta_samples：旋转方向速度空间的采样点数；

path_distance_bias：定义控制器与给定路径接近程度的权重；

goal_distance_bias：定义控制器与局部目标点接近程度的权重；
occdist_scale：定义控制器躲避障碍物的程度；
stop_time_buffer：为防止碰撞，机器人必须提前停止的时间长度；
scaling_speed：启动机器人底盘的速度；
max_scaling_factor：最大缩放参数；
publish_cost_grid：是否发布规划器在规划路径时的代价网格；
oscillation_reset_dist：机器人运动多远距离才会重置振荡标记。

6）为了运行方便起见，编写 RViz 启动节点：

```
<node name="rviz"pkg="rviz"type="rviz"args="-d $(find mrobotit)/
rviz/navigation.rviz">
```

第一次运行 launch 文件时可能会出现找不到 navigation. rviz 文件的错误，这是由于本机目录下不存在当前的文件，解决方法如下：

打开终端输入 rviz 启动 RViz，手动在 RViz 中添加自己需要的配置，然后单击“保存”按钮，保存路径为 ROS 工作空间的 rviz 文件夹下。

7）运行导航包：

```
roslaunch mrobotit robot_start.launch
roslaunch mrobotit navigation.launch
```

【注意】 在启动导航包之前，要确定小车系统时间和计算机系统时间是否一致，若不一致，请在 SSH 远程连接的终端上使用下面命令修改小车系统时间。

```
sudo date -s 2021/**/** #修改日期
sudo date -s 12:12:12#修改时间点
```

启动成功界面如图 7-16 所示。

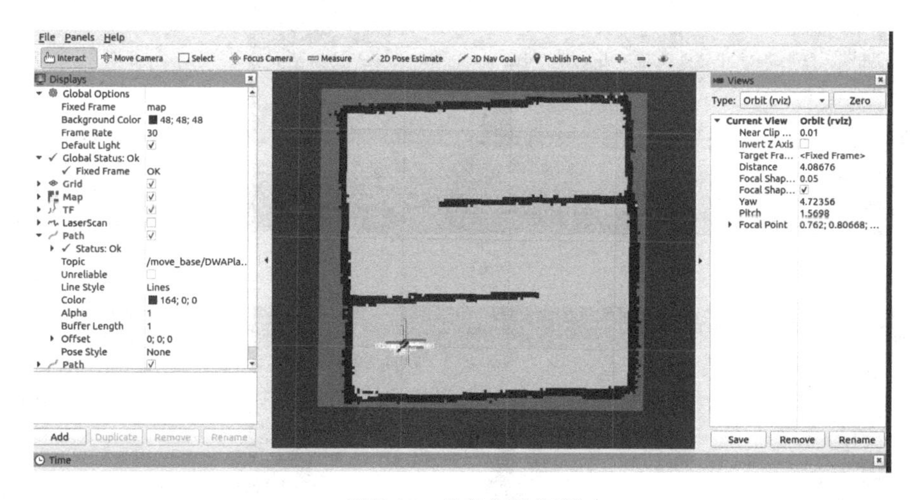

图 7-16　导航包运行图

在 RViz 运行界面用鼠标按照图 7-17 所示的顺序给移动机器人添加导航目标点，其中大箭头的朝向表示移动机器人到达目标点之后头部的朝向。添加完导航目标点之后，就会产生一条全局路径，移动机器人就会沿着全局路径逐步到达目标点，运动过程如图 7-18 所示。

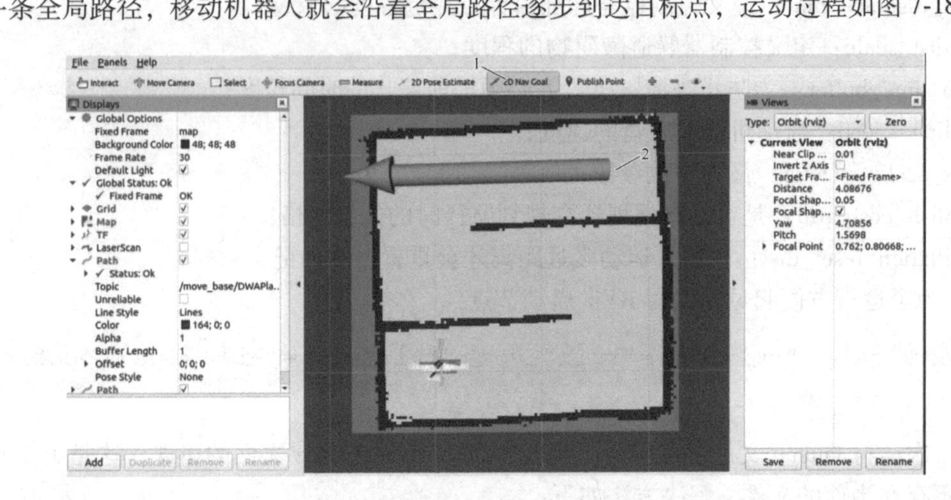

图 7-17 添加导航目标点

a)

b)

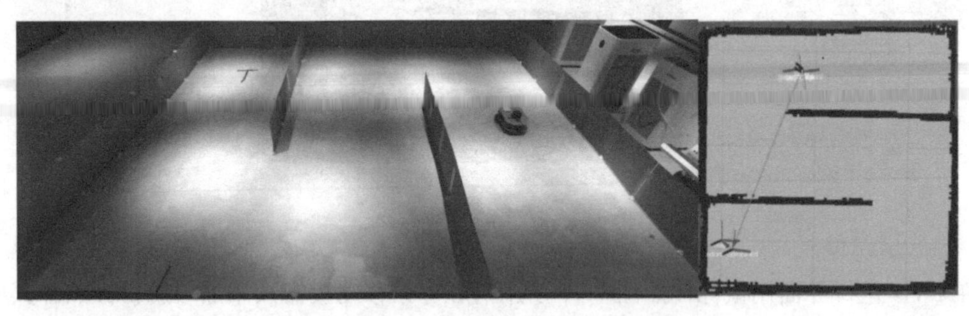

c)

图 7-18 移动机器人运动过程

本章小结

本章介绍了使用 ROS 进行自主导航的方法。ROS 提供了移动机器人的导航框架，包括实现机器人定位的 AMCL 功能包和实现路径规划的 move_base 功能包，可以帮读者快速实现轮式移动机器人的导航功能。

至此，一个简单的移动机器人平台已经搭建完成。第 8 章将通过讲解一个常见的、典型的移动机器人——送餐机器人，来介绍移动机器人的具体应用。

第 8 章 送餐机器人实战

在前面的章节中介绍了移动机器人的基础知识，接下来将以“送餐机器人”为例来介绍移动机器人的开发过程。

本章要点如下：

1）送餐机器人背景知识

2）送餐机器人功能结构设计

3）仿真及测试

4）模拟场地测试

8.1 背景分析

在我国的餐饮行业中，为顾客点餐和送餐等服务是较为烦琐的工作。随着经济的飞速发展与人民生活水平的不断提高，餐饮业的人工成本也水涨船高。员工流失率高、服务员难招成为餐饮企业管理者面临的重大难题。因此迫切需要设计一款成本低廉、操控简单，能够智能避障，具备续航时间长、负重量大、定位精确和经久耐用等特点的送餐机器人来提高服务效率。

目前实际使用中的送餐机器人可以替代服务员的部分工作，包括介绍菜品、互动点餐、自动送餐、空盘回收等，同时送餐机器人还具备服务员不具备的特点，包括长时间工作、标准化服务和无需管理及培训等。

现阶段送餐机器人还无法完全替代服务员，主要是机器人的智能水平较低，跟顾客的交流能力有限，无法应对顾客的特殊要求。但随着送餐机器人相关技术的进步，特别是移动机器人技术、多传感器探测融合信息技术和多模态人机交互技术的不断发展，其应用场景将逐步拓展。

下面将讲解一个送餐机器人基本功能的实现过程，主要依靠北京邮电大学视觉机器人与智能技术实验室设计的 mRobotit 移动机器人平台，结合前面讲述的移动机器人开发技术来进行讲解。由于实际应用的送餐机器人功能复杂，本章仅介绍基础功能的实现供读者参考。

8.2 送餐机器人功能结构

一个送餐机器人包括送餐、回充和返回厨房三大功能模块，如图 8-1 所示。

送餐模块主要负责将餐品从出餐口送到顾客的餐桌旁。其主要工作流程为：服务员在出餐口将餐品放到机器人的餐盘上并“告知”机器人目标餐桌号，机器人根据目标餐桌位置规划出一条路径，并沿着路径进行送餐。

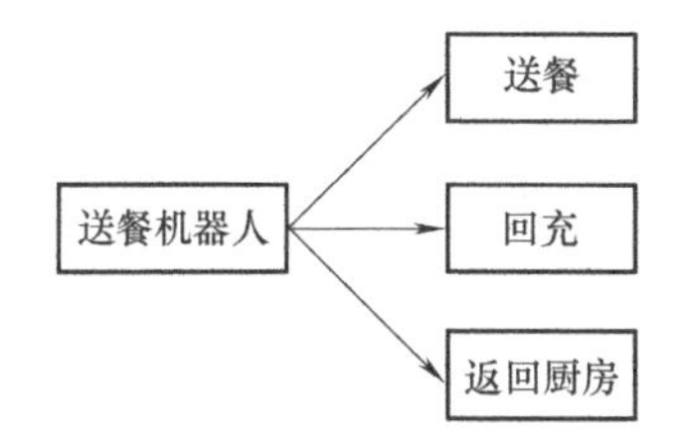

图 8-1　送餐机器人功能模块划分

回充模块主要负责机器人的充电管理。其主要流程为：服务员“告知”机器人需要充电，机器人可自主回到充电桩所在位置进行充电。

返回厨房模块主要负责在送餐完成后回到出餐口等待下一次送餐。其主要流程为：顾客将自己所点的餐品取下之后，机器人自动将出餐口设置为目标点，自主前进至出餐口等待。

在不同功能模块切换时，机器人不断更新位置，如图 8-2 所示。

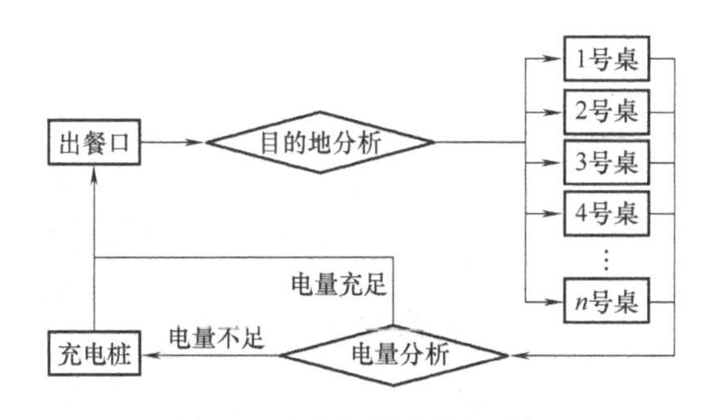

图 8-2　送餐机器人位置更新

8.3　仿真测试

在实际开发时，一般按照“仿真—模拟—样机—试点—小规模量产—中试—批量生产—推广应用”的顺序进行，相信读者学习到现在，对 ROS 的基本操作已经非常熟练，因此后面的实验过程只提供重要的步骤描述，具体详细的步骤信息就不做过多展示了。本章代码位于 https://gitee.com/mrobotit/mrobot_book/tree/master/ch8/cafe_robot。

8.3.1　自主搭建模型

1）打开 Gazebo，按“Ctrl+B”键打开“Building Editor”界面，或者从控制面板进入如图 8-3 所示的界面。

2）利用工具栏中的“Wall、Window、Door、Stairs”四个按钮来搭建模型。

3）可在俯视平面图中选中模型，鼠标右键选择“Open Wall Inspector”命令来进行模型的参数配置。例如，可根据需求来设置墙体的长度、高度及厚度，如图 8-4 所示。

4）基础模型搭建完成之后，按“Ctrl+Shift+S”键进行保存。这样一个简单的模型就搭建完成了，如图 8-5 所示。

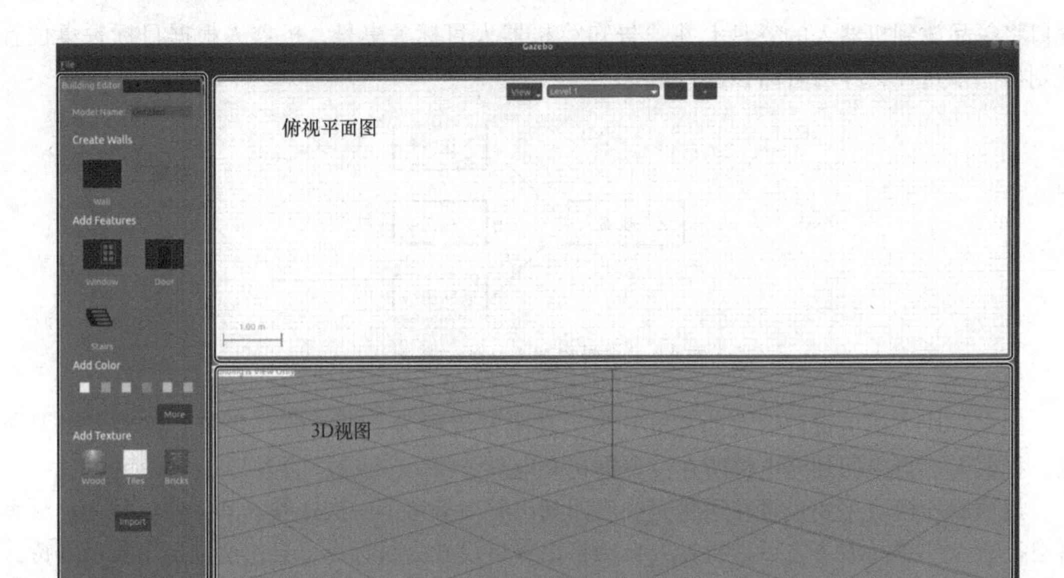

图 8-3　Gazebo 中 Building Editor

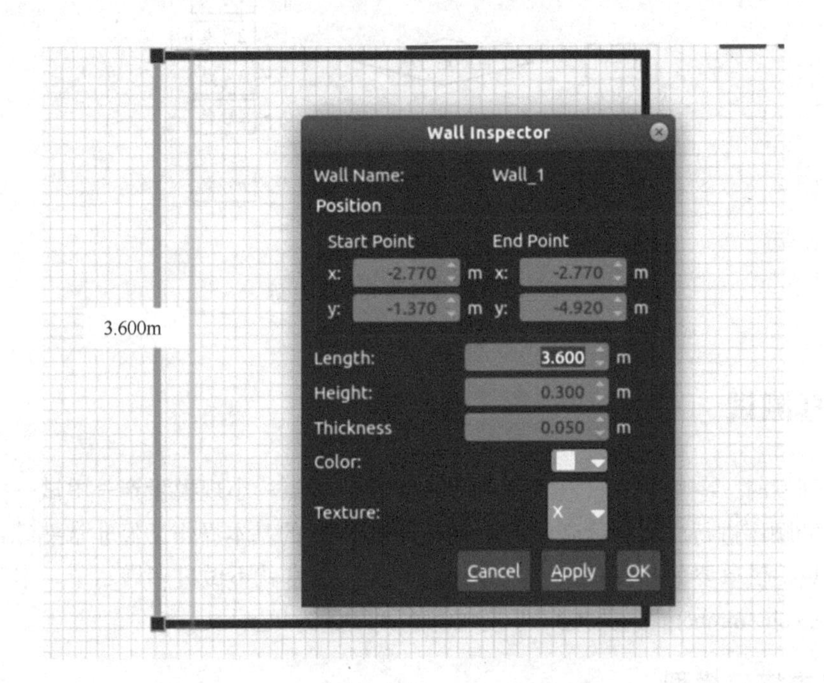

图 8-4　Wall Inspector

5）在保存模型文件的同时还会产生一个 model. config 文件，文件里包含了模型的基本信息以及作者信息，注意其中的文件名不要更改。

```
<? xml version="1.0"? >
<model>
<name>modile</name>
<version>1.0</version>
```

```
<sdf version="1.4">modile.sdf</sdf>
<author>
    <name>XXXXXXXXX</name>
    <email>XXXXXXXXXX@qq.com</email>
</author>
<description>
    A model of a simple house for semi-navigation.
</description>
</model>
```

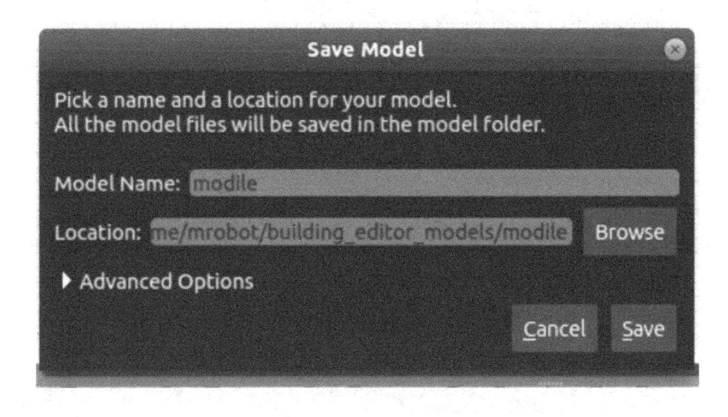

图 8-5　Save Model 命名示意图

8.3.2　自主搭建 World 环境

1）重新打开 Gazebo 编辑器，可以在 Insert 选项卡里发现自己已经搭建好的模型，单击拖拽到控制台即可。同样也可以下载 Gazebo 官方的模型库，下面讲解通过模型库来搭建自己的 World。

2）通过以下命令下载 Gazebo 模型库：

```
cd ~/.gazebo
mkdir models
cd models
wget http://file/ncnynl.com/ros/gazebo_models.txt
wget -i gazebo_models.txt
ls model.tar.g* | xargs -nl tar xzvf
```

3）重新打开 Gazebo 编辑器，通过 Insert 选项卡添加 cafe 模型，如图 8-6 所示。

4）图 8-6 中，cafe 模型大厅中没有桌子等物件，因此继续通过 Insert 选项卡添加 cafe_table 等模型，最终结果如图 8-7 所示。注意，这个虚拟场景最好稍微复杂一点，如果不复杂可能会导致建图的时候出现地图不完整的现象。

5）在 ROS 工作目录下创建 cafe_robot 功能包，在功能包下创建 world 和 launch 文件夹，将文件保存在 world 文件夹中，命名为 cafe_house.world。

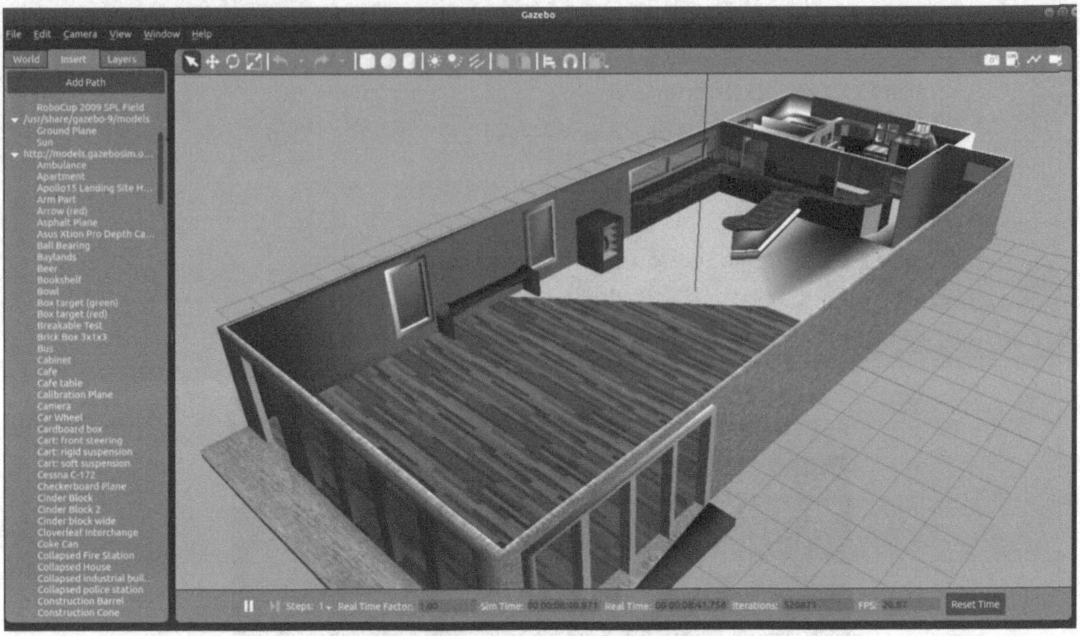

图 8-6　Gazebo 添加 cafe 模型

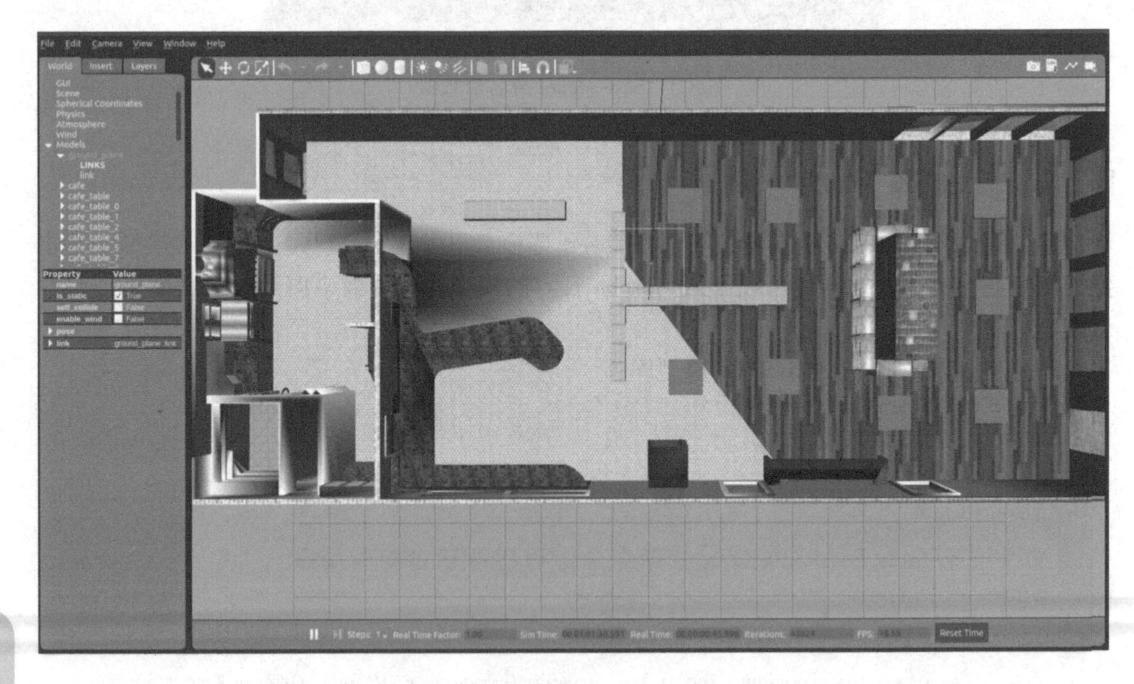

图 8-7　Gazebo 添加 cafe_table 等模型

6）使用 launch 文件调用搭好的环境，在 launch 文件夹下新建 world. launch 文件并写入以下内容：

```
<? xml version="1.0"encoding="UTF-8"? >
```

```
<launch>
<include file="$(find gazebo_ros)/launch/empty_world.launch">
<arg name="world_name"
value="$(find cafe_robot)/worlds/cafe_house.world"/>
<arg name="paused"value="false"/>
<arg name="use_sim_time"value="true"/>
<arg name="gui"value="true"/>
<arg name="headless"value="false"/>
<arg name="debug"value="false"/>
</include>
</launch>
```

7）运行 launch 文件即可在 Gazebo 中显示已经搭建好的环境。

8.3.3　在 World 环境中加载机器人

二轮差速机器人模型的搭建在第 2 章中已经进行了详细阐述，此处不再进行赘述，下面的仿真实验直接采用 Turtlebot 进行仿真。

1）安装 Turtlebot 机器人仿真控件：

```
sudo apt-get install ros-melodic-turtlebot3
```

2）在 launch 文件夹下新建 test.launch 文件，同时引用搭建好的 world 文件和 Turtlebot 机器人模型，具体内容如下：

```
<launch>
<!--设置 launch 文件的参数-->
<arg name="paused"default="false"/>
<arg name="use_sim_time"default="true"/>
<arg name="gui"default="true"/>
<arg name="headless"default="false"/>
<arg name="debug"default="false"/>
<!--运行 gazebo 仿真环境-->
<include file="$(find gazebo_ros)/launch/empty_world.launch">
<arg name = "world _name" value = " $find(cafe _robot)/world/cafe_
house.world"/>
<arg name="debug"value="$(arg debug)"/>
<arg name="gui"value="$(arg gui)"/>
<arg name="paused"value="$(arg paused)"/>
<arg name="use_sim_time"value="$(arg use_sim_time)"/>
<arg name="headless"value="$(arg headless)"/>
</include>
<!--加载机器人模型描述参数-->
```

```
<param name="turtlebot3_description"command="$(find xacro)/xacro--in-
order'$(find turtlebot3_description)/urdf/turtlebot3_burger.urdf.xacro'"/>
<!--运行 joint_state_publisher 节点,发布机器人的关节状态-->
<node name="joint_state_publisher"
pkg="joint_state_publisher"type="joint_state_publisher"></node>
<!--运行 robot_state_publisher 节点,发布 tf-->
<node name="robot_state_publisher"
pkg="robot_state_publisher"
type="robot_state_publisher"output="screen">
<param name="publish_frequency"type="double"value="50.0"/>
</node>
<node name="base_to_odom"
pkg="tf"
type="static_transform_publisher"
args="0 0 0 0 0 0 base_footprint base_link 50"/>
<node name="base_to_laser"
pkg="tf"
type="static_transform_publisher"
args="0.3 0 0 0 0 0 base_link base_scan 50"/>
<!--在 gazebo 中加载机器人模型-->
<node name="urdf_spawner"
pkg="gazebo_ros"
type="spawn_model"
respawn="false"
output="screen"
args="-urdf-model turtlebot3_burger-param turtlebot3_description"-
x 0-y 0-z 0.2-R 0-P 0-Y 0/>
</launch>
```

其中，在 Gazebo 中加载机器人模型时的 x \ y \ z \ R \ P \ Y 六个参数是用来初始化机器人在仿真环境中的位置的，避免出现机器人模型和仿真模型产生冲突。

3）运行 test.launch 文件，即可观察到 Turtlebot 机器人出现在 cafe_house 中，同时启动 Turtlebot 的键盘控制节点，即可控制机器人在仿真环境中进行移动，如图 8-8 所示。


```
roslaunch cafe_robot test.launch
rosrun turtlebot3_teleop turtlebot3_teleop_key
```

8.3.4 仿真环境下 SLAM 建图

仿真环境下的 SLAM 建图以 Karto_slam 为例，其他 SLAM 算法不做过多阐述。

1）编写 Karto_slam 算法的 launch 文件，在 launch 文件夹下创建 karto_test.launch 文件，并写入以下内容：

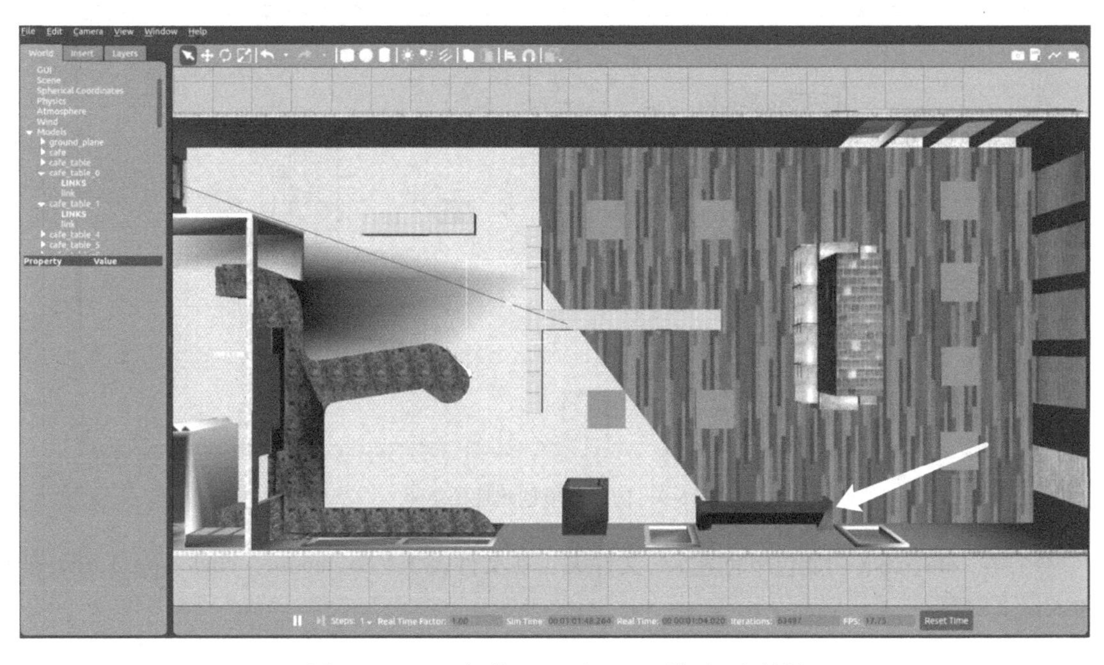

图 8-8 Gazebo 加载 World 和 Robot 模型运行结果

```
<launch>
<node pkg="slam_karto"
type="slam_karto"name="slam_karto"output="screen">
<remap from="scan"to="scan"/>
<param name="odom_frame"value="odom"/>
<param name="map_update_interval"value="25"/>
<param name="resolution"value="0.025"/>
</node>
</launch>
```

2）通过以下终端命令按照顺序依次启动仿真环境、键盘控制节点、SLAM 节点和 RViz：

```
roslaunch cafe_robot test.launch
roslaunch cafe_robot test.launch
rviz
roslaunch turtlebot3_teleop turtlebot3_teleop_key
```

通过键盘控制仿真小车在虚拟环境中进行移动，直到地图完整显示，如图 8-9 所示。

3）在 cafe_robot 功能包下创建 map 文件夹，将地图信息储存在 map 文件夹下：

```
rosrun map_server map_saver-f cafe_house
```

8.3.5 仿真环境下获取地图坐标点信息

该功能的实现是为了完成送餐机器人的目的地设置，将地图中不同的坐标设置为餐桌、出餐口、充电区等不同的环境信息。

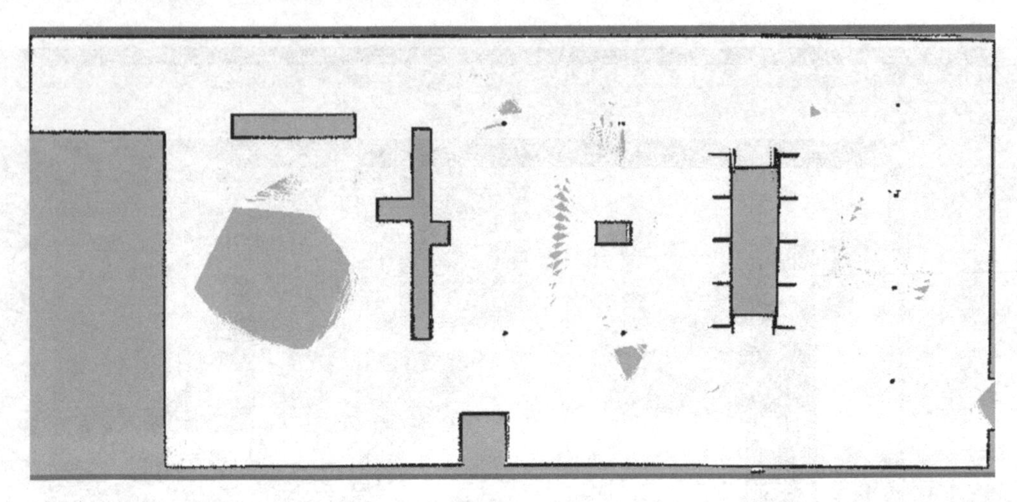

图 8-9　仿真环境创建地图结果

1）在 cafe_robot 功能包下创建 src 文件夹，在文件夹下创建 mouse_ click. cpp 文件，并输入以下内容：

```
#include<ros/ros.h>
#include<visualization_msgs/Marker.h>
#include<visualization_msgs/MarkerArray.h>
#include<geometry_msgs/PointStamped.h>
void Click _ Callback ( const geometry _ msgs:: PointStamped click _
point){
ROS_INFO("%f ,%f",click_point.point.x,click_point.point.y);
}
int main(int argc,char ** argv){
ros::init(argc,argv,"multipoint_nav");
visualization_msgs::Marker getpoint;
visualization_msgs::MarkerArray pointarray;
ros::NodeHandle nh;
ros::Subscriber click_sub=nh.subscribe("/clicked_point",10,Click_
Callback);
ros::spin();
return 0;
}
```


该文件的功能是将鼠标单击地图时的坐标信息反馈输出到控制台。

2）配置 CMakeLists. txt 文件，在 CMakeLists. txt 文件中添加以下内容：

```
find_package(catkin REQUIRED COMPONENTS roscpp)
add_executable(mouse_click src/mouse_click.cpp)
target_link_libraries(mouse_click ${catkin_LIBRARIES})
```

3）编写启动该功能的 launch 文件，在 launch 文件夹中创建 mouse_click. launch 文件，

并写入以下内容：

```
<launch>
<! --载入地图-->
<arg name = " map _ file " default = " $ ( find cafe _ robot )/map/cafe _
house. yaml"/>
<node name="map_server_for_test"
pkg="map_server"type="map_server"args=" $ (arg map_file)">
</node>
<node name="mouse_click"
pkg="cafe_robot"type="mouse_click"output="screen"/>
</launch>
```

4）通过下面命令编译运行：

```
cd ~/mrobotit
catkin_make
roslaunch cafe_robot mouse_click. launch
rviz
```

在RViz中加载完地图之后，单击上方工具栏中的“Publish Point”按钮，然后单击地图中可行域的某一个位置，在终端中就会显示出该点的坐标信息，如图8-10、图8-11所示。

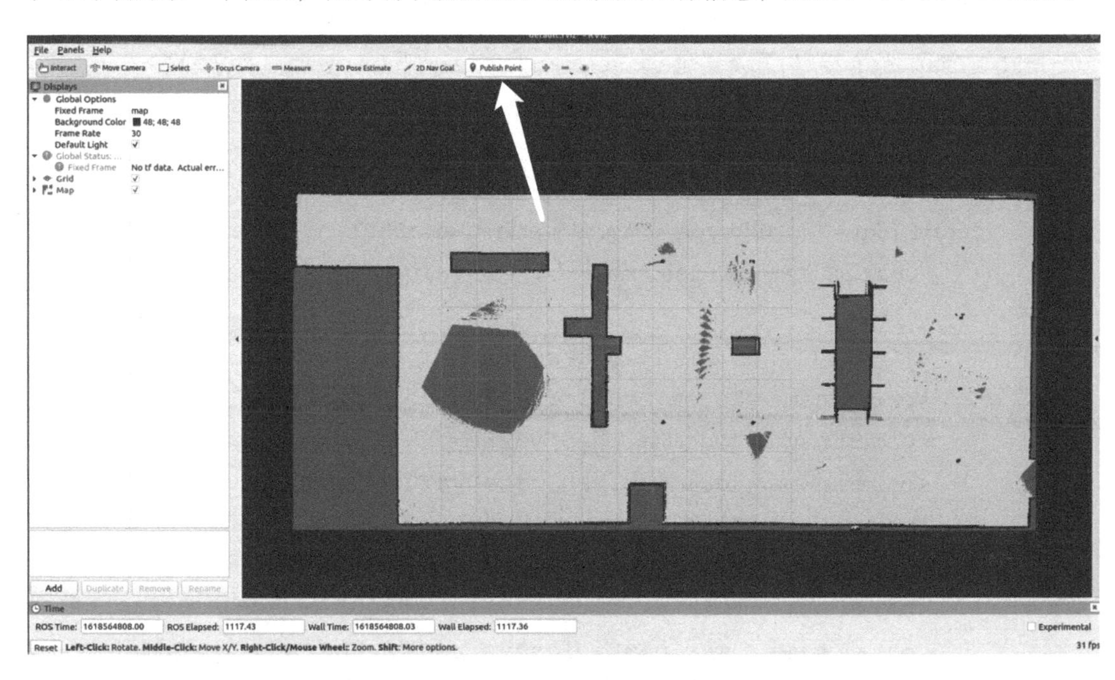

图8-10 RViz发布坐标点信息

8.3.6 在仿真环境中给机器人发布导航目标点

1）编写启动导航功能的launch文件，在launch文件夹下创建navigation. launch文件，

```
SUMMARY
========

PARAMETERS
 * /rosdistro: melodic
 * /rosversion: 1.14.10

NODES
  /
    map_server_for_test (map_server/map_server)
    mouse_click (cafe_robot/mouse_click)

auto-starting new master
process[master]: started with pid [22281]
ROS_MASTER_URI=http://localhost:11311

setting /run_id to 4f8141c0-9e92-11eb-b297-7085c2d8ba59
process[rosout-1]: started with pid [22294]
started core service [/rosout]
process[map_server_for_test-2]: started with pid [22298]
process[mouse_click-3]: started with pid [22302]
[ INFO] [1618563697.545052640]: -3.108397 , 0.673560
```

图 8-11　坐标点信息结果显示

并写入以下内容。navigation. launch 中的 param 配置文件与第 7 章中实验部分介绍的一致，此处不做过多介绍，请读者自行阅读第 7 章相关内容。

```
    <launch>
    <arg name =" map _ file" default =" $ ( find control _ test )/map/
0406. yaml"/>
        <node name="map_server_for_test"
    pkg="map_server"type="map_server"args=" $(arg map_file)">
        </node>
        <arg name="use_map_topic"default="false"/>
        <arg name="scan_topic"default="scan"/>
        <node pkg="amcl"type="amcl"name="amcl"clear_params="true">
            <param name =" use _ map _ topic" value =" $ ( arg use _ map _ top-
ic)"/>
          <! --Publish scans from best pose at a max of 10 Hz-->
          <param name="odom_model_type"value="diff"/>
          <param name="odom_alpha5"value="0.1"/>
          <param name="gui_publish_rate"value="10.0"/>
          <param name="laser_max_beams"value="60"/>
          <param name="laser_max_range"value="12.0"/>
          <param name="min_particles"value="500"/>
          <param name="max_particles"value="2000"/>
          <param name="kld_err"value="0.05"/>
          <param name="kld_z"value="0.99"/>
          <param name="odom_alpha1"value="0.2"/>
          <param name="odom_alpha2"value="0.2"/>
```

```
        <!--translation std dev,m-->
        <param name="odom_alpha3"value="0.2"/>
        <param name="odom_alpha4"value="0.2"/>
        <param name="laser_z_hit"value="0.5"/>
        <param name="laser_z_short"value="0.05"/>
        <param name="laser_z_max"value="0.05"/>
        <param name="laser_z_rand"value="0.5"/>
        <param name="laser_sigma_hit"value="0.2"/>
        <param name="laser_lambda_short"value="0.1"/>
        <param name="laser_model_type"value="likelihood_field"/>
        <!--<param name="laser_model_type"value="beam"/>-->
        <param name="laser_likelihood_max_dist"value="2.0"/>
        <param name="update_min_d"value="0.25"/>
        <param name="update_min_a"value="0.2"/>
        <param name="odom_frame_id"value="odom_combined"/>
        <param name="resample_interval"value="1"/>
        <!--Increase tolerance because the computer can get quite busy-->
        <param name="transform_tolerance"value="1.0"/>
        <param name="recovery_alpha_slow"value="0.0"/>
        <param name="recovery_alpha_fast"value="0.0"/>
        <remap from="scan"to="$(arg scan_topic)"/>
    </node>
    <node pkg="move_base"
  type="move_base"respawn="false"
  name="move_base"output="screen">
        <rosparam file="$(find control_test)/param/costmap_common_
params.yaml"
                command="load"ns="global_costmap"/>
        <rosparam file="$(find control_test)/param/costmap_common_
params.yaml"
                command="load"ns="local_costmap"/>
        <rosparam file="$(find control_test)/param/local_costmap_
params.yaml"
                command="load"/>
        <rosparam file="$(find control_test)/param/global_costmap_
params.yaml"
                command="load"/>
        <rosparam file="$(find control_test)/param/move_base_pa-
rams.yaml"
```

```
                command="load"/>
        <rosparam file=" $(find control_test)/param/dwa_local_
planner_params.yaml"
                command="load"/>
    </node>
</launch>
```

【注意】 这里面需要注意的参数是 map_file 和 odom_model_type。map_file 要跟自己创建的地图的地址和名称对应起来；odom_model_type 是小车的运动模型，diff 表示二轮差速模型。还需要注意的是，local_castmap_params. yaml 和 dwa_local_planner_param. yaml 文件中的 global_frame 要修改为 odom。

2）按照下面的顺序依次启动节点：

```
roslaunch cafe_robot test.launch
roslaunch cafe_robot navigation.launch
rviz
```

3）使用下面的命令发布导航点：

```
rostopic pub /move_base_simple/goal geometry_msgs/PoseStamped\'{header:
{frame_id: "map"},pose:{position:{ x: 3.108397,y: 0.673560,z: 0.000000},
orientation:{x: 0,y: 0,z: 0,w: 1}}}'
```

【注意】 发布坐标值时，x、y、z 的冒号后面都要加一个空格。

8.4 模拟场地测试

模拟场地测试的过程跟在虚拟环境下的流程基本一致，也要经过搭建场地环境、地图创建、获取地图坐标点信息、发布导航点等步骤，同时采用实际移动机器人（如 mRobotit）取代仿真机器人来模拟送餐机器人的移动。

8.4.1 模拟场地搭建

由于在实验室中搭建一个餐厅环境的难度比较大，因此继续采用第 6 章中搭建的环境来代替，如图 8-12 所示。

8.4.2 在场地中进行 SLAM 建图

1）将小车放在场地中的起始标识位置，使用 SSH 远程连接将小车和计算机连接起来并启动小车：

```
ssh mrobotit@192.168.12.1
roslaunch mrobotit_start.launch
```

2）在计算机终端依次启动 Karto_slam 节点、键盘控制节点和 RViz 进行建图：

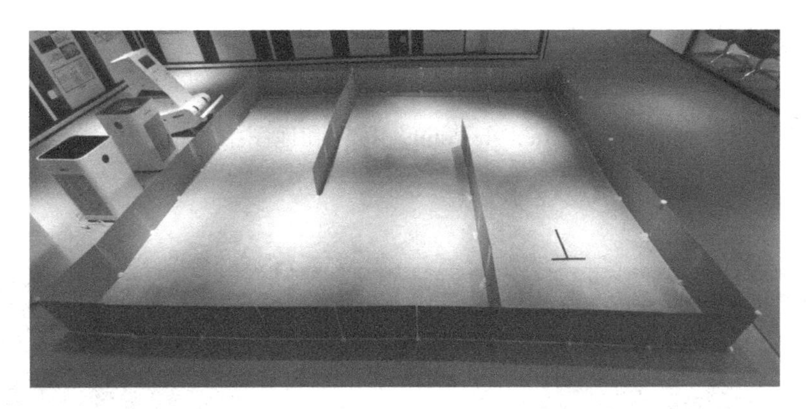

图 8-12　实验场地

```
roslaunch karto_test.launch
rviz
rosrun turtlebot3_teleop turtlebot3_teleop_key
```

使用键盘控制小车在实验场地中环行一周即可，地图效果如图 8-13 所示。

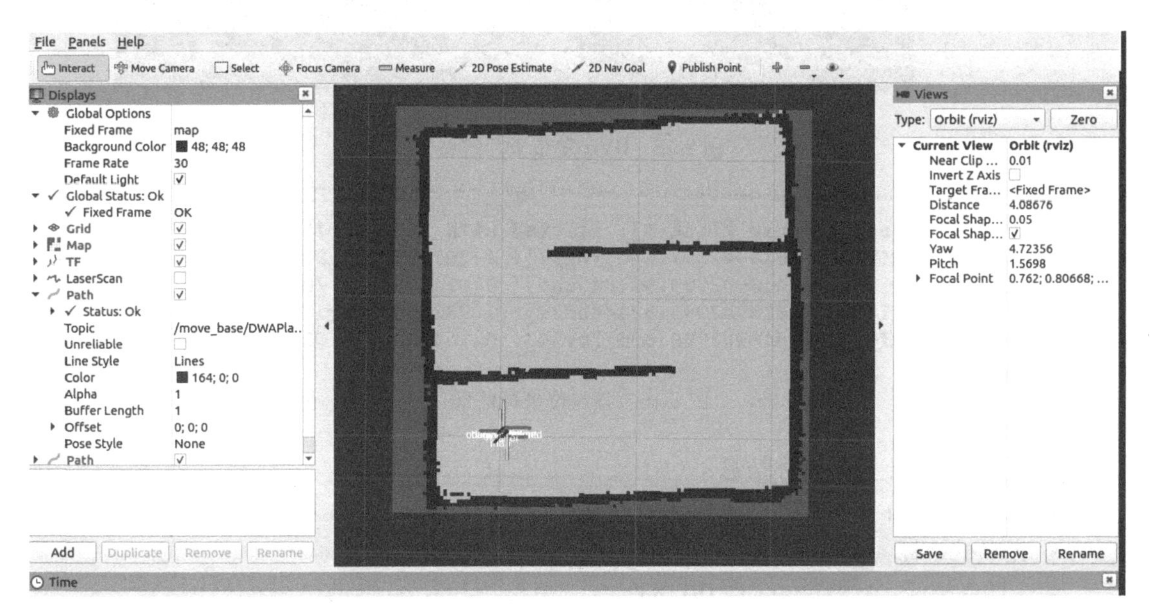

图 8-13　实验场地建图效果

3）使用下面命令将地图保存下来：

```
rosrun map_server map_saver-f robot
```

8.4.3　获取地图坐标点信息

如图 8-14 所示，假设 1 号位置为出餐口，2 号位置为充电桩，3 号和 4 号位置是两个餐桌位置。接下来通过运行 mouse_click.launch 和 RViz 来获取这四个位置的坐标点信息：

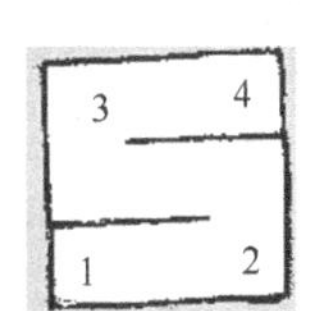

图 8-14　模拟餐厅坐标位置分布图

```
roslaunch cafe_robot mouse_click.launch
rviz
```

如图 8-15 所示，通过单击“Publish Point”按钮和地图中的相应位置，将坐标点位置信息发布出来，结果如图 8-16 所示。

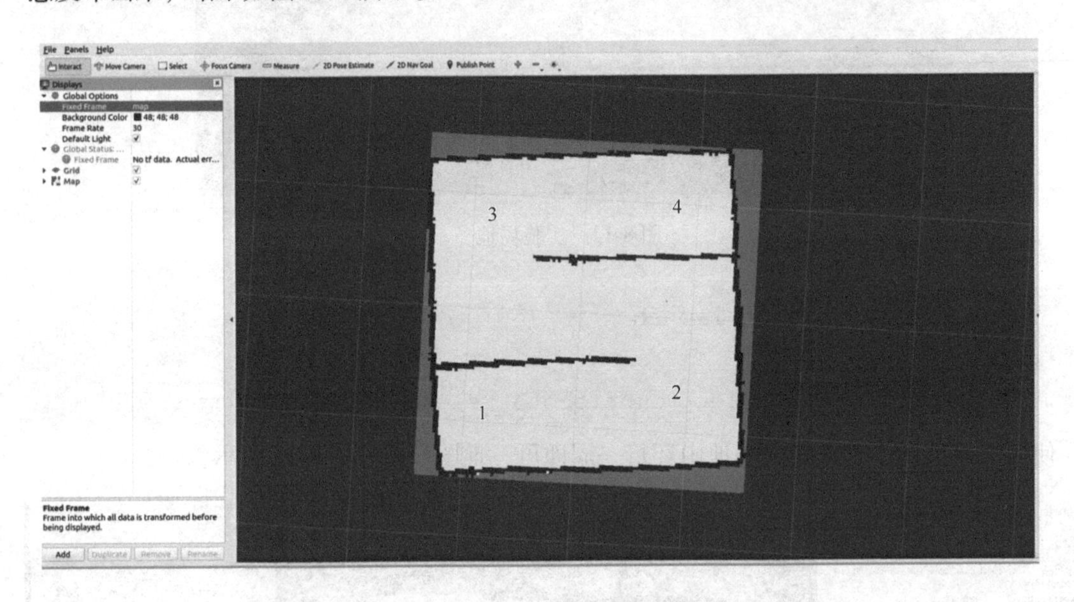

图 8-15　RViz 发布坐标信息

```
process[mouse_click-3]: started with pid [22611]
[ INFO] [1618902897.156578297]: 1.707782 , 1.950148
[ INFO] [1618902900.982645880]: 0.011898 , 1.789989
[ INFO] [1618902903.323466629]: 1.932100 , 0.191188
[ INFO] [1618902906.096176954]: 0.161610 , 0.011895
```

图 8-16　各点位坐标信息

这样就可以确定位置坐标信息：

- 出餐口坐标：1.707782，1.950148；
- 充电桩坐标：0.011898，1.789989；
- 3 号桌坐标：1.932100，0.191188；
- 4 号桌坐标：0.161610，0.011895。

8.4.4　发布导航点坐标

回顾图 8-1 所示的送餐机器人功能模块，送餐功能即机器人导航至 3 号桌或 4 号桌位置，回充功能即机器人导航至充电桩位置，返回厨房功能即机器人导航至出餐口位置。

1）在 SSH 连接的终端启动小车：

```
roslaunch mrobotit_start.launch
```

2）在计算机终端依次启动下面节点：

```
roslaunch cafe_robot navigation.launch
rviz
```

3）重新打开终端，通过下面命令发布 4 号桌坐标信息，使小车从出餐口导航至 4 号桌位置，如图 8-17 所示。

```
rostopic pub/move_base_simple/goal geometry_msgs/PoseStamped\'
{header:{frame_id:"map"},pose:{position:{x:0.161610,y:0.011895,z:
0.000000},orientation:{x:0,y:0,z:0,w:1}}}'
```

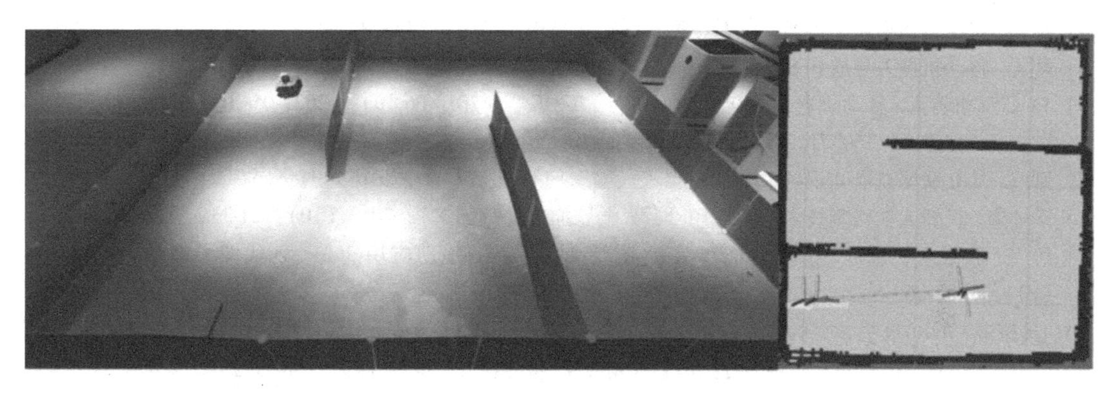

图 8-17　出餐口至 4 号桌导航效果图

回充功能在终端通过下面命令发布充电桩坐标信息实现：

```
rostopic pub/move_base_simple/goal geometry_msgs/PoseStamped\'
{header:{frame_id:"map"},pose:{position:{ x:0.011898,y:1.789989,z:
0.000000},orientation:{x:0,y:0,z:0,w:1}}}'
```

返回厨房功能在终端通过下面命令发布出餐口坐标信息实现：

```
rostopic pub/move_base_simple/goal geometry_msgs/PoseStamped\'
{header:{frame_id:"map"},pose:{position:{ x:1.707782,y:1.950148,z:
0.000000},orientation:{x:0,y:0,z:0,w:1}}}'
```

本章小结

本章介绍了“基于 ROS 的送餐机器人”的实现过程，实现了在实际开发过程“仿真—模拟—样机—试点—小规模量产—中试—批量生产—推广应用”中的仿真和模拟两个步骤，更多步骤读者可以结合实际场景自行实践。

参考文献

[1] DURRANT-WHYTE H. Where am I? A tutorial on mobile vehicle localization [J]. Industrial Robot, 1994, 21 (2): 11-16.

[2] DURRANT-WHYTE H, BAILEY T. Simultaneous localization and mapping: part I [J]. IEEE Robotics & Automation Magazine, 2006, 13 (2): 99-110.

[3] DURRANT-WHYTE H, BAILEY T. Simultaneous localization and mapping (SLAM): part II [J]. IEEE Robotics & Automation Magazine, 2006, 13 (3): 108-117.

[4] 祖远. 三条定律逼疯了机器人 [J]. 第二课堂 (高中), 2011 (2): 115-119.

[5] 郑宏. 移动机器人导航和 SLAM 系统研究 [D]. 上海: 上海交通大学, 2007.

[6] Tackson 机器人. 移动机器人的起源与发展 [EB/OL]. (2018-06-19) [2021-05-20]. https://baijiahao.baidu.com/s? id=1603712761713967920 &wfr=spider &for=pc.

[7] 则鸣. 从互联网获取知识的未来"机器人大脑" [J]. 世界科学, 2014 (9): 66-75.

[8] 于连康. 机器人在切割技术上的应用 [J]. 金属加工 (热加工), 2013 (10): 24-33.

[9] 姚飞, 张成昱, 陈武. 清华智能聊天机器人"小图"的移动应用 [J]. 现代图书情报技术, 2014 (Z1): 120-126.

[10] 吴雄喜. AGV 自主导引机器人应用现状及发展趋势 [J]. 机器人技术与应用, 2012 (3): 16-17.

[11] 车菲, 刘俏, 崔铁祺. 惯性导航 AGV 在电子行业的应用 [J]. 物流技术与应用, 2013, 18 (8): 117-119.

[12] 高工机器人网. 一分钟了解移动机器人应用的四大领域 [EB/OL]. (2017-02-22) [2021-05-20]. https://www.gg-robot.com/asdisp2-65b095fb-60035-.html.

[13] 芃晟. ROS 入门笔记 [EB/OL]. (2019-03-09) [2021-05-20]. https://blog.csdn.net/weixin_41070687/article/details/82048746? spm=1001.2014.3001.5502.

[14] cchangcs. ROS——通信 (二) [EB/OL]. (2018-12-08) [2021-05-20]. https://blog.csdn.net/github_39611196/article/details/82949955.

[15] ROS.org. 理解 ROS 控制中心 [EB/OL]. [2021-05-20]. http://wiki.ros.org/cn/ROS/Tutorials/UnderstandingMaster.

[16] ROS.org. 理解 ROS 节点 [EB/OL]. [2021-05-20]. http://wiki.ros.org/cn/ROS/Tutorials/UnderstandingNodes.

[17] ROS.org. 理解 ROS 话题 [EB/OL]. [2021-05-20]. http://wiki.ros.org/cn/ROS/Tutorials/UnderstandingTopics.

[18] weixin_39785165. ros 发布节点信息 [EB/OL]. (2020-12-19) [2021-05-20]. https://blog.csdn.net/weixin_39785165/article/details/112207357.

[19] ROS.org. 理解 ROS 服务和参数 [EB/OL]. [2021-05-20]. http://wiki.ros.org/cn/ROS/Tutorials/UnderstandingServicesParams.

[20] 那么简直太爱作妖. ROS 系统总结 [EB/OL]. (2020-04-07) [2021-05-20]. https://www.huaweicloud.com/articles/8357205.html.

[21] weixin_44857688. ROS parameter 的基本实现模版 [EB/OL]. (2020-08-04) [2021-05-20]. https://blog.csdn.net/weixin_44857688/article/details/107778022.

[22] 闫文军. MOOC 与大学的理性应对 [J]. 重庆高教研究, 2014, 2 (1): 10-13.

[23] 徐凯_xp. ROS 通信架构 (下) [EB/OL]. (2019-05-02) [2021-05-20]. https://www.jianshu.com/p/19ca33229fdd.

[24] ROS.org.cn/actionlib_tutorials/Tutorials. [EB/OL] [2021-05-20]. http://wiki.ros.org/cn/actionlib_tuto-

rials/Tutorials.

[25] 程序园. ROS 知识点总结 [EB/OL]. (2018-10-20) [2021-05-20]. http://www.voidcn.com/article/p-vsgjzlrx-bxb.html.

[26] YUAN M. ROS 通信框架 [EB/OL]. (2020-05-18) [2021-05-20]. https://elec-creator.com/posts/8ae22c6d.html.

[27] 国思茗, 李乃川, 孙晶等. 遥操作机器人系统的稳定性研究 [J]. 自动化技术与应用, 2013, 32 (11): 28-33.

[28] ROS.org. tf/Tutorials [EB/OL]. [2021-05-20]. http://wiki.ros.org/tf/Tutorials.

[29] ROS.org. Setting up your robot using tf [EB/OL]. [2021-05-20]. http://wiki.ros.org/navigation/Tutorials/RobotSetup/TF.

[30] 知者智知. ROS 学习笔记 (5): TF (TransForm) 坐标转换和原理分析 [EB/OL]. (2020-04-08) [2021-05-20]. https://blog.csdn.net/lclfans1983/article/details/105399161.

[31] ROS.org. cn/urdf [EB/OL]. [2021-05-20]. http://wiki.ros.org/cn/urdf.

[32] 道客巴巴. pioneer-robot [EB/OL]. (2012-04-29) [2021-05-20]. https://www.doc88.com/p-039415066701.html.

[33] ActivMedia Robotics. Pioneer 2/PeopleBot Operations Manual [EB/OL]. [2021-05-20]. http://www.iri.upc.edu/groups/lrobots/private/Pioneer2/AT_DISK1/DOCUMENTS/p2opman9.pdf.

[34] uncrate. IROROT CREATE [EB/OL]. [2021-05-20]. https://uncrate.com/irobot-create/.

[35] EVAN A. TurtleBot Inventors Tell Us Everything About the Robot [EB/OL]. (2013-03-26) [2021-05-20]. https://spectrum.ieee.org/automaton/robotics/diy/interview-turtlebot-inventors-tell-us-everything-about-the-robot.

[36] ROS.org. Robots/TurtleBot [EB/OL]. [2021-05-20]. http://wiki.ros.org/Robots/TurtleBot.

[37] 思岚科技. APOLLO 中小型机器人开发平台 [EB/OL]. [2021-05-20]. http://www.slamtec.com/cn/Apollo.

[38] AUTOLABOR. Autolabor Pro1 [EB/OL]. [2021-05-20]. http://www.autolabor.com.cn/pro/detail/4.

[39] AICROBO 隆博. PRODUCT 我们的产品 [EB/OL]. [2021-05-20]. https://www.aicrobo.com/Robase/.

[40] quasiceo. 10 分钟上手玩 ROS 仿真机器人 [EB/OL]. (2016-02-04) [2021-05-20]. http://www.360doc.com/content/16/0204/13/9200790_532680590.shtml.

[41] 重德智能. XBot_U [EB/OL]. [2021-05-20]. https://www.droid.ac.cn/xbot_u.html.

[42] 高春侠, 张磊. 基于 C8051F 单片机的嵌入式 PLC 系统的研究 [J]. 电气自动化, 2009, 31 (3): 55-56, 65.

[43] 桑顺, 牛晓聪, 赵媛媛. AVR 单片机与 51 单片机的比较 [J]. 企业技术开发, 2011, 30 (15): 96-97.

[44] 东芝电子元件 (上海) 有限公司. TB6612FNG [EB/OL]. [2021-05-20]. https://toshiba-semicon-storage.com/cn/semiconductor/product/motor-driver-ics/brushed-dc-motor-driver-ics/detail.TB6612FNG.html.

[45] By tronixlabs in Circuits, Arduino. Control DC and Stepper Motors With L298N DUal Motoe Controller Modules and Arduino [EB/OL]. [2021-05-20]. https://www.instructables.com/Control-DC-and-stepper-motors-with-L298N-Dual-Moto/.

[46] Raspberry Pi Foundation. Raspberry Pi Documentation [EB/OL]. [2021-05-20]. https://www.raspberrypi.org/documentation/.

[47] Raspberry Pi FR. Release of the new Raspberry Pi 3B, what new, what price, where to buy it? [EB/OL]. [2021-05-20]. https://howtoraspberrypi.com/output-raspberry-pi-3b-plus/.

[48] 树莓派实验室. 树莓派介绍以及 FAQ [EB/OL]. [2021-05-20]. https://shumeipai.nxez.com/intro-faq.

[49] Antratek. NVIDIA JETSON NANO DEVELOPER KIT-B01 [EB/OL]. [2021-05-20]. https://www.antratek.com/nvidia-jetson-nano-developer-kit.

[50] 徐俊培. 人类的感知领域 [EB/OL]. (2004-06-25) [2021-05-20]. http://www.worldscience.cn/qk/2004/6y/swx/612672.shtml.

[51] 王海涛，宋丽华，吴强. 环境感知网络的体系架构与关键技术 [J]. 电信快报，2013 (1): 11-14.

[52] RPLIDAR. 激光雷达对比毫米波雷达，它们的区别是什么？[EB/OL]. (2020-06-28) [2021-05-20]. http://m.elecfans.com/article/1235807.html.

[53] 思岚科技. 激光三角测距原理详述 [EB/OL]. [2021-05-20]. https://www.slamtec.com/cn/News/Detail/190.

[54] 迟婷婷. 连续波激光雷达测距新方法的研究 [D]. 天津：天津理工大学，2013.

[55] 思岚科技. TOF 激光雷达测距原理 [EB/OL]. [2021-05-20]. http://www.slamtec.com/cn/news/detail/273.

[56] 施志霞. 基于专利地图的自动驾驶技术发展研究 [D]. 上海：华东理工大学，2016.

[57] 忻文. 新一代 MINI 驾驶辅助系统 [J]. 汽车与配件，2014 (6): 27-32.

[58] LIN X，ZHANG B. Doppler effects: normal doppler frequency shift in negative refractive-Index Systems [J]. Laser & Photonics Reviews，2019，13 (12): 47-59.

[59] haima1998. 毫米波/激光/超声波雷达区别 [EB/OL]. (2018-04-15) [2021-05-20]. https://blog.csdn.net/haima1998/article/details/79954002.

[60] 啦啦啦_c5_ac. 超声波雷达的特点 [EB/OL]. (2020-06-26) [2021-05-20]. https://www.jianshu.com/p/d244f5cc96f4.

[61] 冷漾. 超声波雷达的原理与设计 [EB/OL]. (2020-07-08) [2021-05-20]. https://zhuanlan.zhihu.com/p/157896421.

[62] dashu. ROS 传感器之 IMU 简介 [EB/OL]. (2020-04-25) [2021-05-20]. https://zhuanlan.zhihu.com/p/136151969.

[63] Majid Dadafshar. 加速度计和陀螺仪传感器：原理、检测及应用 [J]. 电子产品世界，2014，21 (6): 54-57.

[64] weixin_30835933. MPU6050 应用详解 [EB/OL]. (2019-03-30) [2021-05-20]. https://blog.csdn.net/weixin_30835933/article/99920397.

[65] 郑州自动化展. 机器人的大脑——控制系统概述 [EB/OL]. (2019-02-22) [2021-05-20]. https://www.sohu.com/a/296356410_100066575.

[66] 传感器技术 mp_discard. 机器人的大脑——控制系统概述 [EB/OL]. (2018-07-09) [2021-05-20]. https://www.sohu.com/a/240052882_468626.

[67] 王珊珊. 轮式移动机器人控制系统设计 [D]. 南京：南京理工大学，2013.

[68] JIN X，Chen K K，ZHAO Y，et al. Simulation of hydraulic transplanting robot control system based on fuzzy PID controller [J]. Measurement，2020，164 (C): 59-74.

[69] 电子发烧友. 什么是机器人控制系统 [EB/OL]. (2018-04-06) [2021-05-20]. https://wenku.baidu.com/view/ced1f964fc0a79563c1ec.

[70] 吴海波，孙玉山. 水下机器人欠驱动控制技术概述 [J]. 黑龙江科技信息，2013 (20): 52-52.

[71] 毕辉，杨煜俊. 可重构机器人制造单元控制系统设计与实现 [J]. 组合机床与自动化加工技术，2013 (11): 50-54.

[72] 黄绍成. 从永磁式步进电机看单片机对步进电机的控制 [J]. 山东工业技术，2019 (10): 139-142.

[73] 桑占良. 步进电机精确控制系统设计 [J]. 科技与创新，2021 (02): 39-41.

[74] 财报网. 当无人机有了人一样的眼睛会怎样？无人机视觉 slam 给你答案 [EB/OL]. (2020-06-22) [2021-05-20]. https://ishare.ifeng.com/c/s/7xVr419EY98.

[75] CHAN S，WU P，FU L. Robust 2D indoor localization through laser SLAM and visual SLAM fusion [C]// 2018 IEEE International Conference on Systems，Man，and Cybernetics (SMC). Miyazaki，Japan：IEEE

2018：1263-1268.

[76] 姜旭，刘中星，李跃，等. 浅谈国内强夯技术和施工机械的现状和发展趋势［J］. 建设机械技术与管理，2014，27（8）：105-110.

[77] danmeng8068. AR 中的 SLAM［EB/OL］.（2018-07-15）［2021-05-20］. https://blog.csdn.net/danmeng8068/article/details/81058112.

[78] 刘智勇. 谈国内企业机电一体化和机械制造的现状和发展［J］. 电子制作，2016（8）：99-100.

[79] 石杏喜，赵春霞，郭剑辉. 基于 PF/CUKF/EKF 的移动机器人 SLAM 框架算法［J］. 电子学报，2009，37（8）：1865-1868.

[80] Huang J G，Li X，Zhang Q F. Bayesian maximum a posterior DOA estimator based on Gibbs sampling［C］//13th European Signal Processing Conference. Kunming，China：IEEE，2015：24-35.

[81] HUANG H M，WEN C L，XU X B. Particle filter for range-only tracking in airborne radar［C］//Chinese Control and Decision Conference. Yantai，China：IEEE，2008：223-245.

[82] YE Y L，CAI L C，GAO X. Improvement of particle filter based on fusion method of Gmapping Algorithm Based on 2D Environment［J］. World Scientific Research Journal，2020，6（3）：8-15.

[83] XU J L，WANG D，LIAO M S，et al. Research of cartographer graph optimization algorithm based on indoor mobile robot［J］. Journal of Physics：Conference Series，2020，1651（1）：1-6.

[84] SHAHRIZAL S，WN A R，MZM T，et al. Hector SLAM 2D mapping for simultaneous localization and mapping（SLAM）［J］. Journal of Physics：Conference Series，2020，1529（4）：168-175.

[85] MADHIRA K，PATEL J，KOTHARI D，et al. A quantitative study of mapping and localization algorithms on ROS based differential robot［C］//Nirma University International Conference on Engineering（NUiCONE）. Ahmedabad，India：IEEE，2017：260-275.

[86] duozhishidai. 移动机器人常用的定位技术主要包括哪几种？［EB/OL］.（2019-04-30）［2021-05-20］. https://blog.csdn.net/duozhishidai/article/details/89712802.

[87] 王卫华. 移动机器人定位技术研究［D］. 武汉：华中科技大学，2005.

[88] 玖越机器人. 细数移动机器人的 5 种定位技术［EB/OL］.（2020-03-20）［2021-05-20］. https://zhuanlan.zhihu.com/p/114746796.

[89] LUO R H，HONG B R. Coevolution based adaptive monte carlo localization（CEAMCL）［J］. International Journal of Advanced Robotic Systems，2008，1（3）：23-52.

[90] MAASAR M A，NORDIN N A M，ANTHONYRAJAH W M W，et al. Monte Carlo & Quasi-Monte Carlo approach in option pricing［C］//Symposium on Humanities，Science and Engineering Research. Kuala Kumour，Malaysia：IEEE，2012：102-121.

[91] HOU X，ARSLAM T. Monte Carlo localization algorithm for indoor positioning using Bluetooth low energy devices［C］//2017 International Conference on Localization and GNSS（ICL-GNSS）. Nottingham，UK：IEEE，2017：1-6.

[92] SUN Y H，FANG M，SU Y X. AGV Path planning based on improved Dijkstra algorithm［J］. Journal of Physics：Conference Series，2021，1746（1）：498-509.

[93] CHOI B，KIM B，KIM E，et al. A modified dynamic window approach in crowded indoor environment for intelligent transport robot［C］//12th International Conference on Control，Automation and Systems. Jeju，Korea（South）：IEEE，2012：1007-1009.